建筑工程概论

王伟红　宋贵林　张　鑫　主编

吉林科学技术出版社

图书在版编目（CIP）数据

建筑工程概论 / 王伟红，宋贵林，张鑫主编. -- 长春：吉林科学技术出版社，2023.5

ISBN 978-7-5744-0456-4

Ⅰ. ①建… Ⅱ. ①王… ②宋… ③张… Ⅲ. ①建筑工程—概论 Ⅳ. ①TU

中国国家版本馆 CIP 数据核字 (2023) 第 105635 号

建筑工程概论

主　　编　王伟红　宋贵林　张　鑫
出 版 人　宛　霞
责任编辑　吕东伦
封面设计　南昌德昭文化传媒有限公司
制　　版　南昌德昭文化传媒有限公司
幅面尺寸　185mm×260mm
开　　本　16
字　　数　300 千字
印　　张　13.625
印　　数　1-1500 册
版　　次　2023 年 5 月第 1 版
印　　次　2024 年 1 月第 1 次印刷

出　　版　吉林科学技术出版社
发　　行　吉林科学技术出版社
地　　址　长春市南关区福祉大路 5788 号出版大厦 A 座
邮　　编　130118
发行部电话/传真　0431—81629529　　81629530　　81629531
　　　　　　　　　81629532　　81629533　　81629534
储运部电话　0431-86059116
编辑部电话　0431-81629510
印　　刷　廊坊市印艺阁数字科技有限公司

书　　号　ISBN 978-7-5744-0456-4
定　　价　80.00 元

《建筑工程概论》
编委会

前　言

随着社会的不断进步，经济的不断发展，我国建筑业作为国民经济的支柱产业也得到了飞速发展。同时，随着工业化、信息化、城镇化、市场化、国际化及全球经济一体化的不断深入，给建筑业提供了较大的发展空间，也对建筑业的从业人员提出了更高的要求。机遇与挑战并存的现状，要求建筑业不断优化人才队伍结构，加强人才队伍建设。

一个好的建筑要实现它的内在和外表的统一，必须要做到将建筑的表现、结构的布置、材料的选用及设备的安装融为一体。因此，笔者编写《建筑工程概论》这本书。

鉴于上述，笔者结合多年教学和实践经验，在广泛征求广大工程建设专业技术人员意见的基础上依据国家最新施工规范、工艺标准质量验收标准等内容倾力精心编著本书。本书内容新颖知识系统完整理论紧密联系实际尤其注重内容的操作性通用性和实用性，尽力做到科学性、先进性与实用性的统一。

全书行文安排了八个章节，本书以建筑的含文为起点，讲述了建筑的基本构成要素、建筑设计的内容与基本原则以及建筑的分类和发展；第二章介绍了建筑设计原理，主要内容有建筑平面设计、建筑剖面设计以及建筑造型设计；第三章讲述了建筑设计新理念，涵盖了绿色建筑设计、生态建筑设计以及人文建筑设计；第四章介绍了建筑材料，主要内容有传统建筑材料和新型建筑材料；第五章为建筑工程施工技术，主要内容有建筑施工组织设计、建筑工程测量、土方工程与浅基础工程施工、砌筑工程施工、混凝土结构工程施工、建筑屋面防水工程施工和装饰工程施工；第六章是 BIM 技术在建筑施工中的应用，主要有 BIM 在设计阶段、在招投标阶段、施工阶段应用以及 BIM 在运营管理阶段等内容；第七章介绍的是现代智能建筑施工技术，主要包括了智能建筑创新能源使用和节能评估、智能建筑施工与机电设备安装、科技智能化与建筑施工的关联、综合体建筑智能化施工管理、建筑智能化系统工程施工项目管理、建筑装饰装修施工管理智能化、大数据时代智能建筑工程的施工以及现代建筑智能技术应用实践；第八章讲述了现代绿色建筑施工技术，主要有绿色建筑施工质量监督要点、绿色建筑施工技术探讨以及绿色建筑施工的四项工艺创新等内容。

本书具有如下特点：

（1）本书主要用于学习对建筑识图、建筑材料、建筑构造、结构的认识，同时也整合了施工、设计的内容。建筑工程管理对于当前工程管理类的学生可以作为了解性参考。

（2）学生通过学习可增长建筑结构与施工的实践知识，增强综合运用理论、知识与技能分析和解决工程实际问题的能力,同时通过学习和实践,使理论深化、知识拓宽、专业技能得以延伸。

（3结合最新建筑工程施工标准规范对有关内容进行编写,构建了一个"引导—学习—总结—练习"的全过程,给学生的学习和教师的教学做出了引导,并帮助学生从更深的层次思考、复习和巩固所学的知识。

总之,本书力求层次分明、条例清晰、结构合理、简明扼要、淡化理论、突出实用,具有鲜明的特征。

在编写过程中,我们既对前辈学者的研究成果有所参考和借鉴,也注重将自身的研究成果充实于其中。尽管如此,圈于编者学识眼界,本书瑕疵之处难以避免,切望同行专家及读者提出批评意见。本书可作为高等院校土建类相关专业的教学用书,还可供从事建筑工程设计、施工、项目管理的工程技术人员和概预算人员作参考用书。

目 录

第一章　概述

第一节　建筑的含文

《辞汇》对建筑的注释是：建造房屋、道路、桥梁、碑塔等一切工程。

《韦氏英文词典》对建筑的解释是设计房屋与建造房屋的科学及行业创造的一种风格。建造房屋是人类最早的生产活动之一。最早的建筑是人类为自己建起的提供躲避风雨和野兽侵袭的场所。随着阶级的出现，"住"也发生了分化，平民与贵族的居住与生活方式均发生了改变；生产形式的扩展，使"住"的形式也增多了。房屋的集中形成了街道、村镇和城市，建筑活动的范围也因此而扩大，个体建筑物的建构与城市建设乃至在更大范围内为人们创造各种必需环境的城市规划工作，均属于建筑的范围。

由此可见，建筑是为人们活动提供的场所；是一门工程；是一门科学；是一个行业……建筑涉及多个学科与行业，而围绕它的中心议题是"人"，建筑是人们每天接触十分熟悉之物，人们也因此赋予建筑丰富的诠释。

建筑是房子；

建筑是空间的组合；

建筑是石头的史书；

建筑是凝固的音乐；

建筑是技术与艺术的结合；

建筑是首富含哲理的诗。

第二节　建筑的基本构成要素

公元前1世纪,古罗马建筑师维特鲁威在其论著《建筑十书》中认为,"实用、坚固、美观"为构成建筑的三要素。"实用、坚固、美观"这三要素主要通过建筑的功能、建筑技术和建筑形象加以体现。

一、建筑的功能

建筑是供人们生活、学习、工作、娱乐的场所,不同的建筑有不同的使用要求。如影剧院要求有良好的视听环境,火车站要求人流线路流畅,工业建筑则要求符合产品的生产工艺流程等。

建筑不仅要满足各自的使用功能要求,而且还应满足人体活动尺度、人的生理和心理的要求,为人们创造一个舒适、安全、卫生的环境。

(一) 人体的各种活动尺度的要求

人体的各种活动尺度与建筑空间有着十分密切的关系。为了满足使用活动的需要,应该了解人体活动的一些基本尺度。如幼儿园建筑的楼梯阶梯踏步高度、窗台高度、黑板的高度等均应满足儿童的使用要求;医院建筑中病房的设计,应考虑通道必须能够保证移动病床顺利进出的要求等。家具尺寸也反映出人体的基本尺度,不符合人体尺度的家具对使用者会带来不舒适感。

(二) 人的生理要求

人对建筑的生理要求主要包括人对建筑物的朝向、保温、防潮、隔热、隔声、通风、采光、照明等方面的要求,这些是满足人们生产或生活所必需的条件。

(三) 人的心理要求

建筑中对人的心理要求的研究主要是研究人的行为与人所处的物质环境之间的相互关系。不少建筑因无视使用者的需求,对使用者的身心和行为都会产生各种消极影响。如居住建筑私密性与邻里沟通的问题,老年居所与青年公寓由于使用主体生活方式和行为方式的巨大差异,对具体建筑设计也应有不同的考虑,如若千篇一律,将会导致使用者心理接受的不利。

二、建筑技术

建筑技术是建造房屋的手段,包括建筑结构、建筑材料、建筑施工和建筑设备等内容。

建筑不可能脱离建筑技术而存在,建筑结构和建筑材料构成建筑的骨架,建筑设备是保证建筑物达到某种要求的技术条件,建筑施工是保证建筑物实施的重要手段。

(一) 建筑结构

结构是建筑的骨架,结构为建筑提供合乎使用的空间;承受建筑物及其所承受的全部荷载,并抵抗自然界作用于建筑物的活荷载,如风雪、地震、地基沉陷、温度变化等可能对建筑引起的损坏。结构的坚固程度直接影响着建筑物的安全与寿命。

柱梁板结构和拱券结构是人类最早采用的两种结构形式。钢和钢筋混凝土材料的使用,使梁和拱的跨度可以大大增加,使这两种结构成为目前常用的结构形式。

随着科学技术的进步,人们能够对结构的受力情况进行分析和计算,相继出现了桁架、刚架、网架、壳体、悬索和薄膜等大跨度结构形式。

(二) 建筑材料

建筑材料是建筑工程不可缺少的原材料,是建筑的物质基础。建筑材料决定了建筑的形式和施工方法。建筑材料的数量、质量、品种、规格以及外观、色彩等,都在很大程度上影响建筑的功能和质量,影响建筑的适用性、艺术性和耐久性。新材料的出现,促使建筑形式发生变化,结构设计方法得到改进,施工技术得到革新。现代材料科学技术的进步为建筑学和建筑技术的发展提供了新的可能。

为了使建筑满足适用、坚固、耐久、美观等基本要求,材料在建筑物的各个部位,应充分发挥各自的作用,分别满足各种不同的要求。如高层或大跨度建筑中的结构材料,要求是轻质、高强度的;冷藏库建筑必须采用高效能的绝热材料;防水材料要求致密不透水;影剧院、音乐厅为了达到良好的音响效果需要采用优质的吸声材料;大型公共建筑及纪念性建筑的立面材料,要求具有较高的装饰性和耐久性。

材料的合理使用和最优化设计,应该是使用于建筑上的所有材料能最大限度地发挥其本身的效能,合理、经济地满足建筑功能上的各种要求。

在建筑设计中,常常需要通过对材料和构造进行处理来反映建筑的艺术性,如通过对材料、造型、线条、色彩、光泽、质感等多方面的运用,来实现设计构思。建筑设计的技巧之一,就是要通过设计人员对材料学知识的认识和创造性的劳动,充分利用并显露建筑材料的本质和特性。要善于利用材料作为一种艺术手段,加强和丰富建筑的艺术表现力。要注意利用建筑和建筑群的饰面材料及其色彩处理,巧妙地选用材料,美化人们的工作和居住环境。

(三) 建筑施工与设备

人们通过施工把建筑从设计变为现实。建筑施工一般包括两个方面:一是施工技术,即人的操作熟练程度、施工工具和机械、施工方法等;二是施工组织,即材料的运输、进度的安排、人力的调配等。

装配化、机械化、工厂化可以大大加快建筑施工的速度,但它们必须以设计的定型化为前提。目前,我国已逐步形成了设计与施工配套的全装配大板、框架挂墙板、现浇大模板等工业化体系。

设计工作者不但要在设计工作之前周密考虑建筑的施工方案,而且还应该经常深入施工现场,了解施工情况,以便与施工单位共同解决施工过程中可能出现的各种问题。

建筑除了土建施工以外还需一些设备使之完善,以创造适合人居的环境,建筑设备主要有以下几个系统:

(1)保证建筑的热、光、声的物理环境控制系统;

(2)给水排水系统(冷水贮存、加压及分配,热水供应,消防给水,污水排放,雨水的集合与控制等);

(3)暖通空调系统(供暖与空调、高层建筑的防火排烟等);

(4)建筑电气及供电系统(室内外配线、电器照明、动力、防雷等);

(5)弱电火灾自动报警系统(电话及音响、有线电视等)。

随着生产和科学技术的发展,各种新材料、新结构、新设备的运用和施工工艺水平的提高,新的建筑形式将不断涌现,同时也更好地满足了人们对各种不同功能的需求。

一个建筑物就像一个肌体,有骨骼也有各个系统,只有精心设计、精心施工、保证质量,才能营造适宜的人居环境。

三、建筑形象

建筑形象是建筑内外观感的具体体现,它包括内外空间的组织,建筑体形与立面的处理,材料、装饰、色彩的应用等内容。建筑形象处理得当能产生良好的艺术效果,如庄严雄伟、朴素大方、简洁明快、生动活泼等,给人以感染力。建筑形象因社会、民族、地域的不同而不同,它反映出了绚丽多彩的建筑风格和特色。建筑形象主要通过以下手段加以体现。

(1)空间。建筑有可供使用的空间,这是建筑区别于其他造型艺术的最大特点。

(2)形和线。和建筑空间相对存在的是它的实体所表现出的形和线。

(3)色彩和质感。建筑通过各种实际的材料表现出它们不同的色彩和质感。

(4)光线和阴影。天然光或人工光能够加强建筑的形体起伏以及凹凸的感觉,从而增添它们的艺术表现力。

运用上述表现手段时应注意美学的一些基本原则,如比例、尺度、均衡、韵律、对比等。

建筑形象的问题涉及文化传统、民族风格、社会思想意识等多方面的因素,并不单纯是一个美观的问题。

功能、技术、形象三者的关系是辩证统一的关系。总的说来功能要求是建筑的主要目的,材料、结构等物质技术条件是达到目的的手段,而建筑形象则是建筑功能、技术和艺术内容的综合表现。采用不同的处理手法,可以产生不同风格的建筑形象。

第三节　建筑设计的内容与基本原则

　　建筑设计是建筑工程设计的一部分。建筑工程设计是指设计一个建筑物或一个建筑群体所要做的全部工作,一般包括建筑设计、结构设计和设备设计等几部分内容。

　　建造建筑是一个比较复杂的物质生产过程,它需要多方面的配合,因此在施工之前,必须对建筑或建筑群的建造做一个全面的研究,制订出一个合理的方案,编制出一套完整的施工图样和文件,为施工提供依据。

一、建筑设计的内容

　　建筑工程一般要经过设计和施工两个步骤。古代建筑设计和施工是合二为一的,后来由于建筑功能、技术日益复杂,才有了建筑师与工程师的分工。目前在设计工作中,一般分工是建筑、结构和设备(包括水、暖、电等)分别由不同专业的工程师负责。在工业建筑设计中,又有负责工艺设计的工程师参与。

(一) 建筑设计应考虑解决的问题

　　建筑设计在整个建筑工程设计中起着主导和"龙头"作用,一般是由建筑师来完成,它主要是根据计划任务书(包括设计任务书),在满足总体规划的前提下,对基地环境、建筑功能、结构施工、材料设备、建筑经济和艺术形象等方面做全面的综合分析,在此基础上提出建筑设计方案,再进行初步设计和施工图设计,对于大型和复杂工程还有一个技术设计阶段。建筑师在建筑设计过程中应统筹考虑以下几个方面的问题。

　　(1)考虑建筑的功能和使用要求。创造良好的空间环境,以满足人们生产、生活和文化等各种活动的需求。

　　(2)考虑建筑与城镇和周围自然条件的关系,使建筑物的总体布局满足城镇建设和环境规划的要求。

　　(3)考虑建筑的内外形式,创造良好的建筑形象,以满足人们的审美要求。

　　(4)考虑材料、结构与设备布置的可能性与合理性,妥善地解决建筑功能和艺术要求与材料、结构和设备之间的矛盾。

　　(5)考虑经济条件,使建筑设计符合各项技术经济指标,降低造价,节省投资。

　　(6)考虑施工技术问题,为施工创造有利条件,并促进建筑工业化。

　　总之,建筑设计是在一定的思想和方法指导下,根据各种条件,运用科学规律和美学规律,通过分析、综合和创作,正确处理各种要求之间的相互关系,为创造良好的空间环境提供方案和建造蓝图所进行的一种活动。它既是一项政策性和技术性很强的、内容非常广泛的综合性工作,也是一个艺术性很强的创作过程。

（二）建筑设计内容

建筑设计包括建筑空间环境的组合设计和建筑构造设计两部分内容。

（1）建筑空间环境的组合设计主要是通过对建筑空间的限定、塑造和组合，来解决建筑的功能、技术、经济和美观等问题。它的具体内容主要是通过下列设计来完成的。

①建筑总平面设计：主要是根据建筑物的性质和规模，结合自然条件和环境特点（包括地形、道路、绿化、朝向、原有建筑设计和设计管网等），来确定建筑物或建筑群的位置和布局，规划基地范围内的绿化、道路和出入口，以及布置其他的总体设施，使建筑总体满足使用要求和艺术要求。

②建筑平面设计：主要是根据建筑物的使用功能要求，结合自然条件、经济条件、技术条件（包括材料、结构、设备、施工）等，来确定房间的大小和形状，确定房间与房间之间以及室内与室外空间之间的分隔与联系方式和平面布局，使建筑物的平面组合满足实用、经济、美观、流线清晰和结构合理的要求。

③建筑剖面设计：主要是根据功能和使用方面对立体空间的要求，结合建筑结构和构造特点，来确定房间各部分高度和空间比例；考虑垂直方向空间的组合和利用；选择适当的剖面形式；进行垂直交通和采光、通风等方面的设计，使建筑物立体空间关系符合功能、艺术和技术、经济的要求。

④建筑立面设计：主要是根据建筑物的功能和性质，结合材料、结构、周围环境特点以及艺术表现的要求，综合地考虑建筑物内部的空间形象、外部的体形组合、立面构图以及材料的质感、色彩的处理等诸多因素，使建筑物的形式与功能统一，创造良好的建筑造型，以满足人们的审美要求。

（2）建筑构造设计主要是对房屋建筑的各组成构件，确定材料和构造方式，来解决建筑的功能、技术、经济和美观等问题。它的具体设计内容主要包括对基础、墙体、楼地面、楼梯、屋顶、门窗等构件进行详细的构造设计。

值得注意的是，建筑空间环境组合设计中，总平面设计以及平、立、剖各部分设计是一个综合考虑的过程，并不是相互孤立的设计步骤；而建筑空间环境的组合设计与构造设计，虽然两者具体的设计内容有所不同，但其目的和要求却是一致的，即都是为了建造一个实用、经济、坚固、美观的建筑物，因此设计时也应综合考虑。

二、建筑设计的基本原则

"适用、经济、在可能的条件下注意美观"是1953年我国第一个五年计划开始时提出来建筑设计的基本原则。

适用是指合乎我国经济水平和生活习惯，包括满足生产、生活或文化等各种社会活动需要的全部功能使用要求。

经济是指在满足功能使用要求、保证建筑质量的前提下，降低造价，节约投资。

美观是指在适用、经济条件下，使建筑形象美观悦目，满足人们的审美要求。

"适用、经济、在可能的条件下注意美观"说明三者的关系既辩证统一，又主次分明。因此它符合建筑发展的基本规律，反映了建筑的科学性。

由于建筑本身包括功能、技术、经济、艺术等多方面的因素，所以在坚持建筑设计的基本原则的同时，还必须考虑相关方面的方针政策和规范的要求，例如在规划方面，要贯彻"工农结合，城乡结合，有利生产，方便生活"的方针；在技术方面，要贯彻"坚固适用，技术先进，经济合理"的方针；在艺术方面，要贯彻"古为今用，洋为中用，百花齐放，百家争鸣"的方针等。

此外，由于我国幅员辽阔，民族众多，各地的自然条件、经济水平、生活习惯等都不尽相同，所以在进行具体设计时，还必须根据具体情况，从实际出发来贯彻建筑设计的基本原则。

在建筑设计中，要完全达到适用、经济、美观，往往是有矛盾的。建筑设计的任务就是要善于根据设计的基本原则，把这三者有机地统一起来。

第四节　建筑的分类

建筑分类一般从以下几个方面进行划分。

一、按建筑的使用功能分类

（一）居住建筑

居住建筑主要是指提供家庭和集体生活起居用的建筑物，如住宅、宿舍、公寓等。

（二）公共建筑

公共建筑主要是指提供人们进行各种社会活动的建筑物，其中包括：
（1）行政办公建筑，如机关、企业单位的办公楼等。
（2）文教建筑，如学校、图书馆、文化宫、文化中心等。
（3）托教建筑，如托儿所、幼儿园等。
（4）科研建筑，如研究所、科学实验楼等。
（5）医疗建筑，如医院、诊所、疗养院等。
（6）商业建筑，如商店、商场、购物中心、超级市场等。
（7）观览建筑，如电影院、剧院、音乐厅、影城、会展中心、展览馆、博物馆等。
（8）体育建筑，如体育馆、体育场、健身房等。
（9）旅馆建筑，如旅馆、宾馆、度假村、招待所等。
（10）交通建筑，如航空港、火车站、汽车站、地铁站、水路客运站等。

(11)通信广播建筑,如电信楼、广播电视台、邮电局等。

(12)园林建筑,如公园、动物园、植物园、亭台楼榭等。

(13)纪念性建筑,如纪念堂、纪念碑、陵园等。

(三)工业建筑

工业建筑主要是指为工业生产服务的各类建筑,如生产车间、辅助车间、动力用房、仓储建筑等。

(四)农业建筑

农业建筑主要是指用于农业、牧业生产和加工的建筑,如温室、畜禽饲养场、粮食与饲料加工站、农机修理站等。

二、按建筑的规模分类

(一)大量性建筑

大量性建筑主要是指量大面广、与人们生活密切相关的那些建筑,如住宅、学校、商店、医院、中小型办公楼等。

(二)大型性建筑

大型性建筑主要是指建筑规模大、耗资多、影响较大的建筑,与大量性建筑比,其修建数量有限,但这些建筑在一个国家或一个地区具有代表性,对城市的面貌影响很大,如大型火车站、航空站、大型体育馆、博物馆、大会堂等。

三、按建筑的层数分

(1)低层建筑指1~2层建筑。

(2)多层建筑指3~6层建筑。

(3)高层建筑指超过一定高度和层数的多层建筑。世界上对高层建筑的界定,各国规定有差异。我国《民用建筑设计通则》(GB 50352—2005)规定,民用建筑按层数或高度的分类是按照《住宅设计规范》(GB 513096—1999)、《建筑设计防火规范》(GB 50016—2006)、《高层民用建筑设计防火规范》(GB 50045—1995)为依据来划分的。简单说,10层及10层以上的居住建筑以及建筑高度超过24m的其他民用建筑均为高层建筑。根据1972年国际高层建筑会议达成的共识,确定高度100m以上的建筑物为超高层建筑。表1-1列出几个国家对高层建筑高度的有关规定。

表1-1　高层建筑起始高度划分界线表

国名	起始高度
德国	>22m（至底层室内地板面）
法国	住宅：>50m；其他建筑：>28m
日本	31m（11层）
比利时	25m（至室外地面）
英国	24.3m
俄罗斯	住宅：10层及10层以上
美国	22~25m 或 7层以上

四、按民用建筑耐火等级划分

在建筑设计中，应对建筑的防火与安全给予足够的重视，特别是在选择结构材料和构造做法上，应根据其性质分别对待。现行《建筑设计防火规范》（GB 50016—2006）把建筑物的耐火等级划分成四级，一级耐火性能最好，四级最差。性质重要的或规模较大的建筑，通常按一、二级耐火等级进行设计；大量性或一般的建筑按二、三级耐火等级设计；次要或临时建筑按四级耐火等级设计。

（1）构件的耐火极限。对任一建筑构件按时间—温度标准曲线进行耐火实验，从受到火的作用时起，到失去支持能力或完整性被破坏或失去隔火作用时为止的这段时间，称为耐火极限，用小时（h）表示。

（2）构件的燃烧性能。按建筑构件在空气中遇火时的不同反应将燃烧性能分为三类。

①非燃烧体：用非燃烧材料制成的构件。此类材料在空气中受到火烧或高温作用时，不起火、不炭化、不微燃，如砖石材料、钢筋混凝土、金属等。

②难燃烧体：用难燃烧材料做成的构件，或用燃烧材料做成，而用非燃烧材料作保护层的构件。此类材料在空气中受到火烧或高温作用时难燃烧、难炭化，离开火源后燃烧或微燃立即停止，如石膏板、水泥石棉板、板条抹灰等。

③燃烧体：用燃烧材料做成的构件。此类材料在空气中受到火烧或高温作用时立即起火或燃烧，离开火源继续燃烧或微燃，如木材、苇箔、纤维板、胶合板等。

五、按建筑的耐久年限分类

建筑物的耐久年限主要是根据建筑物的重要性和规模大小来划分作为基本建设投资、建筑设计和材料选择的重要依据，见表1-2。

表 1-2　按主体结构确定的建筑耐久年限分级

级别	耐久年限	适用于建筑物性质
一	100 年以上	适用于重要的建筑和高层建筑
二	50~100 年	适用于一般性建筑
三	25~50 年	适用于次要建筑
四	15 年以下	适用于临时性建筑

六、按主要承重结构材料分类

（1）砖木结构建筑：砖（石）砌墙体，木楼板、木屋顶的建筑。

（2）砖混结构建筑：砖（石）砌墙体，钢筋混凝土楼板和屋顶的多层建筑。

（3）钢筋混凝土建筑：钢筋混凝土柱、梁、板承重的多层和高层建筑，以及用钢筋混凝土材料制造的装配式大板、大模板建筑。

（4）钢结构建筑：全部用钢柱、钢梁组成承重骨架的建筑。

（5）其他结构建筑：生土建筑、充气建筑、塑料建筑等。

第五节　建筑的发展

建造房屋是人类最早的生产活动之一，随着社会的不断发展，人类对建造房屋的功能和形式的要求也发生了巨大的变化，建筑的发展反映了时代的变化与发展，建筑形式也深深地留下了时代的烙印。建筑史上，一般将世界建筑分为西方建筑和东方建筑，它们分别是砖石结构与木结构所反映的两个不同的建筑文化形态。

一、中国建筑的发展

（一）中国古代建筑

我国古代建筑经历了原始社会、奴隶社会和封建社会三个历史阶段，其中封建社会是形成我国古代建筑形式的主要阶段。

原始社会建筑发展极其缓慢，在漫长的岁月里，我们的祖先从建造穴居和巢居开始，逐步地掌握了营建地面房屋的技术，创造了原始的木架建筑，满足了最基本的居住和公共活动要求。在至今已有六七千年的浙江余姚河姆渡遗址中，就发现了大量的木制卯榫构件，说明当时已有了木结构建筑，而且达到了一定的技术水平。从我国的西安半坡遗址可以看出距今五千多年的院落布局及较完整的房屋雏形。

中国在公元前21世纪到公元前476年为奴隶社会，大量奴隶劳动力和青铜工具的使用，使建筑有了巨大发展，出现了宏伟的都城、宫殿、宗庙、陵墓等建筑。考古发现中显示，夏代已有了夯土筑成的城墙和房屋的台基，商代已形成了木构夯土建筑和庭院，西周时期在建筑布局上已形成了完整的四合院格局。

中国封建社会经历了三千多年的历史，在这漫长的岁月中，中国古代建筑逐步形成了一种成熟的、独特的体系，不论在城市规划、建筑群、园林、民居等方面，还是在建筑空间处理、建筑艺术与材料结构方面，其设计方法、施工技术等都有卓越的创造与贡献。

长城被誉为世界建筑史上的奇迹，它最初兴建于春秋战国时期，是各国诸侯为相互防御而修筑的城墙。秦始皇于公元前221年灭六国后，建立起中国历史上的第一个统一的封建帝国，逐步将这些城墙增补连接起来，后经历代修缮，形成了西起嘉峪关、东至山海关，总长6700千米的"万里长城"。

兴建于隋朝，由工匠李春设计的河北赵县安济桥是我国古代石建筑的瑰宝，在工程技术和建筑造型上都达到了很高的水平，其中单券净跨37.37米，这是世界上现存最早的"空腹拱桥"，即在大拱券之上每端还有两个小拱券。这种处理方式一方面可以防止雨季洪水急流对桥身的冲击，另一方面可减轻桥身自重，并形成桥面缓和曲线。

唐朝是我国封建社会经济文化发展的一个高峰时期，著名的山西五台山佛光寺大殿建于唐大中十一年（875年），面阔七开间，进深八架椽，单檐四阿顶，是我国保存年代最久、现存最大的木构件建筑。该建筑是唐朝木结构庙堂的范例，充分地体现了结构和艺术的统一。

山西应县佛宫寺释迦塔位于山西应县城内建于辽清宁二年（1056年），是我国现存唯一最古老与最完整的木塔，高67.3米，是世界上现存最高的木结构建筑。

到了明清时期，随着生产力的发展，建筑技术与艺术也有了突破性的发展，兴建了一些举世闻名的建筑。明清两代的皇宫紫禁城（又称故宫）就是代表建筑之一，它采用了中国传统的对称布局的形式，格局严整，轴线分明，整个建筑群体高低错落，起伏开阔、色彩华丽、庄严巍峨，体现了王权至上的思想。

民居以四合院形式最为普遍其中又以北京的四合院为代表四合院虽小但却内外有别，尊卑有序，讲究对称。大门位置一般位于东南。进了大门一般设有影壁，影壁后是院落，有地位的人家，可有几进院落，普通人家则相对简单。进了院子，一般北屋为"堂"，即正房；左右为"厢"，堂后为"寝"，分别有接待、生活、住宿等功用。

"曲径通幽处，禅房花木深。"这是诗中的园林景色，"枯藤老树昏鸦，小桥流水人家"这是田园景色的诗意。中国园林就是这样与诗有着千丝万缕的联系，彼此不分，相辅相成。苏州园林是私家园林中遗产最丰富的，最为著名的有网狮园、留园、拙政园等。

（二）中国近代建筑

中国近代建筑大致可以分为三个发展阶段。

1.19 世纪中叶到 19 世纪末

该时期是中国近代建筑活动的早期阶段，新建筑无论在类型上、数量上还是规模上都十分有限，但它标志着中国建筑开始突破封闭状态，迈开了向现代转型的初始步伐。通过西方近代建筑的被动输入和主动引进，酝酿着近代中国新建筑体系的形成。

该时期的建筑活动主要出现在通商口岸城市，一些租界和外国人居留地形成的新城区。这些新城区内出现了早期的外国领事馆、工部局、洋行、银行、商店、工厂、仓库、教堂、饭店、俱乐部和洋房住宅等。这些输入的建筑以及散布于城乡各地的教会建筑是本时期新建筑活动的主要体现。它们大体上是一二层楼的砖木混合结构，外观多为欧洲古典式的风貌，北京陆军部南楼的立面形式就是这个时期的典型风格。

2.19 世纪末到 20 世纪 30 年代末

该时期为近代建筑活动的繁荣期。19 世纪 90 年代前后，各主要资本主义国家先后进入帝国主义阶段，中国被纳入世界市场范围。在建筑领域的表现为租界和租借地、附属地城市的建筑活动大为频繁；为资本输出服务的建筑，如工厂、银行、火车站等类型增多；建筑的规模逐步扩大；洋行打样间的匠商设计逐步为西方专业建筑师所取代，新建筑设计水平明显提高。

在这样的历史背景下，中国近代建筑的类型大大丰富了，居住建筑、公共建筑、工业建筑的主要类型已大体齐备；水泥、玻璃、机制砖瓦等新建筑材料的生产能力有了明显发展；近代建筑工人队伍壮大了，施工技术和工程结构也有较大提高，相继采用了砖石钢骨混合结构和钢筋混凝土结构。这些都表明，近代中国的新建筑体系已经形成，并在此基础上发展，在 1927 年到 1937 年间，达到繁盛期。

这个时期的上海典型的居住建筑形式为石库门里弄住宅。石库门里弄的总平面布局吸取欧洲联排式住宅的毗连形式，单元平面则脱胎于中国传统三合院住宅，将前门改为石库门，前院改为天井，形成三间二厢及其他变体。

北京的商业建筑往往是在原有基础上的扩大。对于某些商业、服务行业建筑，如大型的绸缎庄、澡堂、酒馆等，单纯的门面改装仍不能满足多种商品经营和容纳更多人流的需要，因此，出现了在旧式建筑的基础上，扩大活动空间的尝试。它们的共同特点是在天井上加钢架天棚，使原来室外空间的院子变成室内空间，并与四合院、三合院周围的楼房连成一片，形成串通的成片的营业厅。北京前门外谦祥益绸缎庄就是这类布局的代表性实例。

1925 年南京中山陵设计竞赛，是中国建筑师开始传统复兴的设计活动探索的开始。中山陵选用了获竞赛头奖的中国建筑师吕彦直的方案。这是中国建筑师第一次规划设计大型纪念性建筑组群，也是中国建筑师规划、设计传统复兴式的近代大型建筑组群的重要起点。

3. 20 世纪 30 年代末到 40 年代末

该时期中国陷入了十几年的战争状态,近代化进程趋于停滞,建筑活动很少。20 世纪 40 年代后半期,通过西方建筑书刊的传播和少数新回国建筑师的影响,中国建筑界加深了对现代主义的认识。梁思成于 1946 年创办清华大学建筑系,并实施"体形环境"设计的教学体系,为中国的现代建筑教育奠定了基础。只是在这一阶段,建筑业极为萧条,现代建筑的实践机会很少。总的来说,这是近代中国建筑活动的一段停滞期。

(三)中国现代建筑

1949 年中华人民共和国成立以后,随着国民经济的恢复和发展,建设事业取得了很大的成就。1959 年在中华人民共和国成立 10 周年之际,北京市兴建了人民大会堂、北京火车站、民族文化宫等首都十大建筑,从建筑规模、建筑质量到建设速度都达到了很高水平。

在我国 20 世纪 60 年代到 70 年代的广州、上海、北京等地兴建了一批大型公共建筑,如 1968 年兴建的 27 层广州宾馆,1977 年兴建的 33 层广州白云宾馆,1970 年兴建的上海体育馆等建筑,都是当时高层建筑和大跨度建筑的代表作。

进入 20 世纪 80 年代以来,随着改革开放和经济建设的不断发展,我国的建设事业也出现了蓬勃发展的局面。1985 年建成的北京国际展览中心是我国最大的展览建筑,总建筑面积 7.5 万平方米。1987 年建成的北京图书馆新馆,建筑面积 14.2 万平方米,是我国规模最大、设备与技术最先进的图书馆。1990 年建成的国家奥林匹克体育中心总建筑面积 12 万平方米,占地 66 万平方米,包括 20000 座的田径场、6000 座的游泳馆、2000 座的曲棍球场等大中型场馆,以及两座室内练习馆、田径练习场、足球练习场、投掷场和检录处等辅助设施。其中游泳馆(英东游泳馆)建筑面积 38000 平方米,建筑风格独特,设备性能良好,附属设备完整,是具有世界一流水准的游泳馆。20 世纪 90 年代后,我国还兴建了一大批超高层建筑,如上海的金茂大厦等,标志着我国高层建筑发展已达到或接近世界先进水平。

二、西方建筑的发展

(一)原始社会时期建筑

原始人最初栖居形式有巢居和穴居,随着生产力的发展,开始出现了竖穴居、蜂巢形石屋、圆形树枝棚等形式。这个时期还出现了不少宗教性与纪念性的巨石建筑,如崇拜太阳的石柱、石环等。

(二)奴隶制社会时期建筑

在奴隶制时期,古埃及、西亚、波斯、古希腊和古罗马的建筑成就比较高,对后世的影响比较大。古埃及、西亚和波斯的建筑传统热曾因历史的变迁而中止。唯有古希腊和古罗马的建筑,两千多年来一脉相承,因此欧洲人习惯于把希腊、罗马文化称为古典文化,把它们的建筑称为古典建筑。

1. 古埃及建筑

古埃及是世界上最古老的国家之一,在这里产生了人类第一批巨大的纪念性建筑物。其建筑形式主要有金字塔、方尖碑、神庙等。

金字塔是古埃及最著名的建筑形式,它是古埃及统治者"法老"的陵墓,至今已有5000余年的历史散布在尼罗河下游两岸的金字塔共有70多座,最大的一座为胡夫金字塔。胡夫金字塔建于公元前2613—前2494年的埃及古王国时期,是法国1889年建起埃菲尔铁塔之前世界上最高的建筑,它用230万块重2.5吨的巨石砌成,高达146.4米,底面边长230.6米。

方尖碑是古埃及人崇拜太阳的纪念碑,常成对竖立于神庙的入口处,高度不等,已知最高者达50余米,一般修长比为9:1~10:1,用整块花岗岩制成,碑身刻有象形文字的阴刻图案。

神庙在古埃及是仅次于陵墓的重要建筑类型之一。神庙有两个艺术处理的重点部位。一个是大门,群众性的宗教仪式在其前面举行。因此,其艺术处理风格力求富丽堂皇,和宗教仪式的戏剧性相适应。另一个是大殿内部,国王在这里接受少数人的朝拜,力求幽暗而威压,和仪典的神秘性相适应。卡拉克的太阳神庙是规模最大的神庙之一,总长366米,宽110米,前后一共建造了六道大门。大殿内部净宽103米,进深52米,密排134根柱子。中央两排12根柱子高21米,其余的柱子高12.8米,柱子净空小于柱径,用这样密集的柱子,是有意制造神秘的、压抑的氛围。

2. 古代西亚建筑

古代西亚建筑包括公元前3500—前539年的两河流域,又称美索不达米亚,即幼发拉底河与底格里斯河流域的建筑,公元前553—前330年的波斯建筑和公元前1100—前500年叙利亚地区的建筑。

古代两河流域的人们崇拜天体和山岳,因此他们建造了规模巨大的山岳台和天体台。如今残留的乌尔观象台,是夯土的外面贴一层砖,第一层的基底尺寸为65米×45米,高约9.75米,第二层基底尺寸为37米×23米,高2.5米,以上部分残毁,据估算总高大约21米。

琉璃是美索不达米亚人为防止土坯群建筑遭暴雨冲刷和侵袭而创造的伟大发明,这应当说是两河流域的人在建筑上最突出的贡献。公元前6世纪前半叶建立的新巴比伦城,重要的建筑物已大量使用琉璃砖贴面。如保存至今的新巴比伦的伊什达城门,用蓝绿色的琉璃砖与白色或金色的浮雕作装饰,异常精美。

而后兴起的亚述帝国,在统一西亚、征服埃及后,在两河流域留下了规模巨大的建筑遗址。如建于公元前705年的萨恩王宫,建设于距离地面18米的人工砌筑的土台上,宫殿占地约17公顷,共有30个院落210个房间。

3. 古希腊建筑

古希腊是欧洲文化的摇篮,古希腊的建筑同样也是西欧建筑的开拓者。它的一些建筑物的形制,石质梁柱结构构件和组合的特定的艺术形式,建筑物和建筑群设计的一些艺术原则,深深地影响着欧洲两千年的建筑史。古希腊建筑的主要成就是纪念性建筑和建筑群的艺术形式的完美处理,正如马克思评论古希腊艺术和史诗时说的,它们"……仍然能够给我们以艺术享受,而且就某方面说还是一种规范和高不可及的范本"。

古希腊纪念性建筑在公元前6世纪大致形成,到公元前5世纪趋于成熟,公元前4世纪进入一个形制和技术更广阔的发展时期。

于公元前5世纪建成的雅典卫城是古希腊建筑的代表作,卫城位于今雅典城西南。卫城,原意是奴隶主统治者的驻地。公元前5世纪,雅典奴隶主民主政治时期,雅典卫城成为国家的宗教活动中心,自雅典联合各城邦战胜波斯入侵后,更被视为国家的象征。每逢宗教节日或国家庆典,公民列队上山进行祭神活动。卫城建在一陡峭的山岗上,仅西面有一通道盘旋而上。建筑物分布在山顶上一片约280米×130米的天然平台上。卫城的中心是雅典城的保护神雅典娜的铜像,主要建筑有帕特农神庙(又称雅典娜神庙)、伊瑞克先神庙、胜利神庙以及卫城山门。建筑群布局自由,高低错落,主次分明,无论是身处其间或是从城下仰望,都可看到较为完整与丰富的建筑艺术形象。卫城在西方建筑史中被誉为建筑群体组合艺术中的一个极为成功的实例,特别是巧妙地利用地形方面的杰出成就。

古希腊留给世界最具体而且直接的建筑遗产是柱式。柱式就是石质梁柱结构体系各部件的样式和它们之间组合搭接方式的完整规范,包括柱、柱上檐部和柱下基座的形式和比例。有代表性的古典柱式是多立克、爱奥尼和科林斯柱式。多立克柱式刚劲雄健,用来表示古朴庄重的建筑形式;爱奥尼柱式清秀柔美,适用于秀丽典雅的建筑形象;科林斯柱式的柱头由

忍冬草的叶片组成,宛如一个花篮,体现出一种富贵豪华的气派。

4. 古罗马建筑

古罗马帝国是历史上第一个横跨欧、亚、非大陆的奴隶制帝国。罗马人是伟大的建设者,他们不但在本土大兴土木,建造了大量雄伟壮丽的各类世俗性建筑和纪念性建筑,而且在帝国的整个领土里普遍建设。3世纪是古罗马建筑最繁荣的时期,也是世界奴隶制时代建筑的最高水平。

古罗马人在建筑上的贡献主要有以下几方面。

(1)适应生活领域的扩展,扩展了建筑创作领域,设计了许多新的建筑类型,每种类型都有相当成熟的功能形制和艺术样式。

(2)空前地开拓了建筑内部空间,发展了复杂的内部空间组合,创造了相应的室内空间艺术和装饰艺术。

(3)丰富了建筑艺术手法,增强了建筑艺术表现力,增加了许多构图形式和艺术母题。

这三大贡献,都以另外两项成就为基础,即完善的拱券结构体系和以火山灰为活性材

料制作天然混凝土。混凝土和拱券结构相结合,使罗马人掌握了强有力的技术力量,创造了辉煌的建筑成就。

古罗马的建筑成就主要集中在有"永恒之都"之称的罗马城,以罗马城里的大角斗场、万神庙和大型公共浴场代表。古罗马万神庙是穹顶技术的成功一例。万神庙是古罗马宗教膜拜诸神的庙宇,平面由矩形门廊和圆形正殿组成,圆形正殿直径和高度均为43.3米,上覆穹隆,顶部开有直径8.9米的圆洞,可从顶部采光,并寓意人与神的联系。这一建筑从建筑构图到结构形式,堪称古罗马建筑的珍品。

古罗马大角斗场是古罗马帝国的标志建筑之一。建筑平面呈椭圆形,长轴188米,短轴156米,立面高48.5米,分为4层,下三层为连续的券柱组合,第4层为实墙。它是建筑功能、结构和形式三者和谐统一的楷模,有力地证明了古罗马建筑已发展到了相当成熟的水平。

(三) 封建社会时期建筑

12—13世纪,西欧建筑又树立起一个新的高峰,在技术和艺术上都有伟大成就而又具有非常强烈的独特性,这就是哥特建筑。

哥特式建筑是垂直的,据说有感于森林里参天大树,人们认为那些高高的尖塔与上帝更接近。哥特式建筑与"尖拱技术"同步发展,使用两圆心的尖券和尖拱也大大加高了中厅内部的高度。在这一时期建造的法国巴黎圣母院为哥特式教堂的典型实例。它位于巴黎的斯德岛上,平面宽47米,长125米,可容纳万人,结构用柱墩承重,柱墩之间全部开窗,并有尖券六分拱顶、飞扶壁。建筑形象体现了强烈的宗教气氛。

(四) 文艺复兴时期建筑

文艺复兴是"人类从来没有经历过的最伟大、进步的变革"。这是一个需要巨人,亦产生巨人的伟大时代,这一时期出现了一大批在建筑艺术上创造出伟大成就的巨匠,达·芬奇、米开朗基罗、拉菲尔、但丁……这些伟大的名字,是文艺复兴时期的象征。

文艺复兴举起的是人文主义大旗,在建筑方面的表现主要有以下几方面。

(1)为现实生活服务的世俗建筑的类型大大丰富,质量大大提高,大型府邸成为这个时期建筑的代表作品之一。

(2)各类建筑的型制和艺术形式都有很多新的创造。

(3)建筑技术,尤其是穹顶结构技术进步很大,大型建筑都用拱券覆盖。

(4)建筑师完全摆脱了工匠师傅的身份,他们中许多人是多才多艺的"巨人"和个性强烈的创作者。建筑师大多身兼雕刻家和画家,将建筑作为艺术的综合,创造了很多新的经验。

(5)建筑理论空前活跃,产生一批关于建筑的著作。

(6)恢复了中断许久的古典建筑风格,重新使用柱式作为建筑构图的基本元素,追求端庄、和谐、典雅、精致的建筑形象,并一直发展到19世纪。这种建筑形式在欧洲各国都占有统治地位,甚至有的建筑师把这种古典建筑形式绝对化,发展成为古典主义学院派。

这一时期的代表性建筑有罗马圣彼德大教堂。它是世界上最大的天主教堂,历时120年建成(1506—1626年),意大利最优秀的建筑师都曾主持过设计与施工,它集中了16世纪意大利建筑设计、结构和施工的最高成就。它的平面为拉丁十字形,大穹顶轮廓为完整的整球形,内径41.9米,从采光塔到地面为137.8米,是罗马城的最高点。这座建筑被称为意大利文艺复兴时期最伟大的"纪念碑"。

(五) 近现代时期建筑

19世纪欧洲进入资本主义社会。在此初期,虽然建筑规模、建筑技术、建筑材料都有很大发展,但是受到根深蒂固的古典主义学院派的束缚,建筑形式没有发生大的变化,到19世纪中期,建成的美国国会大厦仍采用文艺复兴式的穹项。但社会在进步,技术在发展,建筑新技术、新内容与旧形式之间矛盾仍在继续。19世纪中叶开始,一批建筑师、工程师、艺术家纷纷提出各自见解,倡导"新建筑"运动。到20世纪20年代出现了名副其实的现代建筑,即注重建筑的功能与形式的统一,力求体现材料和结构特性,反对虚假烦琐的装饰,并强调建筑的经济性及规模建造。对20世纪建筑做出突出贡献的人很多,但有四个人的影响和地位是别人无法替代的,一般称为"现代建筑四巨头",他们分别是格罗皮乌斯、勒·柯布西埃、密斯·凡·德·罗和赖特。

格罗皮乌斯的"包豪斯"校舍体现了现代建筑的典型特征,形式随从功能;勒·柯布西埃的萨伏伊别墅体现了柯布西埃对现代建筑的深刻理解;密斯·凡·德·罗的巴塞罗那德国馆渗透着对流动空间概念的阐释;赖特的流水别墅是对赖特的"有机建筑"论解释的范例。

随着社会的不断发展,特别是19世纪以来,钢筋混凝土的应用、电梯的发明、新型建筑材料的涌现和建筑结构理论的不断完善,高层建筑、大跨度建筑相继问世。尤其是第二次世界大战后,建筑设计出现多元化时期,创造了丰富多彩的建筑形式及经典建筑作品。

罗马小体育馆的平面是一个直径60米的圆,可容纳观众5000人,兴建于1957年,它是由意大利著名建筑师和结构工程师奈尔维设计的。他把使用要求、结构受力和艺术效果有机地进行了结合,可谓体育建筑的精品。

巴黎国家工业和技术中心陈列馆平面为三角形,每边跨度218米,高度48米,总建筑面积90000平方米,是目前世界上最大的壳体结构,兴建于1959年。

纽约机场候机厅充分地利用了钢筋混凝土的可塑性,将机场候机厅设计成形同一只凌空欲飞的鸟,象征机场的功能特征。该建筑于1960年建成,由美国著名建筑师伊罗·萨里宁设计。

中世纪最高的建筑完全是为宗教信仰的目的而建,到19世纪末的埃菲尔铁塔显示的是新兴资产阶级的自豪感。现代几乎所有的摩天大厦都是商业建筑,如在"9·11"事件中倒塌的纽约世界贸易中心双子塔。

第二章 建筑设计原理

第一节 建筑平面设计

建筑平面表示的是建筑物在水平方向房屋各部分的组合关系。由于建筑平面通常较为集中地反映建筑功能方面的问题，一些剖面关系比较简单的建筑，它们的平面布置基本上能够反映空间组合的主要内容，因此，从学习和叙述的先后考虑，我们首先从建筑平面设计的分析入手。但是在平面设计中，始终需要从建筑整体空间组合的效果来考虑，紧密联系建筑剖面和立面，分析剖面、立面的可能性和合理性，不断调整修改平面，反复深入。也就是说，虽然我们从平面设计入手，但是着眼于建筑空间的组合。

建筑类型繁多，各类建筑房间的使用性质和组成类型也不相同。无论是由几个房间组成的小型建筑物还是由几十个甚至上百个房间组成的大型建筑物，从组成平面部分的使用性来分析，均可归纳为两部分，即使用部分和交通联系部分。

1. 使用部分

使用部分是指各类建筑中的主要使用房间和辅助使用房间。

（1）主要使用房间

主要使用房间是建筑物的核心，由于使用要求不同，形成了不同类型的建筑物，如学校的使用房间是教室和实验室；住宅的使用房间是卧室和起居室；影剧院的使用房间是观众厅。

【设计提示】

建筑的使用房间是随建筑功能的变化而变化的，这无疑增加了平面设计的难度，但也为设计的多样化提供了条件。

（2）辅助使用房间

辅助使用房间是为保证建筑物主要使用要求而设置的,与主要使用房间相比,则属于建筑物的次要部分,如公共建筑中的卫生间、贮藏室及其他服务性房间;住宅建筑中的厨房、卫生间;一些建筑物中的贮藏室及各种电气、水、采暖、空调通风、消防等设备用房。

2. 交通联系部分

交通联系部分是建筑物中各房间之间、楼层之间、室内与室外之间联系的空间,如各类建筑物中的门厅、走廊、楼梯间、电梯间等。

建筑平面设计的任务,就是充分研究几个部分的特征和相互关系,以及平面与周围环境的关系,在各种复杂的关系中找出平面设计的规律,使建筑满足功能、技术、经济、美观的要求。建筑平面设计包括单个房间平面设计和平面组合设计。单个房间设计是在整体建筑合理而适用的基础上,确定房间的面积、形状、尺寸以及门窗的大小和位置;平面组合设计是根据各类建筑功能要求,抓住主要使用房间、辅助使用房间、交通联系部分的相互关系,结合基地环境及其他条件,采取不同的组合方式将各单个房间合理组合起来。

一、使用功能的平面设计

（一）主要使用房间设计

1. 主要使用房间的分类

从房间的使用功能要求来分,主要有:

（1）生活用房间:如住宅的起居室、卧室,宿舍和宾馆的客房等。

（2）工作、学习用房间:如各类建筑中的办公室、值班室,学校中的教室、实验室等。

（3）公共活动房间:如商场中的营业厅,剧场、影院的观众厅、休息厅等。

一般来说,生活、工作和学习用的房间要求安静,少干扰,由于人们在其中停留时间相对较长,因此希望能有较好的朝向;公共活动房间的主要特点是人流比较集中,通常进出频繁,因此室内人们活动和通行面积的组织比较重要,特别是人流的疏散问题较为突出。使用房间的分类,有助于平面组合中对不同房间进行分组和功能分区。

2. 主要使用房间的设计要求

（1）房间的面积、形状和尺寸要满足室内使用活动和家具、设备合理布置的要求。

（2）门窗的大小和位置,应考虑人员出入方便、疏散安全,房间采光通风良好。

（3）房间的构成应使结构布置合理,施工方便,要有利于房间之间的组合,所用材料要符合相应的建筑标准。

（4）室内空间以及顶棚、地面、各个墙面和构件细部,要考虑人们的使用和审美要求。

3. 主要使用房间的面积确定

使用房间面积的大小,主要是由房间内部活动特点、使用人数的多少、家具设备的多少等因素决定的。例如住宅的起居室、卧室面积相对较小；剧院、电影院的观众厅，除了人多、座椅多外，还要考虑人流迅速疏散的要求，所需的面积就大；又如室内游泳池和健身房，由于使用活动的特点，要求有较大的面积。

为了深入分析房间内部的使用要求，我们把一个房间内部的面积，根据它们的使用特点分为以下几个部分：一是家具或设备所占面积；二是人们在室内的使用活动面积（包括使用家具及设备时，近旁所需的面积）；三是房间内部的交通面积。

影响房间面积大小的因素概括起来有以下几点。

（1）容纳人数

无论是家具设备所需的面积还是人们活动及交通面积，都与房间的规模及容纳人数有关。如设计一个教室，首先就必须弄清教室的规模、容纳多少学生上课、布置多少课桌椅；确定餐厅的面积大小则主要取决于就餐人数及就餐方式。在实际工作中，房间面积的确定主要是依据我国有关部门及地区制订的面积定额指标。根据房间的容纳人数及面积定额就可以得出房间的面积。应当指出，每人所需的面积除面积定额指标外，还需通过调查研究并结合建筑物的标准综合考虑。如表 2-1 所示。

表 2-1　部分建筑房间面积定额参考指标

项目 建筑类型	房间	面积定额（m²/人）	备注
中小学	普通教室	1~1.2	小学取下限
办公楼	一般教室	3.5	不包括走道
	会议室	0.5	无会议桌
		2.3	有会议桌
铁路旅客站	普通候车室	1.1~1.3	
图书馆	普通阅览室	1.8~2.5	4~6 座双面阅览桌

【设计提示】

有些建筑的房间面积指标未作规定，使用人数也不固定，如展览室、营业厅等。这就要求设计人员根据设计任务书的要求，对同类型、规模相近的建筑进行调查研究，充分掌握使用特点，结合当地经济条件，通过分析比较得出合理的房间面积。

（2）家具设备及人们使用活动面积

任何房间为满足使用要求，都需要有一定数量的家具、设备，并进行合理的布置。如卧室中有床、桌椅、柜子等；陈列室中有展板、陈列台、陈列柜等；教室中有课桌椅、黑板、讲台等；卫生间有大小便器、洗脸盆等。这些家具、设备数量及布置方式，人们使用它们所需的活动面积均与人的数量和人体尺度有关，且直接影响到房间使用面积的大小。

4. 主要使用房间的形状和尺寸

初步确定了使用面积的大小以后，还需要进一步确定房间平面的形状和具体尺寸。房间的平面形状和尺寸，主要是由室内使用活动特点、家具布置方式，以及采光、通风、音响等要求所决定的。在满足使用要求的同时,构成房间的技术经济条件,以及人们对室内空间的观感,也是确定房间平面形状和尺寸的重要因素。

在建筑中,如果使用房间的面积不大,又需要多个房间上下、左右相互组合,常见的矩形的房间平面较多,其主要原因如下。

(1)矩形平面体形简单,墙体平直,便于家具和设备的安排,使用上能充分利用室内有效面积,有较大的灵活性。

(2)结构布置简单,便于施工。一般功能要求的建筑,常采用墙体承重的梁板构件布置。以中小学教室为例,矩形平面的教室由于进深和面宽较大,如采用预制构件,结构布置方式通常有两种:一种是纵墙搁梁,楼板搁置在大梁和横墙上;另一种是采用长板直接搁置在纵墙上,取消大梁。以上两种方式均便于统一构件类型,简化施工。对于面积较小的房间,则结构布置更为简单,可将同一长度的板直接搁置在横墙或纵墙上。

(3)矩形平面便于统一开间、进深、有利于平面及空间的组合。如学校、办公楼、旅馆等建筑常采用矩形房间沿走道一侧或两侧布置统一的开间和进深使建筑平面布置紧凑,用地经济。当房间面积较大时,为保证良好的采光和通风,常采用沿外墙长向布置的组合方式。

当然,矩形平面也不是唯一的形式。就中小学教室而言,在满足视、听及其他要求的条件下,也可以采用方形或六角形平面。方形教室的优点是进深加大,长度缩短,外墙减少,相应交通线路缩短,用地经济。同时,方形教室缩短了最后一排的视距,视听条件有所改善,但为了保证水平视角的要求,前排两侧均不能布置课桌椅。

对于一些有特殊功能和视听要求的房间如观众厅、杂技场、体育馆等房间,它的形状则首先应满足这类建筑的单个使用房间的功能要求。如杂技场常采用圆形平面以满足马戏表演时动物跑弧线的需要。观众厅要满足良好的视听条件,既要看得清也要听得好。

5.门窗在房间平面中的布置

(1)门的宽度、数量、开启方式、位置。

①房间平面中门的最小宽度:取决于通过的人流和搬进房间家具、设备的大小等因素。例如住宅中卧室、起居室等生活房间,门的最小宽度为900mm左右,这样的宽度可使一个携带东西的人,方便地通过,也能搬进床、柜等尺寸较大的家具。住宅中厕所、浴室的门,宽度只需650~800mm,阳台的门800mm即可。

②房间平面中门的数量:对于室内面积较大,活动人数较多的房间,必须相应增加门的宽度或门的数量。按《建筑设计防火规范》(GBJ16-87)的规定,当室内人数多于50人,房间面积大于60m²时,最少应设两个门,并放在房间的两端,以保证安全疏散。

③房间平面中门的开启方式:一般房间的门宜内开,影剧场、体育场馆观众厅的疏散门必须外开,会议室、建筑物出入口的门宜做成双向开启的弹簧门。门的安装应不影响使用,门边垛最小尺寸应不小于240mm。

④房间平面中门的位置:对于面积大、人流活动多的房间,主要考虑室内交通路线简

捷和安全疏散的要求，门位置必须与室内走道紧密配合，使通行线路简捷；对于面积小、人流少只需设一个门的房间，主要考虑家具设备的合理布置；当小房间门的数量不止一个时，主要考虑缩短室内交通路线，保留较为完整的活动面积，尽量使墙面完整。

（2）窗的大小和位置

房间中窗的大小和位置，主要根据室内采光、通风要求来考虑。采光方面，窗的大小直接影响到室内照度是否足够，窗的位置关系到室内照度是否均匀。各类房间照度要求，是由室内使用上精确要求的程度来确定的。由于影响室内照度强弱的因素主要是窗户面积的大小，因此，通常以窗口透光部分的面积和房间地面面积的比（即采光面积比）来初步确定或校验窗面积的大小。其数值必须满足表 2-2 的要求。

表 2-2　民用建筑中房间使用性质的采光分级和采光面积

采光等级	视觉工作特征		房间名称	天然照度系数	采光面积比
	工作或活动要求精确程度	要求识别的最小尺寸（mm）			
I	极精密	小于 0.2	绘画室、制图室、画廊、手术室	5~7	1/3~1/5
II	精密	0.2~1	阅览室、医务室、健身室、专业实验室	3~5	1/4~1/6
III	中等精密	1~10	办公室、会议室、营业厅	2~3	1/6~1/8
IV	粗糙	粗糙	观众厅、休息厅、盥洗室、厕所	1~2	1/8~1/10
V	极粗糙		贮藏室、门厅、走廊、楼梯间	0.25~1	1/10 以下

（二）辅助使用房间设计

建筑物的辅助房间主要包括厕所、盥洗室、厨房、储藏室、更衣室、洗衣房、锅炉房等。

1. 厕所、盥洗室

在建筑设计中，根据各种建筑物的使用特点和使用人数的多少，先确定所需设备的个数。根据计算所得的设备数量，考虑在整幢建筑物中厕所、盥洗室的分布情况，最后在建筑平面组合中，根据整幢房屋的使用要求适当调整并确定这些辅助房间的面积、平面形式和尺寸。一般建筑物中公共服务的厕所应设置前室，这样使厕所既较隐蔽，又有利于改善通向厕所的走廊或过厅处的卫生条件。卫生设备及管道组合尺度。

2. 厨房

厨房的主要功能是炊事，有时兼有进餐或洗涤功能。住宅建筑中的厨房是家务劳动的中心所在，所以厨房设计的好坏是影响住宅使用的重要因素。通常根据厨房操作的程序布置台板、水池、炉灶, 并充分利用空间解决储藏问题。

(三) 交通联系部分的设计

一幢建筑物除了有满足使用功能的各种房间外, 还需要有交通联系部分把各个房间之间以及室内外之间联系起来。建筑物内部的交通联系部分包括: 水平交通空间 —— 走廊、过道等, 垂直交通空间 —— 楼梯、电梯、自动扶梯、坡道, 交通枢纽空间 —— 门厅、过厅等。

交通联系部分的设计要求做到:

第一, 交通路线简捷明确, 联系通行方便;

第二, 人流通畅, 紧急疏散时迅速安全;

第三, 满足一定的采光、通风要求;

第四, 力求节省交通面积, 同时综合考虑空间造型问题。

【设计提示】

进行交通联系部分的平面设计, 首先需要具体确定走廊、楼梯等通行和疏散要求的宽度, 具体确定门厅、过厅等人们停留和通行所必需的面积, 然后结合平面布局考虑交通联系部分在建筑平面中的位置以及空间组合等设计问题。

1. 过道 (走廊)

(1) 过道的宽度

过道必须满足人流通畅和建筑防火的要求。单股人流的通行宽度为 550m~600mm。例如住宅中的过道, 考虑到搬运家具的要求, 最小宽度应为 1100mm~1200mm。根据不同建筑类型的使用特点, 过道除了交通联系外, 也可以兼有其他的使用功能, 这时过道的宽度和面积相应增加, 可以在过道边上的墙上开设高窗或设置玻璃隔断以改善过道的采光通风条件。例如学校教学楼中的过道, 兼有学生课间休息活动的功能; 医院门诊部分的走廊, 兼有病人候诊的功能。

过道宽度除了按交通要求设计外, 还要根据建筑物的耐火等级、层数和过道中通行人数的多少, 进行防火要求最小宽度的校核, 如表 2-3 所示。

表 2-3　过道的宽度 (根据耐火等级和房屋的层数确定)

宽度 (m/100 人)		房屋耐火等级		
一、二级		三级	四级	
层数	一、二层	0.65	0.75	1.00
	三层	0.75	1.00	—
	大于三层	1.00	1.25	—

(2) 过道的长度控制

根据过道与楼梯相对位置的不同, 可以把过道划分为袋形过道和位于两个楼梯之间的过道。袋形过道是指只有一个安全疏散出口, 类似于一个布袋的过道, 过道尽头没有出路,想出来得原路返回。从房间门至楼梯间或外门的最大距离,以及袋形过道的长度,从安全角度综合考虑,其长度必须符合表2-4的规定。

表2-4　房间门至外部出口或楼梯间的最大距离(m)

建筑类型	位于两个外出口或楼梯间的疏散门			位于袋形过道两侧或尽端的疏散门		
	耐火等级			耐火等级		
	一、二级	三级	四级	一、二级	三级	四级
托儿所、幼儿园	25	20	—	20	15	—
医院、疗养院	35	30	—	20	15	—
学校	35	30	—	22	20	—
其他建筑	40	35	25	22	20	15

2. 楼梯和坡道

(1)楼梯梯段和平台宽度

楼梯是建筑物各层间的垂直交通联系部分,是楼层人流疏散必经的通路。楼梯的宽度取决于通行人数的多少和建筑防火要求,通常应大于1100mm。一些辅助楼梯也应该大于850mm,楼梯梯段和平台的通行宽度。

(2)楼梯的数量

在通常情况下,每一幢公共建筑均应设两个楼梯。对于使用人数少或除幼儿园、托儿所、医院以外的二层、三层建筑,当其符合表2-5的要求时,也可只设一个疏散楼梯。

表2-5　设置一个疏散楼梯的条件

耐火等级	层数	每层最大建筑面积(m²)	人数
一、二级	二层、三层	400	第二层和第三层人数之和不超过100人
三级	二层、三层	200	第二层和第三层人数之和不超过50人
四级	二层	200	第二层人数之和不超过30人

设有不少于两个疏散楼梯的一、二级耐火等级的公共建筑,如顶层局部升高时,当其高出部分的层数不超过两层、每层建筑面积不超过200m²,人数之和不超过50人时,可设一个楼梯,但应另设一个直通平屋面的安全出口。

(3)坡道、电梯、自动扶梯。

建筑物垂直交通联系部分除楼梯外,还有坡道、电梯和自动扶梯等。一些人流大量集中的建筑物,如大型体育馆常在人流疏散集中的地方设置坡道,以利于安全和快速地疏散人流,一些医院为了病人上下和手推车通行的方便也可采用坡道;电梯通常使用在多层或高层建筑中,如旅馆、办公大楼、高层住宅楼等,一些有特殊使用要求的建筑物,如医院、商场等也常采用电梯;自动扶梯具有连续不断地乘载大量人流的特点,因而适用于具有频繁而连续人流的大型建筑物中,如百货大楼、展览馆、火车站、地铁站、航空港等建筑物。

3. 门厅、过厅

(1)门厅的作用。

门厅是建筑物主要出入口处的内外过渡空间,也是人流集散的交通枢纽。此外,在一些建筑物中,门厅常兼有服务、等候、展览等功能,例如旅馆门厅中的服务台、问询处,门诊所门厅中的挂号、取药、收费等。

(2)门厅的宽度。

门厅对外出入口的总宽度,应不小于通向该门厅的过道、楼梯宽度的总和。人流比较集中的建筑物,门厅对外出入口的宽度,可按每100人600mm计算。外门必须向外开启或尽可能采用弹簧门内外开启。

(3)门厅的导向性。

门厅的设计必须做到导向明确,避免人流的交叉和干扰。门厅的导向明确,即要求人们进入门厅后能够比较容易地找到各过道口和楼梯口,并易于辨别这些过道或楼梯的主次,以及它们通向房屋各部分使用性质上的区别。

【设计提示】

根据不同建筑类型平面组合的特点,以及房屋建造所在基地形状、道路走向对建筑中门厅设置的要求,门厅的布局通常有对称和不对称的两种。对称的门厅有明显的轴线,如果起主要交通联系作用的过道或主要楼梯沿轴线布置,主导方向较为明确;非对称的门厅,由于门厅中没有明显的轴线,交通联系主次的导向,往往需要通过对走廊口门洞的大小、墙面的透空和装饰处理,以及楼梯踏步的引导等设计手法,使人们易于辨别交通联系的主导方向。

(4)过厅的设计

过厅通常设置在过道与过道之间或过道与楼梯的连接处。它起交通路线的转折和过渡的作用。为了改善过道的采光、通风条件,有时也可以在过道的中部设置过厅。

4. 门廊、门斗

在建筑物的出入口处,为了给人们进出室内外提供一个过渡的地方,通常在出入口前设置雨棚、门廊或门斗等,以防止风雨或寒气的侵袭。开敞式的叫门廊,封闭式的叫门斗。

二、功能组织与平面组合设计

建筑平面的组合,实际上是建筑空间水平方向的组合,这一组合必然决定了建筑物内外空间和建筑形体在水平方向予以确定,因此在进行平面组合设计时,可以及时勾画建筑物形体的立体草图,考虑这一建筑物在三维空间中可能出现的空间组合及其形象,即从平面设计入手,但是着眼于建筑空间的组合。

【设计提示】

如何将单个房间与交通联系部分组合起来,使之成为一个使用方便、结构合理、体形简洁、构图完整、造价经济及与环境协调的建筑物,是平面组合设计的任务。

(一)功能组织原则

在进行平面的功能组织时,要根据具体设计要求,掌握以下几个原则。

1.房间的主次关系

组成建筑物的各房间,按使用性质及重要性,必然存在着主次之分。在平面组合时应分清主次、合理安排。如教学楼中,教室、实验室是主要使用房间,办公室、管理室、厕所等则属于次要房间。居住建筑中的居室是主要房间,厨房、厕所、贮藏室是次要房间。商业建筑中的营业厅,影剧院中的观众厅、舞台属主要房间。平面组合中,一般是将主要使用房间布置在朝向较好的位置,靠近主要出入口,并有良好的采光通风条件,次要房间可布置在条件较差的位置。

2.房间的内外关系

在各种使用空间中,有的部分对外性强,直接为公众使用,有的部分对内性强,主要是内部工作人员使用。按照人流活动的特点,将对外性较强的部分尽量布置在交通枢纽附近,将对内性较强的部分布置在较隐蔽的部位,并使之靠近内部交通区域。对于食堂建筑,餐厅是对外的,人流量大,应布置在交通方便、位置明显处,而对内性强的厨房等部分布置在后部次要入口、面向内部的较隐蔽的场所。

3. 功能分区以及它们的联系与分隔

当建筑物中的房间较多,使用功能又比较复杂时,这些房间可以按照它们的使用性质以及联系的紧密程度,进行分组分区。

(二)平面的组合设计

各类建筑由于使用功能不同,房间之间的相互关系也不同。有的建筑由一个个大小相同的重复空间组合而成,它们彼此之间没有一定的使用顺序关系,各房间形成既联系又相对独立的封闭型房间,如学校、办公楼;有的建筑主要有一个大房间,其他均为从属房间,环绕着这个大房间布置,如电影院、体育馆;有的建筑,房间按一定序列排列而成,即排列顺序完全按使用顺序而定,如展览馆、火车站等。平面组合就是根据使用功能特点及交通路线的组织,将不同房间组合起来。这些平面组合大致可以归纳为如下几种形式。

1.走廊式组合

走廊式组合是通过走廊联系各使用房间的组合方式,其特点是把使用空间和交通联系空间明确分开,以保持各使用房间的安静和不受干扰。适用于学校、医院、办公楼、集体宿舍等建筑物中。

（1）内廊式。

在走廊两侧布置房间的称为内廊式。这种组合方式平面紧凑，走廊所占面积较小，房屋进深较大，节省用地，但是有一侧的房间朝向差，走廊较长时，采光、通风条件较差，需要开设高窗或设置过厅以改善采光和通风条件。

（2）外廊式。

在走廊一侧布置房间的称为外廊式。房间的朝向、采光和通风都较内廊式好，但房屋进深较小，辅助交通面积增大，故占地较多，相应造价增加。

2. 单元式组合

单元式组合是以竖向交通空间（楼梯、电梯）连接各使用房间，使之成为一个相对独立的整体的组合方式，其特点是功能分区明确，单元之间相对独立，组合布局灵活，适应不同的地形，广泛用于住宅、幼儿园、学校等建筑组合中。

3. 套间式组合

套间式组合是将各使用房间相互串联贯通，以保证建筑物中各使用部分的连续性的组合方式，其特点是交通部分和使用部分结合起来设计，平面紧凑，面积利用率高，适用于展览馆、商场、火车站等建筑物。套间式组合按其空间序列的不同又可分为串联式和放射式两种。

（1）串联式

按一定的顺序关系将房间连接起来称之为串联式。

（2）放射式

将各房间围绕交通枢纽呈放射状布置称之为放射式

4. 大厅式组合

大厅式组合是在人流集中厅内具有一定活动特点并需要较大空间时形成的组合方式。这种组合方式常以一个面积较大，活动人数较多，有一定的视、听等使用特点的大厅为主，辅以其他的辅助房间。例如剧院、会场、体育馆等建筑物类型的平面组合。在大厅式组合中，交通路线组织问题比较突出，应使人流的通行通畅安全，导向明确。

以上是建筑常见的平面组合方式，在各类建筑物中，结合建筑物各部分功能分区的特点，也经常形成以一种结合方式为主，局部结合其他组合方式的布置，即混合式的组合布局，随着建筑使用功能的发展和变化，平面组合的方式也会有一定的变化。

（三）建筑平面组合与结构选型关系

进行建筑平面组合设计时，要根据不同建筑的组合方式采取相应的结构形式，以达到经济、合理的效果。目前建筑常用的结构类型有三种，即墙承重结构、框架结构和空间结构。

1. 墙承重结构

墙承重结构是由墙体、钢筋混凝土梁板等构件构成的承重结构系统,建筑的主要承重构件是墙、梁板、基础等。墙承重结构分为横墙承重、纵墙承重、纵横墙混合承重三种。

(1)横墙承重。

房间的开间大部分相同,开间的尺寸符合钢筋混凝土板经济跨度时,常采用横墙承重的结构布置。横墙承重的结构布置,建筑横向刚度好,立面处理比较灵活,但由于横墙间距受梁板跨度限制,房间的开间不大,因此,适用于有大量相同开间,而房间面积较小的建筑,如宿舍、门诊室和住宅建筑。

(2)纵墙承重。

在房间的进深基本相同,进深的尺寸符合钢筋混凝土板的经济跨度时,常采用纵墙承重的结构布置。纵墙承重的主要特点是平面布置时房间大小比较灵活,建筑在使用过程中,可以根据需要改变横向隔断的位置,以调整使用房间面积的大小,但建筑整体刚度和抗震性能差,立面开窗受限制,适用于一些开间尺寸比较多样的办公楼,以及房间布置比较灵活的住宅建筑。

(3)纵横墙混合承重。

在建筑平面组合中,一部分房间的开间尺寸和另一部分房间的进深尺寸符合钢筋混凝土板的经济跨度时,建筑平面可以采用纵横墙承重的结构布置。这种布置方式,平面中房间安排比较灵活,建筑刚度相对也较好,但是由于楼板铺设的方向不同,平面形状较复杂,因此施工时比上述两种布置方式麻烦。一些开间进深都较大的教学楼,可采用有梁板等水平构件的纵横墙承重的结构布置。

墙体承重的混合结构系统,对建筑平面的要求主要有:

①房间的开间或进深基本统一,并符合钢筋混凝土板的经济跨度(非预应力板,通常为 4m 左右),上、下层承重墙体对齐重合。

②承重墙的布置要均匀、闭合,以保证结构布置的刚性要求,较长的独立墙体,应设置墙墩以加强稳定性。

③承重墙上的门窗洞口的开启应符合墙体承重的受力要求(地震区还应符合抗震要求)。

④个别面积较大的房间,应设置在房屋的顶层或单独的附属体中,以便结构上另行处理。

2. 框架结构

框架结构是以钢筋混凝土梁柱或钢梁柱联结的结构布置,框架结构布置的特点是梁柱承重,墙体只起分隔、围护的作用,房间布置比较灵活,门窗设置的大小、形状都较自由,但造价比墙承重结构高。在走廊式和套间式的平面组合中,当房间的面积较大、层高较高、荷载较重,或建筑物的层数较多时,通常采用钢筋混凝土框架或钢框架结构,如实验楼、大型商店、多层或高层旅馆等建筑物。

框架结构系统对建筑平面组合的要求主要有：

①建筑体形整齐、平面组合应尽量符合柱网尺寸的规格、模数以及梁的经济跨度的要求（当以钢筋混凝土梁板布置时，通常柱网的经济尺寸为 6~8m×4~6 m）。

②为保证框架结构的刚性要求，在房屋的端墙和一定的间隔距离内应设置必要的刚性墙，或梁、柱的联结应采用刚性节点处理。

③楼梯间和电梯间在平面的地位，应均匀布置，选择有利于加强框架结构整体刚度的位置。

3. 空间结构

在大厅式平面组合中，对面积和体积都很大的厅室，例如剧院的观众厅、体育馆的比赛大厅等，它的覆盖和围护问题是大厅式平面组合结构布置的关键。新型空间结构的迅速发展，有效地解决了大跨度建筑空间的覆盖问题，同时也创造出了丰富多彩的建筑形象。空间结构系统有各种形状的折板结构、壳体结构、网架壳体结构以及悬索结构等。

（四）建筑平面组合与场地环境的关系

任何建筑物都不是孤立存在的，它与周围的建筑物、道路、绿化、建筑小区等密切联系，并受到它们及其他自然条件如地形、地貌等的限制。

1. 场地大小、形状和道路走向

场地的大小和形状，对建筑物的层数、平面组合有极大影响。在同样能满足使用要求的情况下，建筑功能分区可采用较为集中紧凑的布置方式，或采用分散的布置方式，这方面除了和气候条件、节约用地以及管道设施等因素有关外，还和基地大小和形状有关。同时，基地内人流、车流的主要走向，又是确定建筑平面中出入口和门厅位置的重要因素。

2. 建筑物的朝向和间距

影响建筑物朝向的因素主要有日照和风向。不同季节，太阳的位置、高度都在发生着有规律的变化。根据我国所处的地理位置，建筑物采取南向或南偏东、南偏西向能获得良好的日照。

日照间距通常是确定建筑物间距的主要因素。建筑物日照间距的要求，是使后排建筑物在底层窗台高度处，保证冬季能有一定的日照时间。房间日照时间的长短，是由房间和太阳相对位置的变化关系决定的，这个相对位置以太阳的高度角和方位角表示它和建筑物所在的地理纬度、建筑方位以及季节、时间有关。通常以当地冬至日正午十二时太阳高度角，作为确定建筑物日照间距的依据日照间距的计算公式为

$$L=H/\tan\alpha$$

式中：L——建筑间距，H——前排建筑物檐口和后排建筑物底层窗台的高差，∠α——冬至日正午的太阳高度角（当建筑物为正南向时）。

3. 基地的地形条件

在坡地上进行平面组合应依山就势,充分利用地势的变化,减少土方工程量,处理好建筑朝向、道路、排水和景观等要求。根据建筑物和等高线位置的相互关系,坡地建筑主要有以下两种布置方式。

(1)建筑物平行等高线布置。

当基地坡度小于 25% 时,房屋可以平行于等高线布置。这样的布置通往房屋的道路和入口的台阶容易解决。房屋建造的土方量和基础造价都较省。这种布置方式对外廊式房屋比较有利,对内廊式房屋则靠坡一面的房间采光、通风条件较差,靠坡面的排水也需要专门处理。

(2)建筑物垂直或斜交于等高线的布置。

当基地坡度大于 25%,房屋平行于等高线布置对朝向不利时,常采用垂直或斜交于等高线的布置方式。这种布置方式,在坡度较大时,房屋的通风、排水问题比平行于等高线时较容易解决,但是基础处理和道路布置比平行于等高线时复杂得多。

第二节 建筑剖面设计

剖面图的概念可以这样理解即用一个假想的垂直于外墙轴线的切平面把建筑物切开,对切面以后部分的建筑形体作正投影图。在表现方面,为了把切到的形体轮廓与看到的形体投影轮廓区别开来,切到的实体轮廓线用粗实线表示,如室内外地面线、墙体、楼梯板、楼面板和梁,以及屋顶内外轮廓线等。看到的投影轮廓用细实线表示,如门窗洞口的侧墙、空间中的柱子以及平行于剖切面的梁等。由于剖面图的轮廓及其表现内容均与剖切面的位置有关,剖面图又分为横剖面图与纵剖面图,它们是互相垂直的两个视图。在复杂的建筑平面中为了充分表现体形轮廓及空间高度上的变化情况,建筑物的剖面图一般不少于两个,剖切面的位置以剖切线来表示,每个位置上的剖面图应与剖切线的标注相对应,以方便人们的读图需要。

建筑剖面是建筑设计全过程中一个不可缺少的部分,其任务是:根据各建筑物的用途、性质、规模以及使用要求,对建筑物在竖向上的一些空间进行组合,从而确定建筑物的层数;各楼地面、屋面与外墙的交接做法;内部空间的利用以及各细部尺寸的确定等。

建筑剖面设计与建筑平面、立面设计是相互贯穿的,必须做到紧密结合。

一、建筑剖面的形状

（一）剖面形状的影响因素

房间的剖面形状受到多种因素的影响,例如:使用要求、功能特点、经济条件以及特定的艺术构思等。

（二）剖面形状的分类

1. 矩形剖面

矩形空间的六个界面均为水平或竖直平面,剖面简洁、规整,给人强烈的秩序感,同时具有以下三大优点:易获得完整而紧凑的整体造型,利于梁板式结构布置,节约空间、施工方便。

非距形剖面常用于有特殊要求的房间,形成特定的空间效果,或是用于特殊的结构形式所限定的特殊空间。

法国地球电影院采用球状造型以配合建筑空间功能要求,如可满足 3D 视觉要求、声音混响要求、视线角度要求等。

哥特式教堂内部窄而高的空间是宗教建筑精神统领思想的集中体现,它既表达了对宗教的崇敬与向往,又是精美尖券构筑而成的必然结果。

二、建筑层数的确定

建筑层数是方案设计初期就需要确定的问题之一,它所涉及的因素有很多方面,主要有:

（1）建筑使用的要求;
（2）城市规划的要求;
（3）建筑材料、结构的要求;
（4）建筑防火的要求;
（5）建筑经济的要求。

（一）建筑的使用要求

不同的建筑类型必然会有不同的使用要求,通常对建筑的层数也会有不同的要求。

幼儿园、中小学、医院等建筑由于其使用者主要为幼儿、少年儿童以及病残体弱者,所以,这类建筑的层数通常控制在 3~5 层。

影剧院、体育馆、汽车站等建筑类型,由于使用者呈现较大人流量,考虑人流集散方便,也应以一层或低层为主。

相对而言,城市的公寓住宅、办公旅馆以及公共商务建筑一般会控制为多层、小高层或高层。

（二）城市规划的要求

在城市建设中，所有的建筑都必须符合城市的规划要求，单体建筑的高低将直接影响到该城市的整体面貌，所以，层数的确定必须严格遵循城市规划要求。

城市，尤其是历史文化名城，各类景观众多，有奇山异岭、古建民居等，对于这一类应重点保护的地段，建筑的高度受到严格控制。

另外，城市航空港附近的一定范围内，从飞行安全的角度考虑，对新建建筑物也有明确的限高。

（三）建筑结构的要求

不同类型的建筑会有不同的层数与高度，除了满足城市规划的要求以外，还必须满足不同结构的要求以保证建筑的结构稳定。不同的结构形式其高度与层数也是不同的。建筑物的结构和材料，以及施工条件等因素，也会对建筑层数的确定有一定的影响。不同建筑结构类型和建筑材料有不同的适用性：

(1) 砖混结构 —— 多层；

(2) 混凝土框架结构 —— 多层、小高层；

(3) 混凝土框筒结构 —— 高层；

(4) 钢结构 —— 高层、超高层；

(5) 钢筒结构 —— 超高层。

另外，还受抗震规范的限制，如多层砌体与混合结构，由于结构自重较大，强度较低，整体性较差，建筑层数和高度有明确的限制。

（四）建筑防火的要求

在建筑防火规范中，对于不同的防火等级均规定了不同的建筑高度与层数，进行单体设计时必须严格查阅其防火规范。

（五）建筑经济的要求

建筑层数与造价的关系非常密切，建筑层数越多，在面积相同的条件下，用地越少，单方造价随之降低。多层与高层相比结构成本随之提高，建筑设备、电梯、供水等费用也大大增加。

在考虑建筑经济的问题时，还要考虑经济效果。除了房屋的单方造价外，尚需进一步考虑征地、拆迁、小区建设以及市政配套费用等多方因素，以达到良好的经济效益。

三、建筑各部分高度的确定

(一) 建筑的标高系统

在建筑设计中,建筑物各个部分在垂直方向的高度用一个相对标高系统来表示。我们一般将建筑物底层室内地面标高确定为 ±0.000,单位是米(m),高于这个平面的标高都为正,低于此的标高都为负。例如某建筑物室内外高差为 0.45m,层高为 3.6m,室外地面标高为 -0.450,底层室内地面标高为 ±0.000,2 层室内地面标高为 3.600,3 层室内地面标高为 7.200,以此类推。

(二) 层高的确定

表达建筑物每层的高度一般使用"净高"与"层高"两个概念。房间净高是指室内地面到吊顶或楼板底面之间的垂直距离,如果楼板或屋盖的下悬构件影响有效使用空间,则应按地面至结构下缘之间的垂直高度计算。在有楼层的建筑中,楼层层高是指上下相邻两层楼(地)面间的垂直距离。层高与净高之间的差值就是楼板结构构造厚度。

在建筑设计中,主要考虑使用功能对房间净高的要求,结合结构厚度,对层高进行直接控制。与建筑开间、进深一样,层高的确定也是遵循模数数值,当层高在 4.2m 以内时,选用 100mm 的模数级差,当层高在 4.2m 以上时,则选用 300mm 的模数级差。各种类型的房间对净高的要求各不相同,影响房间高度的因素主要有以下几方面。

1. 人体活动及家具设备的使用要求

房间的净高与人体活动尺度有很大关系。一般情况下,室内最小净高至少应使人举手不接触到顶棚为宜,为此,房间净高应不低于 2.2m,地下室、贮藏室、局部夹层、走道及房间的最低处的净高不应小于 2m。对于住宅中的居室和旅馆中的客房等生活用房,从人体活动及家具设备在高度方向的布置考虑,净高 2.6m 已能满足正常的使用要求。集体宿舍由于使用人数较多,净高应适当加大,特别是设双层床铺时,室内净高应不低于 3.2m。对于使用人数较多,房间面积较大的公用房间(如教室、办公室等),室内净高常为 3.0~3.3m。中小学教室按照卫生标准规定,每个学生的气容量为 3~5m³/人,在一定教室面积的条件下,必须根据所容纳学生人数,保证足够的层高以满足人均气容量要求。而对于影剧院观众厅,决定其净高时考虑的因素比较多,涉及观众厅容纳人数的多少及视线、声音等要求,即视线声音无遮挡,且反射声分布合理。

建筑内部一般都需要布置一些设备,在民用建筑中,对房间高度有一定影响的设备布置主要有顶棚部分嵌入或悬吊的灯具顶棚内外的一些空调管道以及其他设备所占的空间。还有一些比较特殊的设备要求,如观演厅内的声光设备、舞台吊景设备、医院手术室内的医疗照明与器械设备等,确定这些房间的高度时,必须充分考虑到设备所占的尺寸。对于游泳池比赛厅,主要考虑跳台的高度,电影院放映厅则考虑银幕的高度。有时为了节约空间,只在房间安放设备的部位局部提高层高以满足要求,其他部分仍按一般要求处理,顶棚可以处理成倾斜的,以减少不必要的空间损失。

2. 通风采光要求

房间的高度应有利于自然通风和采光,以保证房间有必要的卫生条件。建筑内部的通风组织,除了与窗的平面位置有关外,受到窗洞高度的影响也非常大。从剖面上要注意进出风口位置的设置,引导空气穿堂贯通,充分利用风压与热压的共同作用,达到良好的通风效果。一般在墙的两侧设窗洞进行对流,或在一侧设窗让空气上下流通,有特殊需要的旁间,还可以开设天窗,增加空气压差。

室内光线的强弱和照度是否均匀,除了和平面中窗户的宽度及位置有关外,还和窗户在剖面中的高低有关。房间里光线的照射深度主要靠侧窗的高度来解决。一般房间窗口上沿越高,光线照射深度越远,室内照度的均匀性越好。所以房间进深大或要求光线照射深度远的房间,层高应大些。当房间采用单侧采光时,通常侧窗上沿离地的高度应大于房间进深长度的一半;当房间允许双侧采光时,窗户上沿离地的高度应大于房间总进深的1/4。为了避免房间顶部出现暗角,侧窗上沿到房间顶棚底面的距离,应尽可能留得小一些,但是需要考虑到房屋的结构、构造要求,即窗过梁或房屋圈梁等的必要尺寸。

在一些大进深的单层房屋中,为了使室内光线均匀分布,可在屋顶设置各种形式的天窗,形成各种不同的剖面形式。如大型展览馆的展厅、室内游泳池等,主要大厅常以天窗的顶光和侧光相结合的布置方式使房间内照度均匀、稳定,减轻和消除眩光,提高室内采光质量。

3. 空间比例与心理要求

室内空间的比例直接影响到人们的精神感受,封闭或开敞、宽大或矮小、比例协调与否都会给人以不同的感受。如面积大而高度低的房间会给人以压抑感,面积小而高度高的房间又会给人以局促感。一般来说,当空间高度一定,房间面积过大,房间就显得低矮;当房间面积一定,空间高度过高,房间就显得狭小。因此,面积越大的房间需要的高度也越高,反之,面积越小的房间需要的高度也越小。净高2.4m用于住宅建筑的居室,使人感到亲切、随和,但如果用于教室,就显得过于低矮。一般来说,房间的剖面高度与其面积应保持一个合适的比例,不过对于有某些特殊需要的建筑空间,如纪念堂、大会堂等,为了显示其庄严、肃穆,可适当增加剖面高度;若需要显示博大、宁静的空间气氛,也可用适当降低剖面高度来实现。

在建筑剖面处理时,需要考虑到不同平面尺寸的房间在空间上的不同需要。在同一层高下,大空间的空间尺度感觉合适时,小空间往往就显得太高,如走廊过道空间,平面狭长,可以运用局部的吊顶降低其空间高度,达到空间比例协调的目的。一个房间在剖面上处理出两种不同高度,也是对空间进行软性划分的有效手段,如居室中常常将起居和餐厅空间结合在一起,同一个空间中的两种功能用剖面上的高差处理分隔开来。

4. 结构层高度及构造形式的要求

结构层高度主要包括楼板、屋面板、梁和各种屋架所占的高度。层高等于净高加上结构层的高度,在同等净高要求下,结构层愈高,则层高愈大。

一般开间进深较小的房间,如采用墙体承重,在墙上直接搁板,结构层所占高度较小,对于建筑高度的利用比较充分。开间进深较大的房间多采用梁板布置方式的钢筋混凝土框架结构,梁的高度与柱距直接相关,一般梁高约为柱距的对于一些大跨度建筑,多采用屋架、空间网架等构造形式,其结构层高度更大。房间如果采用吊顶构造时,层高则应再适当加高,以满足净高需要。

5. 建筑经济效益要求

在满足使用、采光通风、空间感受等要求的前提下,适当降低房间的层高,可产生十分突出的经济效益。降低层高可以降低整幢建筑的高度,有效减轻建筑物的自重,改善结构受力情况,减少围护结构面积,节约建筑材料,并减少使用中的能耗损失,还能够缩小建筑间距,节省投资和用地。因此,合理确定层高对于控制建筑物的经济成本、创造经济效益有着重大意义。

(三) 建筑细部高度的确定

1. 窗台高度

窗台的高度主要根据室内的使用要求、人体尺度和家具或设备的高度来确定。民用建筑中生活、学习或工作用房的窗台高度,一般大于桌面高度,小于人们的坐姿视平线高度,常采用 900mm 左右,这样的尺寸和桌子的高度配合关系比较恰当。浴室、厕所及紧邻走廊的窗户为了避免视线干扰,窗台常常设得比较高,常采用 1500~1800mm。幼儿园建筑根据儿童尺度,活动室的窗台高度常采用 600mm 左右。对疗养院建筑和风景区的一些建筑物,以及住宅建筑中的朝南面的起居室,由于要求室内阳光充足或便于观赏室外景色,常降低窗台高度至 300mm 或设置落地窗。一些展览建筑,由于需要利用墙面布置展品,则将窗台设置到较高位置,使室内光线更加均匀,这对大进深的展室采光十分有利。以上由房间用途确定的窗台高度,如与立面处理矛盾时,可根据立面需要,对窗台做适当调整。当窗台低于 800mm 时,应采取防护措施。

2. 雨篷高度

雨篷的高度要考虑到与门的关系,过高遮雨效果不好,过低则有压抑感,而且不便于安装门灯。为了便于施工和使构造简单,可以将雨篷与门洞过梁结合成一个整体。雨篷标高宜高于门洞标高 200mm 左右。出于建筑外观考虑,雨篷也可以设于 2 层,甚至更高的高度,获得尺度更大的过渡空间。

3. 建筑内部地面高差

建筑内部同层的各个房间地面标高应尽量取得一致,这样行走比较方便。对于一些易于积水或者需要经常冲洗的房间,如浴室、厨房、阳台及外走廊等,它们的地面标高应比其他房间的地面标高低 20~50mm,以防积水外溢,影响其他房间的使用。不过,建筑内部地面还是应尽量平坦,高差过大会不便于通行和施工。

4. 建筑室内外地面高差

一般民用建筑常把室内地面适当提高,这既是为了防止室外雨水流入室内,防止墙身受潮,又是为了防止建筑物因沉降而使室内地面标高过低,同时为了满足建筑使用及增强建筑美观的要求。室内外地面高差要适当,高差过小难以保证满足基本要求,高差过大又会增加建筑高度和土方工程量。对大量的民用建筑而言,室内外地面高差一般为300~600mm。一些对防潮要求较高的建筑物,需参考有关洪水水位的资料以确定室内地面的标高。建筑物所在场地的地形起伏较大时,需要根据地段内道路的路面标高、施工时的土方量以及场地的排水条件等因素综合分析后,选定合适的室内地面标高。一些纪念性及大型的公共建筑,从建筑造型考虑,常加大室内外高差,增多台阶踏步数目,以取得主入口处庄重、宏伟的效果。

四、建筑剖面的组台形式

建筑剖面的组合形式主要是由建筑物中各类房间的高度和剖面形状,房屋的使用要求和结构布置特点等因素决定的,归纳起来主要有以下几种形式。

(一)单层建筑的剖面组合形式

建筑空间在剖面上没有进行水平划分则为单层建筑。单层建筑空间比较简单,所有流线都只在水平面上展开,室内与室外直接联系,常用于面积较小的建筑,用地条件宽裕的建筑以及大跨度、需要顶部采光通风的建筑等。对于层高相同或相近的单层建筑,为简化结构,便于施工,最好做等高处理,即按照主要房间的高度来确定建筑高度,其他房间的高度均与主要房间保持一致,形成单一高度的单层建筑。对于建筑各部分层高相差较大的单层建筑,为避免等高处理造成空间浪费,可根据实际情况进行不同的空间组合,形成不等高的剖面形式。

(二)多层和高层建筑的剖面组合

多层和高层建筑空间相对比较复杂,其中包括许多用途、面积和高度各不相同的房间。如果把高低不同的房间简单地按使用要求组合起来,势必会造成屋面和楼面高低错落,流线过于崎岖,结构布置不合理,建筑体型零乱复杂的结果。因此在建筑的竖向设计上应当考虑各种不同高度房间合理的空间组合,以取得协调统一的效果。实际上,在进行建筑平面空间组合设计和结构布置时,就应当对剖面空间的组合及建筑造型有所考虑。多层和高层建筑的剖面组合,首先是尽量使同一层中的各房间高度取得一致,或将平面分成几个部分,每个部分确定一个高度,然后进行叠加或错层组合。

1. 叠加组合

如果建筑在同一层房间的高度都相同,不论每层层高是否相同,都可以采用直接叠加组合的方式,上下房间、主要承重构件、楼梯、卫生间等应对齐布置,以便设备管道能够直通,使布置经济合理。许多建筑如住宅、办公楼、教学楼等每层平面与高度都基本上一样,在设计图纸中以标准层平面来代替中间层,剖面只需按要求确定层数,垂直叠加即可。这种剖面空间组合有利于结构布置,也便于施工。

有些建筑因造型需要,或要满足其他使用要求,建筑各层采用错位叠加的方式。上下错位叠加既可以是上层逐渐向外出挑,也可以是上层逐渐向内收进。如住宅建筑的顶层向内收进,或逐层向内收近,形成露台,以满足人们对露天场地的需求。一些公共建筑采用上下错位叠加的方式进行造型处理,可以获得非常灵活的建筑形体。

2. 错层组合

当建筑受地形条件限制,或标准层平面面积较大,采用统一的层高不经济时,可以分区分段调整层高,形成错层组合。错层组合关键在于连接处的处理,对于错层间高差不大,层数也较少的建筑,可以在错层间的走廊通道处设少量台阶来解决高差;当错层间高差达到一定高度并且每层都相同时,可以结合楼梯的设计,使楼梯的某一中间休息平台高度与错层高度相同,巧妙地利用楼梯来连接不同标高的错层;当建筑内部空间高度变化较大时,也应尽量综合考虑楼梯设计,利用不同标高的楼梯平台连接不同高度的房间。

3. 跃层组合

跃层组合主要用于住宅建筑中,这种剖面组合方式节约公共交通面积,各住户之间的干扰较少,通风条件好,但结构比较复杂,施工难度较大,通常每户所需的面积较大,居住标准较高。

(三) 建筑中特殊高度空间的剖面处理

在建筑空间中,有时会出现一些特殊的空间,如面积较大的多功能厅以及大部分建筑都具有的门厅,这些空间因为面积比较大,或者使用要求比较特殊,从而需要比其他空间更高的层高,在建筑设计时需要特别处理好这些空间与其他使用空间的剖面关系。

一般来说,为了满足这些空间的特殊高度要求,常采取以下几种手法。

(1)将有特殊高度要求的空间相对独立设置,与主体建筑之间可以用连接体进行过渡衔接,这样,它们各自的高度要求都可以得到满足,互不干扰。

(2)将有特殊高度要求的空间所在层的层高提高,例如为了满足门厅的高度要求,将底层层高统一提高,底层其他使用空间高度与门厅高度保持一致。在两者高度要求相差不大的情况下可以使用这种方式,结构与构造的处理上比较容易,但如果两者高度要求相差较大,则空间浪费比较多。

(3)局部降低地坪,以满足特定空间的需要。这种方式如果能结合地形进行设计,则可以巧妙地将地形变化的不利因素转化为有利因素,解决建筑空间的多种需求。

(4)在建筑剖面中,遇到有特殊高度要求的房间,还可以将其做成多层通高,一个空间占用多层高度。如门厅常常为了显示其空间的高大宏伟而高达 2~3 层,在剖面中充分考虑门厅高度与其他层高的关系,既可以满足各个房间不同的高度要求,又充分利用了建筑空间，避免了空间浪费。

高层建筑中通常把高度较低的设备房间布置在同一层，成为设备层，同时兼做结构转换层，使得高度相差较大的房间布置在建筑的上部，采用不同的结构体系。

对于高度要求特别大的空间，如体育馆和影剧院建筑中的比赛厅、观众厅，与其他辅助性空间高度相差悬殊，而且主体空间本身剖面形状呈不规则矩形，有相当大的底部倾斜、起坡，这时可以将辅助性的办公、休息、厕所等空间布置在看台以下或大厅四周，以实现大小空间的穿插和紧密结合。

五、建筑空间的利用

(一) 楼梯间的利用

楼梯间的底层休息平台下的空间是一个死角，这个空间可用作储藏间、厕所等辅助房间，或作为通向另一空间的通道。住宅建筑常利用这一空间做单元入口，并兼做门厅。底层休息平台下空间高度一般较小，可调整底层楼梯形式，或适当抬高平台高度，或降低平台下部地面标高，以保证使用净高要求。

顶层楼梯间上部的空间，通常可以用作储藏间。利用顶层上部空间时，应注意梯段与储藏间底部之间的净空应大于 2.2m，以保证人们通过楼梯间时，不会发生碰撞。

(二) 走廊上部空间的利用

建筑中的走廊一般较窄，按照空间比例的要求，其净高可比其他使用空间低些，但为了结构简化，通常走廊与其他房间的高度相同，造成走廊的上部空间产生一定的浪费。因此，常常将走廊局部吊顶，这样既可以调节走廊空间的剖面比例，还可以充分利用走廊上部的吊顶空间设置通风、照明等线路和各种管道。

(三) 坡屋顶下方空间的利用

许多住宅建筑采用坡屋顶形式，既美观，也便于组织排水，但坡屋顶造成内部空间的不规则，为了保证低处的净高，就要浪费一些高处的空间。因此，坡屋顶下可以做成阁楼用作储藏空间加以利用，或者作为家中小巧却充满变化的趣味空间。

(四) 大空间的充分利用

公共建筑中常常有大空间，如面积较大的门厅、休息厅、图书馆阅览室等，不仅面积较大，高度也比较高。大空间周边可以设置夹层，既可以达到充分利用空间的目的，还可以衬托出主体空间的高大宏伟。如图书馆的开架阅览室，一般面积较大，层高较高，而书架陈列部分则尺度较小，不需要过高的空间，这就可以充分利用阅览室的空间高度，设置夹层来陈列藏书。

（五）建筑细部空间的利用

住宅室内常用设置吊柜、壁柜、搁板等方式充分利用边角空间，如窗台下部空间可作为储物柜存放日常生活用具。为了美化建筑立面，避免空调室外机随意悬挂，凸窗下部空间还可以被用作统一的空调室外机位，不仅巧妙利用了空间，也是维护建筑立面的一种有效措施。

第三节　建筑造型设计

建筑造型设计包括建筑的体形、立面以及细部处理，它贯穿于设计的全过程。造型设计是在内部空间以及功能合理的基础上，在技术条件的制约下处理基地情况与四周环境的协调。从整体到局部以及各细部，按一定的美学规律加以处理，以求得完美的艺术形象。

一、建筑造型创作的构思特征

建筑造型设计涉及的因素较多，是一项艰巨的创作任务。理想的设计方案是在对各种可能性的探索、比较中产生和发展起来的。

建筑形象的创作关键在于构思。成功的创作构思来源于对建筑本质的精谙、坚实的美学素养与广泛的生活实践。

（一）反映建筑内部空间与个性特征的构思

不同类型的建筑会有不同的使用功能，而不同的建筑功能所组合的建筑内部空间也会不同，也正是这些不同的功能与空间奠定了建筑的个性，也可以说，一幢建筑物的性格特征很大程度上是功能的自然流露。因此，对于设计者来说，要采用那些与功能相适应的外形，并在此基础上进行适当的艺术处理，从而进一步强调建筑性格特征并有效地区别于其他建筑。

1. 医疗建筑

建筑立面开窗常为排列整齐的点窗或带形窗，并利用白色外墙和红十字作为象征符号，以强调建筑性格特征。

采用大厅式和走道式的空间组合形式，由于功能、流线相对复杂，往往形成彼此独立而又有联系的高低不同的体量组合，并采用多入口形式，如普通门诊、急诊、传染等均应设置独立出入口。

2. 文教建筑

幼儿园建筑多以鲜明的立面色彩、简单的几何形状来满足"童心"的生长需求，加上以班级为单位的"单元式"为主的多重组合的特点,构成了幼儿园建筑特有的性格特征。

中小学校建筑的主要使用房间是教室,对光线要求较高,立面常为宽大、明亮的窗户,为满足大量学生的课间活动及休息,较多采用外廊式布置。因此,连续成组的大面积开窗、通畅的外廊和宽敞的出入口成为它明显的特征。

3. 体育建筑

巨大的比赛大厅以及特殊的大跨度空间结构一起构成了体育建筑舒展、阔大的外观形式,内部空间根据观赏的需求,多为椭圆形。比赛大厅周围采用台阶形式的环状看台的下方低矮空间则是观众入口以及运动员用房,这些都将通过外部形体而得到明确的反映。

在满足使用功能的同时,许多体育建筑利用特殊的建筑结构和建筑材料,使其造型更加饱满,富有张力,表达出一种竞技场上的"力量感"。

4. 办公建筑

办公建筑一般内部空间不大,开窗多以一个开间为单位,因此造型以普通点窗为主。

一些综合性商业办公楼,功能较多,开窗形式多变,外表以大面积玻璃幕墙为多,底层也会有一定面积的商业用房。

行政办公建筑,为塑造严谨、务实的政府形象,多采用左右对称的造型手法,其开窗为点与面的结合。由于建筑内部职能单位较多,为保证流线通畅,底层出入口也较多。

交通建筑可分为长途公路客运站、铁路客运站、航空客运站和水路客运站。这些建筑的共同点主要表现为:明亮而高大的候乘大厅、宽敞的出入口以及宽广的站前广场。不同的客运站又会有不同的特点。

(1)公路客运站(长途汽车站)。该建筑除了有高大的候车大厅外,还设有空间相对高大的售票大厅、行包托取厅等,这些空间之间通常都会用廊来连接。站前广场上常设钟楼(塔)。对于规模稍大一些的客运站,还会配置专门的行政大楼或商务大楼。

(2)铁路客运站(火车站)。铁路客运站与长途汽车站功能基本相同,但由于规模较大,乘客流线复杂,多为立体交通。因此,站前均设有高架立体交通道。以便进出站的人流分道。

(3)航空客运站(航站楼)。该建筑除设有高大明亮的候机楼外,由于进站登机手续较为特殊,候机楼前还会设置换票厅、安检厅等。从建筑外观看,这些大厅可以合而为一,也可分别设置。此外,还会有专门高耸的指挥塔和较为复杂的站前高架交通道。

该建筑主要由门厅观众厅及舞台三大部分组成形成了高低不等各具特点的三大体量:明亮开敞的入口门厅、封闭的观众厅以及高耸的舞台,构成了它的外貌。

7. 旅馆建筑

旅馆建筑分为旅游旅馆和现代商业旅馆,它是公共居住建筑,既有小空间的房间,又有较大空间的餐厅、公共活动用房及接待大量人流的门厅。在立面造型上常表现为大量整齐排列的窗子和简洁、明快、醒目的门厅。

现代商业旅馆强调普通社会服务功能,多将商业、餐厅、后勤服务用房安排在底层裙房部分。

旅游旅馆由于观光的需要,常设阳台并做重点造型处理,对景观朝向要求较高,体形采用横向划分方式,体现出了活泼的特征。

8. 住宅建筑

住宅建筑空间较小且相对简单,造型亲切且符合人体尺度。它分为独立式住宅与集合住宅,在造型上表现出不同的特点。

独立式住宅由于受到地形及周围条件的限制相对较少,所以造型可塑性较大,阳台、入口门廊、开窗等设计较为自由活泼。

城市集合住宅如多层公寓,往往呈现出多层式、单元式以及开敞式阳台重复组合的特点。而城市高层住宅,建筑形体相对简洁,由于高层风大,阳台多为封闭的。

(二) 反映建筑结构及施工技术特征的构思

各个建筑功能都需要有相应的结构方法来提供与其相适应的空间形式,如为获得单一、紧凑的空间组合形式,可采用梁板式结构,为适应灵活划分的多样空间,可采用框架结构,各种大跨度结构则能创造出各种巨大的室内空间,特别是一些大跨度和高层结构体系,往往具有一种特殊的"结构美",如适当地展示出来,会形成独特的造型效果。因此,从结构形式和施工技术入手构思,也是目前非常普遍的建筑创作思路。

1. 加拿大蒙特利尔预制装配式盒子住宅

该建筑以"间"为单位在工厂预制生产,现场装配,造型别致,充分体现了盒子建筑简约的结构美以及高效的装配、施工特点。

2. 日本代代木体育馆

该建筑屋顶采用悬索结构,索网表面覆盖着焊接起来的钢板。两馆外形相映成趣,协调而富有变化。建筑师创造性地把结构形式和建筑功能有机地结合起来,取得了良好的艺术效果。

3. 澳大利亚悉尼歌剧院

该建筑位于悉尼市海滨,三组不同方向、不同大小的白色薄壳,远望如扬帆起航的船队,又如海滩上洁白的贝壳。美好的建筑形象离不开多组预应力"Y""T"形钢筋混凝土为肋骨拼接成的三角瓣形壳体结构。

4. 中国国家体育场

该建筑因形似"鸟巢"而得名。建筑外形结构主要由巨大门式钢架组成,其观众台顶部采用可填充的气垫膜,有效解决了阳光照射与顶层防水问题。该建筑成为建筑形象、建筑结构、建筑材料与建筑施工有机结合的佳作。

5. 美国密尔沃基市美术馆

该建筑将斜拉大桥与建筑主体有机结合,并在顶部设立了双翼般的活动百叶,跟随太阳有效地遮挡了阳光的直射,成为一座"有生命的博物馆"。

6. 某中石化加油站

该建筑采用张拉膜结构,可以从根本上克服传统结构在大跨度(无支撑)建筑上所遇到的困难,不仅可创造巨大的无遮挡的可视空间,又可形成多种自由轻巧、极具个性的外观造型。

(三) 反映不同地域与文脉特征的构思

世界上没有抽象的建筑,只有具体地区的建筑,建筑是有一定地域性的。受所在地区的地理气候条件、地形条件、自然条件以及地形地貌和城市已有的建筑地段环境的制约,建筑会表现出不同的特点,如南方建筑注重通风,轻盈空透,而北方建筑则显得厚重封闭。建筑的文脉则表现在地区的历史、人文环境之中,强调传统文化的延续性,即一个民族一个地区的人们长期生活形成的历史文化传统。

1. 某江南小筑

考虑多雨、湿热的气候特点,南方住宅多开敞、通透。坡屋顶、粉墙黛瓦、花窗、圆门洞,充分体现出传统 "中国风" 的特点。

2. 敦煌机场

该建筑充分借鉴了敦煌石窟的造型特点,古朴的站房造型,构成了现代与传统的对比,体现了敦煌的地域文脉特色,展示了人类建筑文明的发展轨迹。

3. 北京西客站

该建筑 "品" 字形体块下部的巨大门洞象征国门,表达出首都开放的性格。建筑上部的多组传统建筑的造型传承了中国古典文化,彰显了古都文脉特色。

4. 黄龙饭店

位于杭州这个历史文化名城中,其造型为方形平面的组合,设计出了斜度为 15° 的四坡顶,塔楼顶层的小阳台借鉴了江南民居吊脚楼的手法,凸形横梁等多处细节均是对传统建筑构件的抽象,引起人们对当地历史文脉的联想。

(四) 基地环境与群体布局特征的构思

除功能外,地形条件及周围环境对建筑形式的影响也是一个不可忽视的重要因素。如果说功能是从内部来制约形式的话,那么,地形便是从外部来影响形式。一幢建筑之所以设计成为某种形式,追根溯源,往往都和内、外两方面因素的共同影响有着密切的关系。因此,针对一些特殊的地形条件和基地环境,常成为建筑构思的切入点。

1. 山西大同悬空寺

悬空寺发展了我国的建筑传统和建筑风格,它因地制宜,充分利用峭壁的自然形态布置和建造寺庙各部分建筑,将一般寺庙的平面建筑布局、形制等运用在立体的空间中,山门、钟鼓楼、大殿、配殿等设计得非常精巧。

2. 南平老人活动中心

该建筑位于福建闽江之滨,背山面水,建筑布局顺从江岸的地形,建筑物富有变化的尖坡与背后的山峰脉络形态和谐,建筑横向的多层次挑台与江水上下呼应,横向流动,达到了山、水、建筑协调相依的效果。

3. 广西桂北吊脚楼

桂北吊脚楼在崎岖不平的桂北山区、崖谷或江边凌空而建,犹如一条条长龙,气势宏伟,它们有的紧密地挨在一起,有的依地势叠在一起,有的蜿蜒几公里或骑架在堤岸上,这些早已成为了结合地形和环境的桂北建筑的特点。

4. 美国流水别墅

该建筑位于风景优美的山林之中,地形复杂,溪水跌落的沟谷地段上。设计师赖特巧妙地将有虚有实的建筑与所在环境的山石、林木、流水紧密交融,并充分利用建筑材料与技术的性能,以一种独特的方式实现了建筑与环境的高度结合。

5. 交通银行太湖会议中心

该建筑位于太湖东侧某三向倾斜的半山岗上依山就势既有向上,又有向下匍匐于山坡,塔楼与起伏的建筑共同构成了天际线,丰富了原有山体的轮廓线,活跃了自然环境。

6. 美国加州日落山庄

该建筑位于山谷中一凸起的脊坡上,背依群山,面向太平洋,一览大洋风光。建筑依山就势,随坡而筑,并设有自动扶梯,形成了多层次入口,将建筑与环境及技术有机地融为一体。

(五) 反映一定象征与隐喻特征的构思

在建筑设计中,把人们熟悉的某种事物,或带有典型意义的事件作为原型,经过概括、提炼、抽象,成为建筑造型语言,使人联想并领悟到某种含义,以增强建筑感染力,这就是具有象征意义的构思。隐喻则是利用历史上成功的范例,或人们熟悉的某种形态,甚至历史典故,择取其某些局部、片段、部件等,重新加以处理,使之融于新建筑形式中,借以表达某种文化传统的脉络,使人产生视觉一心理上的联想。隐喻和象征都是建筑构思常用的手法。

1. 印度巴哈依教礼拜堂

该建筑造型如同一朵浮在水面、由荷叶衬托、含苞欲放的荷花,象征宗教的超凡脱俗,走向清净的大同境界。

2. 朗香教堂

该建筑巨大的体量和奇妙的外形,从某种角度看上去,仿佛教堂中修道士的帽子;曲线墙体组成的平面,又如同人的耳朵在静静聆听"上帝"的声音,给人启迪与联想。

3. 四川自贡彩灯博物馆

中国彩灯博物馆位于四川自贡，建筑以"灯是展品，馆也是展品"的构思，造型以悬挑宫灯形为基本元素，在展馆的不同部位以圆形、棱形的灯窗进行组合，创造出象征灯群的外貌，使人一目了然。建筑平面采取错层布置的方法，高低起落有致，空间层次丰富，并结合园林环境，使得整体风格一致，主题鲜明，体现出一派喜气洋洋的氛围。

4. 西班牙瓦伦西亚天文馆

瓦伦西亚天文馆以"知识之眼"为设计概念，眼睛是人类观察世界、了解浩宇的灵魂之窗。圆球状的瞳孔为全天域放映室，眼帘上部以薄壳结构包覆，眼帘下部为弧形玻璃外加金属油压支架，宛如睫毛。天气热时眼帘会自动开启调解室内的微气候，它启迪着人们打开智慧的双眼去探索人类的奥秘。

5. 甲午海战纪念馆

该建筑位于威海刘公岛，以北洋舰船和民族英雄人物为原型，表现了当年甲午海战中炮火硝烟、血染疆场的悲壮画面，从而激发人们的爱国热情。

6. 纽约环球航空公司候机楼

该建筑外形像展翅的大鸟，动势很强，屋顶由四块现浇钢筋混凝土壳体组成，凭借现代技术芝建筑同雕塑结合起来，极具表现力的混凝土外部造型和高大的内部空间使公众产生丰富的想象。

7. 东京辰巳国际游泳场

设计者根据游泳场所处环境、建筑性质及空间的特征，在外观上，模仿"水鸟"形态，使建筑犹如一只巨大的水鸟游漂于水面之上，极富个性和动感。

二、建筑体型和立面设计

在进行建筑平面、空间组合设计时，就应注意到可能形成的建筑外部体型和立面效果，并根据建筑功能特点、环境条件和结构布置的可能性，对体型和立面进行研究和探索。

对建筑造型来说，体型和立面是相互联系密不可分的，建筑体型是建筑形象的基本雏形，它反映了建筑外形总的体量、比例、尺度等方面，对建筑形象的总体效果具有重要影响。但粗糙的雏形还有待于立面设计的进一步刻画和深化，才能趋于完善。体型和立面各有不同的设计特点和处理方法，但基本的构图原则都是一致的，并且在设计时都应遵循构图原则，结合功能使用要求和结构特点，从大处着眼逐步深入每个局部和细部，进行反复推敲，相互协调，以达到完美统一的地步。现分述如下。

（一）不同体型特点和处理方法

1. 单一性体型

这类建筑的特点，平面和体型都较完整单一，平面形式有各方均对称的，如正方形、等边三角形、等边多角形等，此外还有简单的矩形或其他形状，体型上常以等高处理。如日本大阪都岛区贝尔花园城 G 幢，虽有高低起伏，但仍是一个独立完整、不可分割的整体。又如日本代代木体育馆，在体量上没有明显的主次关系和组合关系，整个造型统一完整、简洁大方、轮廓分明，给人印象强烈，富有雕塑感。

把复杂的功能关系，多种不同用途的大小房间，合理地、有效地加以简化，概括在简单的平面空间形式之中，便于采取统一的结构布置，是造型设计中一个极其重要的处理方法。在选择方案时应优先加以考虑。

2. 单元组合体型

单元组合体型是单一性体型的进一步发展，以便满足更大规模空间需要，把整体建筑分解成相同的若干单元，有很多的优点，如便于分段施工和发展需要时任意拼装，而不影响整体造型和风格，因此在设计中得到广泛应用。由于体型上的连续重复而造成强烈的节奏效果。对于相同单元相同高度组成的建筑整体没有明显的中轴线和体型上主次对比关系而给人以自然、平静、和谐、统一和连续不断的深邃感，这类建筑体型的特点要求单元本身有良好的造型及一定的数量，一般说来，宁长勿短，宁多勿少。

3. 复杂组合体型

这类体型的特点是由于各种原因不能按上述两种体型方式处理而使得整个建筑是由不同大小数量和形状的体量所组成的较为复杂的体型，因此在不同体量之间就存在着彼此相互关系的问题，如何正确处理这些关系问题是这类体型构图的重要问题。如果处理不当就如一盘散沙，成为杂乱无章的堆积物。一般说来首先应从整体出发，做好分析综合工作，将不同体量的数目减少至最低限度，然后将不同的体量分为主体部分和副体部分，或称主要部分和从属部分，使之成为有重点、有中心、有规律的完整的统一体。在处理主副体关系上一般应考虑对比关系、联系呼应协调关系、均衡稳定关系等构图原则。

只有通过体量的大小、形状、方向、高低、色彩等方面的对比才能突出主体，使整个建筑形成中心。此外在组合上常利用不同大小、高低、体量的特点采用错落、纵横穿插等方法达到体型有起伏、轮廓丰富的效果。此外还常利用轴线关系，把建筑主体部分布置在主轴线上，以突出建筑中心，例如北京西客站，或者将不同大小复杂的体量组织在封闭的内院，形成整齐统一的外观，例如智利拉美经济委员会大楼，这样的处理手法，和我国传统的建筑布局方式非常接近但主副体间如果仅考虑对比关系而没有在某些方面具有一定的联系，没有彼此协调、呼应，势必造成主副体之间相互脱节，甚至矛盾而不能达到变化中有统一的效果。上述例子都在一定程度上通过廊子、连接体或处理手法上的一致性取得彼此联系，从而形成一个有机的整体，而悉尼歌剧院则是不同体量间既有不同大小体量对比又取得统一协调的典型例子。

在处理不同体量间的均衡稳定关系时,不论对称或非对称式,一般均采取以主体为中心的多种多样的展开式布局方法,按照组合体量的多寡,或简或繁,以达到平衡稳定的效果。

4. 成对式体型

这类体型在构图中较为少见,因此也是常被人忽视的一种,它和第一类体型的不同点在于它是成双的不是单一的,它和第二类体型的不同点在于它不是考虑需要组合的单元体而是具有独立完整性的建筑,它和第三种体型的不同点在于它是等高的相同体型的组合。这类建筑造型的特点是采取或分或合的等体结对形式。没有主副体之分,因而也没有主体中心,符合自然的对称、均衡、统一、协调、呼应的构图原则,重复而不枯燥,独立而不孤单,从而给人留下深刻的印象,例如美国陛下公寓、苏州罗汉院双塔和美国芝加哥玛丽娜60层双塔式公寓。在此基础上还可发展成"三塔式""四塔式""五塔式"等变体造型,分析从略。

除了上面所说的几种体型外,也还有不少其他类型,如平面单一但并不是等高的、而是形成阶梯形式的,或者平面较为复杂,但体型是等高处理的,这些类型处理比较简单,实践中也有较好的例子。

(二) 体型的转折和转角处理

体型的转折和转角,都是在特定的地形、位置条件下强调建筑整体性、完整性的一种处理方法,如在十字路口、丁字路口以及其他任意角度和数量的道路交叉口的转角地带,以及不同程度地形变化曲折的不规则地段,建筑也常相应地做转角或转折处理以保持和地形地段相协调,从而达到既充分利用地形、完整统一的目的,又使建筑形象化。顺着自然地形或折或曲的建筑转折体型实际上是矩形平面的一种简单变形和延伸,而且常常有可能保留有价值的树木、水池,具有适应性强的优点,以及使建筑造型具有自然大方、简洁流畅、统一完整的艺术效果,因此这种体型成为等高单一性体型中的重要组成部分,也是转角地段常见的重要处理方式之一。由于它体型上处理方式的统一,适合于重要性相似的两条主要道路交叉口。

此外,在转角地段还有以主副体相结合的建筑体型处理方式和以局部升高的塔楼为重点的建筑体型处理方式。如果把等高的单一性转折体型称为整体式,那么后两种建筑体型就是组合体式。以主副体形式处理时常把建筑主体面临主要街道,一般在长度上或高度上均大于副体,而副体则起到陪衬作用而面临次要街道。这种由两三块体量组成的体型,主次分明、体型简洁,在公共建筑和居住建筑中的转角布置中都是常见的,适合于道路主次分明的交叉口,一般常做不对称形式处理。以局部升高的塔楼为重点的转角处理,由于把建筑的中心移向转角处,使道路交叉口非常突出、醒目,而常形成建筑布局的"高潮",塔楼不但起着联系左右副体,而且常形成控制左右道路和广场的作用,是一般市中心、繁华街道,以及具有宽阔广场的交叉口处常常采取的主要建筑造型手法,以取得宏伟、壮观的城市面貌。此外,在街道两边布置对称的转角塔楼还常作为重要道路强调其入口的一种处理方式。

除了上述三种情况外,还有许多其他的转折和转角的处理方式,如不同形式的单元体可以组合成各种不同的转折和转角方式。在高低起伏变化的山地也有许多相应的特殊处理手法,在体型组合上也可能比上述体型更为复杂,应结合具体条件,灵活处理。

(三) 体型之间的联系和交接

由不同大小、高低、形状、方向的体量组合成的建筑都存在着体型之间的联系和交接问题,虽然这是属于体型的细部处理,但它会直接影响建筑体型的完善性。

一般说来不同方向体型的交接以正交(90°)为宜,应尽量避免产生过小的锐角,因为产生锐角不论在房间功能使用上、室内外空间的观感上,以及施工操作上都会带来不利影响,如因地形关系造成锐角应尽可能加以适当修正,或者将锐角布置楼梯间管井或辅助用房,留出较宽敞的使用空间。著名的现代建筑华盛顿美国国家美术馆东馆和加拿大温尼伯美术馆都是这样处理的。

此外在连接的方式上可以采取不同的处理,例如除了直接外,还可利用空廊等插入体作为过渡的连接,特别在进深大,直接连接在内部容易造成许多暗角时,或由于体量形状不同直接连接会造成结构上的某些困难和造型上的生硬感觉时,常常采用。一般说来直接连接给人以联系紧密、整体性强的效果,而过渡连接常给人以轻松通透的效果,并可以保持被连接体各自独立完整的建筑造型。

体型上的局部突起或升高,在立面上常形成"凸"字形、"L"字形或阶梯形,造成面的不定型性和不完整性。一个完整的、干净利落的体量组合,不管如何复杂,都应该能被分解成若干独立完整的简单几何体。所谓组合就是互相重叠、相嵌、穿插的关系,这样才能给人以体型分明、交接明确的感觉。

(四) 立面设计的空间性和整体性

建筑艺术是一种空间艺术,是立面设计师在符合功能使用和结构构造等要求的基础上对建筑空间造型的进一步美化。反映在立面的各种建筑部件上,诸如门窗、墙柱、雨篷、屋顶、檐口以及凹廊、阳台等是立面设计的主要依据和凭借因素。这些不同部件在立面上所反映的几何形线、它们之间的比例关系、进退凹凸关系、虚实明暗关系、光影变化关系以及不同材料的色泽质感关系等是立面设计的主要研究对象。一般在建筑立面造型设计中包括正面、背面和两个侧面。这是为了满足施工需要按正投影方法绘制的。但是实际上我们所看到的建筑都是透视效果,因此除了在建筑立面图上对造型进行仔细推敲外,还必须对实际的透视效果或模型加以研究和分析。例如各个立面在图纸上经常是分开绘制的,但透视上经常同时看到的是两个面或三个面。又如雨篷、阳台底部在立面图上反映一根线,而实际透视上经常可以看到雨篷或阳台的底面。而山地建筑,由于地形高差,提供的视角范围更是多种多样。在居高临下的俯视情况下,屋顶或屋面的艺术造型就湿得十分重要。此外由于透视的遮挡效果和不同视点位置和视角关系，透视和立面上所表现的也有很大的出入。因此，由于建筑艺术的空间性，要求在立面设计时，从空间概念和整体观念出发来考虑实际的透视效果，并且应该根据建筑物所处的位置、环境等方面的不同，把人们最多最经常看到的建筑物的视角范围，作为立面设计的重点，按照实际存在的视点位置和视角来考虑各部的立面处理。

不同方向相邻立面关系的处理是立面设计中的一个比较重要的问题，如果不注意相邻立面的关系，即使各个立面单独看来可能较好，但联系起来看就不一定好，这在实践中是不少的。

对相邻面的处理方法一般常用统一或对比、联系或分割的处理手法。采用转角窗、转角阳台、转角遮阳板等就是使各个面取得联系的一种常用的方法，以便获得完整统一的效果。有时甚至可把许多方面联系起来处理以达到非常完整、统一简洁的造型艺术效果。分割的方法比较简单，两个面在转角处做完善清晰的结束交代即可，并常以对比方法重点突出主立面。

（五）立面虚实关系的处理

"虚"指的是立面上的空虚部分，如玻璃、门窗洞口、门廊、凹廊、空廊等，它们给人以不同程度的空透、开敞、轻盈的感觉；"实"指的是立面上的实体部分，如墙柱、屋面、拦板等，它们给人以不同程度的封闭、厚重、坚实的感觉。在自然光线作用下，"虚"具有幽暗深邃的效果，"实"具有明亮突出的效果。

许多公共建筑恰当地安排整片玻璃窗，并通过玻璃看到内部，或者建筑底层或屋顶采取成排的柱廊布置，这些处理都给人以轻盈、开朗、深远的效果。不少居住建筑由于利用了凹廊或楼梯间的整片花窗和其他敞开式布置，使实中有虚，大大改善了窗子较小以及实墙面多的笨重感觉。悬挑部分采取开敞式、漏空遮阳和整片玻璃等"虚"的处理就不显得沉重。我国不少古代庭园建筑充分利用列柱、空廊、落地窗、漏花窗，使许多亭、榭、楼、阁轻快灵活，玲珑剔透。以虚为主，或虚多实少的明朗轻快格调在国内外都得到了广泛采用，如巴西利亚总统府。

但另一方面以实为主，或实多虚少的建筑处理在造型上也有它的独特性质和用途，例如我国天安门城楼，其所以如此雄伟壮观，除了其他条件之外，夸张的色彩、壮丽的城墙给人以坚实、雄厚的感觉是一个重要因素，人民英雄纪念碑也是利用了石材的实体质感以取得庄重浑厚的肃穆效果，毛主席纪念堂，除了粗壮的贴面石柱外，恰如其分地用了上部分的实体和宽厚的金色琉璃重檐，使整个建筑增添了不少肃穆壮丽的景色。

除了以虚为主和以实为主的处理外，还有虚实均匀布置、虚实成片集中布置、虚实交错布置，以强烈的虚实对比达到突出重点的效果，或按一定规律的连续重复的虚实布置造成某种节奏和韵律效果。

随着玻璃材料工业的发展，具有各种色彩和性能的玻璃使建筑"虚"的部分具有新的面貌，许多建筑采用了隔热的蓝色茶色吸热玻璃，使建筑增加了不少色彩，大片的镜面玻璃反映着周围环境时刻变幻的景色,更显得光怪陆离。但是更多的色彩还是靠实体墙面实现的。不少公共建筑和居住建筑恰当地利用了这个条件,非常注意实墙面的装饰色彩作用,使建筑艺术得到了充分的发挥。不论虚或实,都要结合恰当的比例、尺度以及其他构图原则,力求避免可能产生的轻佻、单薄或笨重、呆板等不良效果。

(六) 立面凹凸关系的处理

立面上的凹进部分,如凹廊、凹进的门洞等,凸出部分如挑檐、雨篷、遮阳、阳台、凸窗以及其他突出部分等,大都是根据使用上、结构构造上的需要形成的。凹凸关系和虚实关系一样都是相对的,互为依存相辅相成的,立面上通过各种凹凸部分的处理,可以丰富立面轮廓,加强光影变化,组织节奏韵律,突出重点,增加装饰趣味等。大的凹凸变化犹如波涛澎湃,给人以强烈的起伏感;小的凹凸变化犹如微波荡漾给人以平静柔和的感觉,突然孤立的凸出或凹进,犹如平地惊雷,接天洪峰,给人触目惊心的感觉。

(七) 立面线条处理

在虚、实、凹、凸面上的交界,面的转折,不同色彩、材料的交接,在立面上自然地反映出许多线条来,对庞大的建筑物来说,所谓线条一般还泛指某些空间实体,如窗台线、雨篷线、阳台线、柱子等。而对尺度较小的面,如小窗洞、挑出的梁头等,在立面上相对来说也不过是一个点而已。因此在某种意义上讲,整个建筑立面也就是这些具有空间实体的点、线、面的组合,而其中对线条的处理,诸如线条的粗、细、长、短、横、竖、曲、直、阴、阳,以及起、止、断、续、疏、密、刚、柔等对建筑性格的表达、韵律的组织、比例的权衡、联系和分隔的处理等均具有格外重要的影响。

粗犷有力的线条,使建筑显得庄重、豪放,如毛主席纪念堂宽阔的琉璃重檐,上檐厚度高达 2.9m,下檐为 2.2m,都大大超出了一般雨篷口的厚度,同时由于转角处的突起处理,不但具有四角翘起的民族传统形式,而且有如我国书法中的起落顿笔,使线条变得更加强劲有力。福州火车站外露框架柱子也使得建筑显得十分壮丽挺立,节奏铿锵。而纤细的线条使建筑显得轻巧秀丽。还有不少建筑采用粗细线条结合的手法使立面富有变化,生动活泼,南京五台山体育馆采取竖细横宽的线条对比组合方法,使整个立面简洁鲜明。强调垂直线条给人以严肃、庄重的感觉,强调水平线条给人以轻快的感觉,如北京天坛饭店。由水平线条组成均匀的网格,富有图案感。在以垂直、水平线条中穿插着折线处理,使整个建筑更富有变化,如折线形阳台处理,又如上海体育馆采用折线装饰格片,使建筑造型避免了直圆筒形式而使体型显得更加丰满。曲线给人以柔和、流畅、轻快、活跃、生动的感受,这在许多薄壳结构中得到广泛应用。

线条同时又是划分良好比例的重要手段。建筑立面上各部分的比例主要通过线条的联系和分隔反映出来。良好的比例是建筑美观的重要因素,但由于功能使用方面等原因,往往层高有高有低,窗子有大有小,如果不加适当处理,就可能产生立面零乱的效果,例如美国摄制中心大楼正立面窗子也有大有小,但通过设计者的精心处理,使大小窗子有一个统一规格，既方便施工又获得了良好的统一比例，同时顶层窗子上部过大的实墙面通过与窗间墙等比例的线条分划，既改善了实墙面间相差悬殊所产生的不协调的弊病，又使窗子的比例和窗间墙的比例趋于一致，从而使整个建筑获得了良好的比例。又如深圳某住宅通过向外凸的楼梯间墙体的垂线分割，改变了整个建筑的比例，取得了良好的效果。此外有许多建筑通过墙面上粉刷分割线的精心组织，改变各部分的细部比例，以达到良好的造型效果，如恺撒瓦雷基奥医疗中心的石材贴面在分格阴线的划分下使通长的墙面由于分段而具有良好的比例和细部变化。

（八）立面色彩和质感的处理

由不同性质材料组成的建筑，都以其不同的质地和色泽同时反映出来。整个建筑形象的感染力主要取决于形和色。因此，二者不可偏废。如何正确地运用色彩的特点，加强建筑的表现力乃是设计中的重要课题。一般说来处理建筑色彩主要包括两方面的问题：一是基本色调的选择和确定，二是建筑色彩构图问题。色彩基调的选择有冷暖之分，色彩构图有简繁之别，应视具体情况而定。通常考虑建筑色彩时常注意以下几个因素。

首先是气候条件，我国幅员辽阔，各地气候相差很大。以四川地区的气候特点来讲，夏季炎热期长，冬季温暖多雾，常年阴雨天多；而北京情况不同，晴天多，雨天少，冬季寒冷，夏季虽热但不闷。考虑建筑色彩如何与当地气候相适应，其中包含很多复杂的因素。一般说来应该考虑两方面问题。一是色彩对人的心理作用，如在炎热的条件下，如果建筑物再以其色彩在人的心理上"增加"热量，就非常不妥了。这就是为什么在炎热地区一般偏向于冷色调的原因。如重庆市人民大礼堂屋面选择了蓝绿色的玻璃瓦，其他许多建筑采用灰白色和淡绿色的冷色基调也非常普遍。二是应该把天空色彩作为衬托整个建筑的重要背景来考虑。虽然建筑物不能像人们更换衣服一样，随着不同季节和时间变换颜色，但应该以常年最多时间的气候天空条件为依据。例如重庆、成都，由于常年阴雨天气多，天空常呈灰暗颜色，而北京、昆明、拉萨等城市经常是碧空万里，所以在重庆、成都等地灰暗的天空背景下，如果不适当加强色彩的明朗光亮的效果，也是不妥当的。这就是为什么像成都地区许多建筑普遍采用了与灰暗天空相对比较鲜明的浅红，浅黄等暖色调，而重庆炎热地区仍然还有不少建筑局部采用非常明快、强烈的暖色的缘故。由此可见，结合气候条件选择建筑色彩是非常复杂的，有时甚至是矛盾的，但只要综合分析、掌握分寸、统筹考虑，既能解决主要矛盾，又能全面照顾，也是办得到的。

其次，与周围环境的配合，也常作为考虑建筑色调的重要因素之一，例如毛主席纪念堂的紫红色基座和天安门城楼的红墙遥相呼应，汉白玉栏杆、灰白色柱廊和天安门金水桥、人民英雄纪念碑、人民大会堂的列柱等色调取得协调，金色的琉璃重檐和故宫建筑群的琉璃屋顶以及人民大会堂等的琉璃檐口取得一致，从而使整个建筑在色彩上和天安门广场的建筑群交相辉映，更显得宏伟壮丽、气势磅礴，取得十分和谐、完整、统一的效果。

我国古代的许多寺庙和园林建筑常处于重山叠翠绿荫深处，故不论是红垣金顶或粉墙朱栏，在和自然景色的相互对比、衬映之下显得格外明朗艳丽。还有不少处于海边的浅色建筑(如灰白、浅黄等色)，由于上有无际蓝天，下有碧波万顷，对比之下显得更加晶莹清澈。北京民族文化宫也利用了周围的深色调建筑，以洁白调为主体，配以绿色琉璃屋顶，在蔚蓝色的天空背景下更显得亭亭玉立，非常突出。

　　此外，对于不同类型、性质的建筑，也常常有不同的要求。例如有些建筑要求表现出一定的庄严气氛，如某些行政建筑和纪念建筑以及某些其他公共建筑；某些建筑要求有清静的环境造成安静的气氛，如医院、学校、图书馆等；而另外一些建筑，如娱乐场所、商业性建筑一般要求表现较为活跃，体现出热闹繁华的气氛等。不同类型的建筑在不同性质、规模、条件等情况下也各有特点，各有相应的具体要求，因此在色调的选择和配置上，不论或单色，或复色，或冷，或暖，或明朗，或沉重，或浓妆，或淡抹，或取对比色，或取调和色，均应视不同情况分别处理。例如许多采取统一色调的建筑，如浅灰色的杭州候机楼、首都体育馆等都达到了朴素、大方、明朗、完整、统一的效果；以米黄和浅褐两种比较调和的色彩处理的北京谈判楼也形成明朗、温暖、协调的气氛；北京大学图书馆在白色墙面上局部使用翠绿色的琉璃装饰给人以安静恬适的感受。

　　对某些建筑说来，还要求表现一定的民族特色和乡土风貌，而其中如何运用传统色彩是很重要的因素。自古以来我国人民在建筑色彩的运用上达到了很高的成就和具有独特的风格。例如庞大的故宫建筑群，以其宏伟的造型以及金碧辉煌、光彩夺目的浓丽色彩而强烈地扣人心弦。而江南民居则粉墙青瓦，依山傍水，绿树掩映，散发出一股淡雅清新的气息而使人流连忘返。在北京香山饭店的色调处理上，也可感受到这种味道。

　　除此之外，对结构形式的选择、地方材料的运用以及对施工和经济造价等条件的考虑，都会对一个建筑的色彩基调的确定起着一定的制约作用。

　　当一个建筑的色彩基调确定以后，总的色彩构图就十分重要了，色彩构图应该为实现总的色彩基调和气氛服务，同时又要统筹兼顾，全面规划，弥补基调的某些不足。

　　除了某些建筑只采用一个颜色外，不少建筑具有两种或多种色彩，因此这些色彩的色相和明度的选择，色块分配比例的权衡，用色部位的确定等就是色彩构图的基本问题。一般情况下，在选择对基调色彩的补充色彩时应以对比色为宜，即应该在色相上加以区别，这些对比色的使用面积不宜过大，并且限于局部，这样才能达到对比、协调的效果，而不会喧宾夺主，同时在选择补充色彩时还应结合建筑性格和装饰效果来统一考虑。

　　建筑立面处理中常常运用不同材料的质感的适当配置来达到所要求的建筑气氛。一般来说，表面粗糙的材料质感，从感官上显得厚重坚实；表面光滑的材料质感，显得轻巧细腻。石块墙面显得粗犷厚重；清水砖墙显得简洁亲切；而混凝土、抹灰、涂料或面砖墙面，却显得平静、轻快；玻璃墙面则显得轻松、活泼。在立面设计时，往往先确立质感基调，然后在统一基调的基础上，通过建筑各部分材质之间的对比和变化，使立面表现出强烈的质感特色。在一些地区，运用当地材料建造建筑物，也取得了浓郁的地域性特色。

(九) 立面重点处理

　　建筑的重点处理应有明确的目的，例如一般建筑物的主要出入口，在使用上需加强人们的注意，且在观瞻上首当其冲，而常作重点处理。此外，如车站的钟塔、商店的橱窗等，除了在功能上需要引人注意外还要作为该类建筑的性格特征或主要标志而加以特别强调。重点处理有利于反映建筑特点。某些建筑由许多不同大小的空间所组成，不论在功能上、体量上客观地存在明显的主次之分，因此在建筑的设计和构图时，为了使建筑形式真实地表达内容，突出其中的主要部分，加强建筑形象的表现力，也很自然地反映出重点来。另外，为了使建筑统一中有变化，避免单调以达到一定的美观要求，也常在建筑物的某些部位，如住宅的阳台、凹廊，公共建筑中的柱头、檐部、主要入口大门等处加以重点装饰。重点处理主要通过各种对比手法而取得，例如北京西单百货商场通过底层雨篷在入口处的急剧变化，形成在雨篷的造型上、深度上的对比而达到重点突出入口的效果，以充分引起人们的注意。又如美国某办公大楼入口利用框架围成的入口门廊上部罩以拱形的透光玻璃顶，造型新颖别致，与上部的圆弧形露台相呼应，起到了突出入口和重点装饰作用。此外，通过加强主要轴线上的布置以强调重点，也是十分重要的方法，例如福州火车站，虽然入口的开间没有加大，但通过主要轴线上水平分格条的增加和醒目的机场名称，以及两旁的红旗和灯柱的对称布置等方法达到了入口重点突出的效果。四面对称的毛主席纪念堂，为了强调南北主要入口，也采取了匾额、群雕、绿化等的布局方式使其和东北轴线有所区别以起到重点突出的作用。

对于因功能上的需要在平面上出现两个或两个以上的重点时应按具体情况分别处理，仍应使其主次分明，重点突出。例如首都体育馆正面有两个同等重要出入口，通过廊子的连接，不但改变了两边两个入口重点分散、尺度小的弊病；而且由于连成统一的完整整体，加大了入口部分的体量，改善了整体和局部之间的比例关系，增强了建筑的整体性的宏伟气魄。而和平宾馆虽然立面上也存在两个出入口，但由于功能上的不同，一为人流，一为车流，所以选择人流入口为重点装饰对象，仍然达到了主次分明、重点突出的效果，在处理手法上虽和上述例子有所区别，但都有异曲同工之妙。

（十）立面局部和细部处理

局部和细部都是建筑整体中不可分割的组成部分例如建筑入口的局部一般包括踏步、雨篷、大门、花台等，而其中每一部分又包括许多细部的做法。建筑造型应首先从大处着眼，但并不意味着可以忽视局部和细部的处理，诸如墙面、柱子、门窗、檐口、雨篷、遮阳、阳台、凹廊以及其他装饰线条等，在比例、形式、色彩上有值得仔细推敲的地方。例如墙面可以有许多种不同材料、饰面、做法；柱子也可以采取不同的断面形式；门、窗在窗框、窗扇等划分设计方面的形式和种类也甚繁多；阳台有不同的形式、不同的扶手、栏杆、拦板等处理方式，凡此种种都应在整体要求的前提下，精心设计，才能使整体、局部和细部达到完整统一的效果。在某种情况下，有些细部的处理甚至会影响全局的效果。例如毛主席纪念堂的琉璃重檐转角处理，使整个体型轮廓鲜明，线条刚劲有力，对建筑形象的宏伟壮丽起到重要的作用。因此凹廊栏杆、拦板的细部设计和处理对整个立面效果起着决定性作用。上海体育馆由于折线形的装饰格片而使整个圆柱造型大有改观。结合功能使用和结构构造特点,注意整体效果,减少不必要的附加装饰是现代化建筑艺术处理的重要特点,因此细部处理也必然要求在大面积的建筑整体上进行有效的加工,采取便于现代化施工的间接的处理手法。虽然现代建筑的细部装饰不能像过去那样依靠手工业方式去费工费时费料地精雕细刻,但人们对建筑美的要求并不能因为随着工业化时代的发展而降低,恰恰相反,应该随着生产、技术、文化的不断发展,需要更多地考虑最大限度地发挥建筑艺术的作用,满足人们精神上、审美心理上的要求。因此我们应该充分利用结构、构造本身的特点,从整体到局部,不放过任何点滴细部的察之入微的认真推敲,在符合现代人们的审美观念的条件下,去创造现代化的装饰效果。

第三章　建筑设计新理念

我国经济的快速发展推动了城市建筑的持续创新，随着新型城市化与城镇化的出现，现代建筑设计理念也在发生着质的转变，建筑设计思路更加开阔，设计理念更加创新，设计方向更加多元化。现代建筑设计理念主要是指，借助现代先进的建筑材料、建筑施工技术与现代先进科技，在保证建筑基本使用功能的前提下，从节能、建筑艺术、环保、人文精神等多方面对建筑进行创意性设计，从而达到功能与"艺术"的和谐。现代建筑设计创意性思维本质上涵盖了多方面的创造因素，这些新的理念不仅来自外界因素给予的灵感，也在一定程度上结合了建筑师个人的风格、爱好及其他特性，这些个人因素也是现代建筑设计新理念中不可或缺的部分，它在某种程度上表现了建筑设计的来源与动力，同时也是建筑设计新理念中想象力充分发挥的基本思路。在本章我们将通过对绿色建筑设计、生态建筑设计、人文建筑设计进行讲解来阐述建筑设计新理念。

第一节　绿色建筑设计

在我国建筑的能源消耗问题上，民居建筑的能源消耗是一个比较严重的问题。在当代社会科技的高速运转之下，人们对民居建筑环境可以在一定程度上进行控制，进而人们在利用能源与自然资源的方式上不加节制。我们追溯能源危机的根源，不难发现在建造建筑物的能源消耗与废弃物的排放问题上，占了整个社会能源消耗比重的 40% 之多。因为资源与能源并非取之不尽，所以一系列关于"绿色建筑"的理念应运而生，随之进入到我们的生活之中。最初在上个世纪的 60 年代初期，已经有一部分西方的发达国家在能源危机问题上开始对生态建筑越发重视。特别是其中的绿色建筑理念，通过了长达 40 年的研究开始走向较高的科技发展水平,从先进的科技材料入手向其他的高技术手段扩散。而我国在20世纪末也开始着手于生态住宅的研究。在本节中我们将通过对绿色民居建筑的介绍,探究绿色建筑设计理念。

一、传统民居及相关绿色建筑设计

(一)早期国内绿色建筑原型调研

穴居和巢居作为最原始的绿色建筑的雏形,是早期人类赖以生存的庇护场所,在原始社会,绿色建筑的取材十分方便并且依附于自然,最早的绿色建筑设计由此开始。例如蝼蚁的洞穴与鸟类的筑巢,均为生态系统中最自然的组成单元。这样简化的生态建筑形态满足了当时人们生存的基本条件,体现了人与自然的和谐共处,反映了绿色建筑理念的本来面貌。

在原始社会,民居建筑的材料主要包括木竹石土四大类,通过早期的建造技术来建设民居建筑,在当时有一部分建筑被称为"绿色民居建筑"可以视为绿色建筑理念的雏形之一。根据建筑材料我们可以把原始的民居建筑做一个简单的划分可以分为木构民居石构民居、土筑民居与竹筑民居四种。各种传统的民居建筑在建设过程之中均要考虑通风、保暖与原料节能型的应用,这样才能建造出理想的生态民居建筑。

(二)依据建筑材料对民居地域性进行分析

原始社会民居建筑的聚落发展之中蕴含着丰富的生态内涵,在长期的进化与选择的过程中,传统的聚落建筑有着独特的生态优越性,并且有着完整的建造系统,在不同的历史发展时期人们使用的建筑材料不同,这种不同与当地的建筑材料的产量息息相关。而建筑材料的使用也与现今社会的科技发展水平密切相关,早期民居建筑在科技不发达的情况下大多采用木材来建造房屋,如今在科技高速发展的基础上有更多的建筑材料种类可供我们选择。通过以上的论述,我们可以发现绿色建筑在不同地域文化的影响下建筑形式存在着差异,由于早期生产力水平较低,人们形成了一种自发性的生态建筑观。随着生产力水平的不断提高,人们的心理逐渐从适应自然转向征服自然,并开始慢慢地忘记追求生态建筑的初衷。在科技水平不断发展的今天,人们又开始提起生态建筑的概念,想起了那些简单实用的处理介入方式和利用自然条件来创作建筑。由于现在人们追求建筑形式的奢靡状态,忽略了能源与资源的节约问题,因此绿色建筑设计被提起是必然的。

二、国外绿色建筑设计方法案例分析

(一)美国大角装中心

美国的科罗拉多山镇位于寒温带,在这里任何的建筑设计都是十分艰巨的任务,一系列的能源资源可再生利用成了这里首要的问题。考虑到再生能源可以使地板、门窗、建筑表皮和电力等一系列系统有效运转,在美国建筑学家的实验过程中对再生能源的实验非常多,通过实验可以降低建筑能源消耗量 30% 左右,进而减少不必要的损失。美国大角装中心(The Bighorn Home Improvement Center)就是一个典型的设计案例。

本书从以下几个方面对该绿色建筑进行分析:

1. 照明

该建筑的门窗为建筑内部提供了大量的自然光源,主要体现在天窗的设计上,该建筑的天窗满足了建筑中大部分的照明要求,在封闭的空间如仓库内部的照明则是采用传统荧光灯的照明方式。这种照明方式是由 8 个 26 瓦的电灯组合而成,在光源的利用过程中,采用了大量的自动调节智能装置,通过智能装置与自然采光的结合,极大限度地节约了资源,减少了不必要的浪费。这种照明方式与以往相比节约了大约 80% 的能源,是我们现在科学研究过程之中应该借鉴的地方。

2. 制冷与加热

这是一个高科技的生态建筑设计,在其中并不需要传统意义上的空调系统,可以利用智能地控制天窗来解决室内温度问题,打开天窗在吸收冷空气的同时,也可以释放热气,并且在夏季的时候天窗可以通过直接遮挡太阳折射来降低室内温度。在加热方面充分地利用太阳能等天然光源,并且可以利用循环天然气加热的水来供暖,配合天窗调节阳光的摄入,让光能与热能充分地进入到建筑内部,降低了建筑物内部能源的不必要消耗,延长了建筑的使用寿命。

3. 再生资源利用

通过以上的论述可以看出,在能源的消耗方面,这种加热与照明的方式极大地减少了能源的消耗。建筑内部有着独特的太阳能系统,该系统可以提供建筑内部 20% 左右的电量需求,大约有 9 千瓦的能量分布于建筑之中。这种电力系统不仅可以减少能源的消耗,而且在电量多于建筑物消耗用电量的时候,可以把多余的电量卖给供电公司作为一笔收入。

4. 建筑表皮

在建筑表面中,最主要的部分为上文提到的天窗的设计。并且建筑表皮设有独特的太阳能面板,这种太阳能系统可以提供强大的电能,从而减少了能源的消耗题。

(二)俄亥俄州亚当·约瑟夫·刘易斯环境研究中心

俄亥俄州的亚当·约瑟夫·刘易斯环境研究中心(Adam Joseph Lewis Center)是世界五大环保建筑之一,在俄亥俄州的欧柏林学院(Oberlin College)对建筑环境内部的可持续发展问题进行了深入的研究,其中有不少学者认识到能源对于生态建筑的影响,因此他们创造了一个实验建筑,企图从中寻找新的方法来解决建筑的能源消耗问题,即使该实验建筑在当时消耗了大量的财力,人们认为并不划算,但是对未来建筑领域的发展做出了不可磨灭的贡献。在研究当中他们发现,实验建筑与传统建筑相比可以节约60%左右的能源,并且建筑本身自带的光电系统可以提供整个建筑所消耗电量的50%左右,在整个过程之中学者们合并了能源的有效成分,所有的材料均为耐用无毒的材料。该研究中心是学术界的研究焦点,该建筑加强了科学与艺术之间的融合,由于其特有的价值,该建筑物成为当地社团活动的主要选址。

本书从以下几个方面对该绿色建筑进行分析:

1. 能源节约

PV板覆盖了整个建筑的屋顶,呈格子状互相连通,最大限度上保持建筑的供电,其供电量可以达到45千瓦之多。当制造出的能源高于建筑物所消耗的电量时,电量会自己运输回格子当中,以便于下回使用,当制造出的能源低于建筑物所耗的电量时,会输入电量以保持建筑的正常运作。这样的供电系统不仅有良好的运转系统,而且在防火与安全问题上也保持着较高的质量,极大地提高了能源的利用率。

2. 材料

由于生态建筑的需要,设计师们在选材方面十分注重环境的保护,他们以减少环境污染为首要目的,选用耐用环保的材料。例如砖做外墙面与混凝土做的内墙面均采用高环保技术材料,而在门窗屋顶的构架上选用可回收重复利用的类似铝金属的材料,瓷砖也巧妙地运用在建筑物的各个地方。为了节省资源,设计师们在选用材料时,大多选择租用而不是购买的方式,便于损坏后的置换、重复使用与回收。

3. 景观设计

景观是建筑环境当中十分重要的基础部分,在景观设计的生态系统取样的过程之中,微型阔叶树林是该地区的主要植物。而在建筑外围的50棵苹果树与梨树呈现阶梯状,这些果树有效地隔离了北侧的建筑。而景观内部的排水设施优良,每逢多雨的季节,可以通过大量的排水沟与景观固有的湿地来排出积水,在整个景观的中心设有一个露天广场,在这个广场之中利用太阳能提供热量与光源,景观小品有石椅与假山等置景装饰,为这座生态建筑带来了生机。

4. 制冷与加热

由于俄亥俄州的气候冷热分明,在夏季十分炎热干燥,冬季寒冷,并且时而伴有多云,所以建筑师们在设计的过程之中利用地下的恒温来冷却和加热建筑,采用的是封闭循环的热泵系统。通过24个地热井将热水穿梭于建筑内部循环利用,并且配合太阳能供暖装置来加热,从而使冬天不再寒冷。夏天的时候,天窗可以遮挡住南边的太阳光,避免阳光直射入建筑,进而降低热量。而建筑表皮的玻璃方格可以作为减少热量损失的装置,会保留热量并调节热量的释放。通过以上方式既降低了能源的损耗,又为人们营造了良好的生存发展氛围,因此亚当·约瑟夫·刘易斯环境研究中心是一个名副其实的绿色理念下的生态建筑。

三、绿色体系下的民居建筑规划

(一) 民居建筑的合理选址

我国的东北地区寒冷干燥，有些地区的供暖月甚至可以达到 5 个月之久，例如黑龙江北部最寒冷的地区温度甚至达到 -40℃左右，因此在选择民居的建筑地址时，当地居民首要考虑的问题为如何抵御寒冷，为了抵御严寒，居民们大多会选择群山环绕的空间，这样的空间相对比较独立，可以较好地抵挡西北风的入侵，从很大的程度上来说具有保温的意义。其次要考虑的是阳光的采纳，阳光对于该地区的建筑来说十分重要，尤其是冬季，在低气温作用的影响下，阳光可以提供足够的热量，此外还有一系列的通风防雪等问题需要考虑。

在东北地区的选址方面除了群山环抱，对于地势的要求也是要相对平坦，平坦的地势可以有利于夏季的排水，并且周围山体提供了清新的空气和优美的风景，以及优质的淡水资源。而在群山环抱的地势之中，我们可以找到丰富的木材资源为生活提供必要的燃料，人们在选择民居地址时往往选择临近于河流的地方，这样不仅有丰富的渔猎资源，而且可以灌溉农田，降低夏季炎热的气温。还有一个容易忽视的因素，在选址方面会选择四周高中间低的地势，这样可以有效地抵挡雷电所带来的灾害。在建筑布局方面我们往往充分地利用太阳能资源，为我们提供冬季所需的热量。门窗相对错开保持良好的空气，想要建造绿色建筑可以利用太阳能来发电，这样在一定程度上可以节约资源。将建筑布局进行系统的优化，从空间上的合理分配可以为居民生活提供便利。

(二) 绿色体系下的民居建筑规划

由于特殊的地理位置，东北地区的民居建筑应该选择一些绿色生态的措施来进行民居设计，由于经济发展水平的限制，我们大多选用一些传统技术的方法来进行创作。通过前几个章节的分析，如何建造绿色体系下的民居建筑可以从以下几个方面入手：

1. 舒适性

通过对住宅空间的合理人性化设计，让人们在建筑物当中发自内心地感觉舒适，这体现了以人为本的主要思想。为了达到人与建筑、环境的和谐统一，我们不断地探究行为学与人体工程学，将理论知识与生态建筑相结合，创造出舒适的、绿色理念之下的民居建筑。

2. 可交往性

由于人类特有的群居性，沟通交流是我们日常生活中必要的手段，人与人之间的交往通常在建筑之中进行，因此在设计民居建筑时需要考虑人们交流的问题，不能把建筑设计成为个人的密闭空间，这样不符合人类的可交往性。

3. 生态性

由于现在东北地区环境污染越发地严重，自然资源也越来越少，伴随着人口的快速增长问题，只有把节能减排的生态思想应用到建筑之中，从自身的实际情况出发，才能走上一条可持续发展的道路。

生态绿色环保的民居建筑中，所涉及生态绿色环保技术和设计层面较为重要，通过将经济学、社会学、建筑技术、地理学等多方面相关的学科与生态学相互结合，多方面入手实现绿色民居建筑规划。

四、东北地区民居建筑案例分析

东北地区在我国属于众多民族聚居的区域，由于独特的地理位置，该地区的文化发展与其他地区有所不同，在以往的时间里，各民族在建造自己的住宅时，会根据自己的生活方式结合地形地貌，创造出具有民族特色的民居建筑，经过长时间的开发，这些传统的民居建筑的民族特色越发鲜明。举例来说，吉林延边的朝鲜族民居建筑就是一个具有民族特色的民居，辽宁满族的四合院民居建筑

同样如此，这些传统的民居建筑恰到好处地适应了当地的人文与气候，是常规意义的生态建筑。我们可以通过早期人们在东北建造房屋的特点吸取经验，将这些经验与民族传统融合到现在的生态住宅设计当中。在写论文之前，作者通过大量的阅读文献与查找资料，对吉林延边朝鲜族的传统民居建筑做了简要的了解，通过分析该地区的民居建筑，找到其不足并加以生态化的理念，进而建造出具有绿色理念的生态建筑。

从古至今，东北地区的民居建筑均是以院落式为基本形制，无论是满族、汉族还是朝鲜族民居均为如此，其中最典型的代表为东北地区的四合院民居建筑，东北地区的四合院同北京四合院类似，由正房与东西厢房组成，在周围有回廊与置景呼应，所有的房间均是以中心庭院向外扩散而形成居住空间，在构造的过程之中讲究对称性法则，每个房屋均为左右对称，其中正房最大，位于整个建筑的主要区域，厢房布置在两侧的位置。这种空间的布局方式凸显出古代社会的封建等级制度。东北地区的四合院建筑外形接近于长方形，在四周环抱围廊，起到连接作用，连接东西厢房与正房，并且配以景观植物装饰，在行走的过程之中移步换景，增加了空间的层次，这种庭院减少了民居建筑内部的隔阂，加强了人与人之间的联系，体现了以人为本的生态建筑观和民居建筑的可交往性。

与北京四合院相比，东北地区的四合院民居建筑入户的大门设置在南面的中间部位，而北京四合院的大门则是位于南面东侧的角落里面，这样的差别给人们带来了不同的心理感受。此外，北京四合院在入门处有假山装饰，会起到一定程度的遮挡作用，比较注重院落内部的私密性。东北四合院有着明显的不同，从正门中心直接进入正房，没有半点儿遮掩直来直往，整个院落显得大方敞亮，体现了东北地区人民朴实豪爽的性格特点。

五、辽宁地区满族民居建筑"绿色体系"构建

在东北地区除了汉族还有许多其他的民族，每个民族都有着不同的民族文化和独特的信仰，这种独特的信仰使建筑有着不同于其他民族的特色，人们在建造建筑物时往往

会加入自身的民族情结，使建筑具有民族特色。东北地区的民居建筑在布局上充分地考虑到采光与通风的问题，协调了家族各个成员之间的交流关系，并且与自然环境相融合，是名副其实的生态建筑。下面通过对东北地区具有民族特色的民居建筑进行简要分析，探究具有民族特色的绿色理念民居建筑。

满族文化在辽宁地区历史悠久，是一个由原始的渔猎文化向农耕文化转变的民族，生产力的转变促进了经济文化的改变，这种文化的转变过程之中吸收了其他民族如汉民族的文化，但是也保留了自身民族文化的精华。满族的民居建筑最初是一种幕帐式建筑，这种建筑结构简约并且方便迁徙，渔猎文化下的民居建筑在不断地向农耕文化转变，这也充分说明了经济决定建筑的发展，我们也可以根据经济的发展方向来判定未来建筑的发展模式。

从穴居和巢居发展到半穴居和半巢居的满族民居建筑，在建造方式上发生了十分巨大的改变，同时这种改变也伴随着与其他民族文化的融合。在黑龙江和长白山北部的松花江孕育了许多满族的前辈，这些满族人通过采集和渔猎的方式生存，人们严重依赖自然资源，所以建筑往往与河流联系密切。在古代由于生产力水平的低下，穴居与半穴居是当时满族人民的主要建筑方式，随着生产力水平的不断提高，人们的生活条件逐渐变得优越，民居建筑也随之变得先进。之后满族的渔猎文化受到了汉民族农耕文化的冲击，经济生产方式开始变形，建筑在保留自身的文化特性的同时融入了汉民族的优秀建筑理念。而满族的祖先女真族在面对这样的文化冲击的时候，建筑的方式也开始向定居发展。由于采暖设备火炕的发明，人们开始摆脱了以往的穴居式的建筑模式，开始建造固定的地面居所。

现今满族民居建筑的火炕，是由明末清初时的长炕演变和发展而来，随着社会经济技术的提高，长炕逐渐演变为万字形，这种万字炕的受热方式也发生了巨大的变化，已经逐渐转变为锅灶通内炕，此为现代满族民居建筑火炕发展的雏形。这既是人们自己探究出来的成果，同时也是经济作用下的文化融合，两种建筑文化在发展的过程之中不断地进步，这个过程建立在民居建筑对于环境整体压力的适应。满族民居建筑通过对现有不足的弥补，和对外来建筑文化的采纳，通过优化重组来建造出保留固有的民族文化，也吸收了有着其他民族文化优良的建筑方式。通过一系列的评估方式把两种不同的经济文化作为建筑文化发展的背景，在经济基础的作用下上层建筑发展得越来越好，两种不同的建筑文化相互作用，创造出具有新的生命意义的民族建筑。

在东北地区主要有三种类型的满族民居建筑，分别为民居街坊、城镇大型住宅以及乡村居住房屋，城乡经济发展水平不同，其中最具有代表性的为城镇大型住宅，而我们根据现有的民居建筑对东北地区满族民居建筑进行划分，主要划分为四合院与三合院这两种主要的房屋建造方式。我们用满族四合院来做一个简单的分析，这种四合院以中轴对称为主要的建筑方式，北侧为正房，东西两侧为厢房，而在南面的正中为大门，四周的墙体建筑往往较高，用来保护内部居民生活的安全，同时又可以抵御冬风。我们可以简单地把满族四合院同北京四合院做一个比较，北京四合院的门一般设置在角落，同时在入口处设有植物或假山装饰，在入门的时候绕过装饰物才能进入正房，体现注重民居建筑的私密性。

而满族四合院的内院十分敞亮,从入口到正房少有遮挡,并且在中央部位留有较大面积的空地,这样可以最大限度地接受太阳光直射,来增加冬季室内的温度,如果正房的房间系数较多,内院的面积将会变得更大,因为内院是整个四合院建筑之中人们的中心活动区。由于东北地区的地域辽阔,足以满足人们的居住问题,因此在建造民居建筑的过程之中可以尽可能多地占用土地,厢房设在正房的两侧,可以使阳光直射进正房,东北地区冬季寒冷多风,因此房屋的保温工作十分重要,除此之外零散的布局可以起到一定程度的防火作用,而四合院内部流通的微弱气流可以净化房屋内部的空气,提高空气质量,这可以在某种程度上加强生态建设。在今后满族民居建筑的建设过程之中,我们要从内部系统到外部系统进行充分的优化,加强绿色理念建设,减少生态污染。

六、建筑设计中绿色建筑技术优化结合

绿色建筑主要是以保护环境、节约资源、以人为本和可持续性发展为设计理念的,这也是我国整体建筑行业发展的重要目标。但如何能够更好地发挥设计理念的作用,将理念与实际操作相结合仍然是绿色建筑发展的一大难题。因此,绿色建筑的技术优化和设计整合显得十分必要。

(一)绿色建筑设计的思路和执行策略

绿色建筑在设计过程中,主要针对现场设计及室内环境绿色规划、资源的节约与环保等方面进行绿色设计。设计时,绿色的建筑理念要贯彻设计过程的始终,并且要根据建筑实地的气候因素进行被动设计。具体体现在光照、热工性能、通风遮阳、绿色建材、可再生能源选择等方面。

将绿色理念在设计图纸上呈现是绿色设计的执行意图,也是设计执行的关键。首先要进行计算机的模拟分析,根据模拟分析情况确立整体的设计思路,从而展开设计。在工程初期阶段,可以建立一支专业人员较多的设计团队,设计人员要以绿色设计为目标,对于不同的设计矛盾可以根据设计目标进行调节。每位设计人员全力协作,参与到设计的整个过程中,对每个设计细节加以完成,才能实现绿色设计的目标。

(二)绿色建筑设计中遵循的基本原则

首先,要保证设计的高效性。充分合理地利用建筑实地周围的自然资源、绿化资源、生态环境资源。在绿色建筑的设计规划阶段,更加侧重对整体建筑生命周期的提高,主要体现在对建筑土地科学合理规划、节约生态资源、使用可回收材料等方面。

其次,要充分掌握设计的地域性要求。我国幅员辽阔、地大物博,很多地区的自然地质条件、环境条件、气候条件、生态资源条件以及社会经济的发展情况、文化发展都有着较大的差异。所以,在绿色建筑设计中要充分考虑到不同地域的特点,因地制宜地进行建筑设计。

最后，要保证设计效果的协调性。从经济发展的角度来看，绿色建筑也属于工程建筑范围内；但在社会生态发展的角度来看，绿色建筑属于社会生态建设的一部分，可以单独作为一项绿色生态系统，对人们的生活产生影响。因此，在绿色建筑的设计过程中，要将整个规划设计结合城市地区及周边生态环境进行综合考量，保证建筑要与城市氛围和周边环境相融合。

（三）绿色建筑设计技术的优化

1. 规划期间设计技术的优化

规划期间，主要通过对建筑现场的气候特征研究，结合计算机模拟技术，优化设计朝向和平面布置对建筑风、声、光等方面的影响。当建筑工程报规后，就不能对设计进行整改，所以规划时期一定要有充足的时间。如某地区的建筑设计日照强度的计算，利用总平面的计算进行设计优化，调整整体空间的布局和结构，完善阴影区域位置，保证室内的光照达到最佳效果。建筑通风模拟是在室内布局优化的基础上，进行室外风的环境模拟，更好对通风进行设计。

2. 客观因素的设计技术优化

通过对不同地区不同气候特征的绿色建筑进行研究，发现地域结构会影响到建筑的根本特性，例如建筑的性能和构造、空间和结构、资金的投入、室内的环境，以及表现出的经济性、安全性、舒适性等特性。建筑的外在要与建筑实地的气候特征相符，建筑的外貌要与地区的文化特色、地质地貌相适应，建筑的设计性又要满足使用性。例如遵义科技管就是根据地区的土质的热稳定特性，进行创新，建设为半覆土式建筑，这样可以尽最大限度保护好地区的地质地貌，防止过度开挖，也能够对客观的水质体系和植物进行很好的利用。

（四）绿色建筑设计技术的优化结合

首先，规划阶段进行技术的优化整合。规划阶段是建筑设计的重要内容，通过一系列的措施和方法，对建筑施工场地进行充分的掌握，保证建筑技术优势的充分发挥，提高建筑设计的效果，保障建筑设计的科学性，避免在设计过程中出现差错。在绿色建筑技术的应用过程中，根据以往的设计经验，对规划阶段的建筑设计做好初步的优化。首先，要对建筑工程的基础材料进行深入分析，对建筑的光、声、电做到充分熟悉，提高对绿色建筑技术的应用力度，在根源上避免浪费资源材料的现象，并将建筑的成本造价控制在合理范围内。其次，合理控制绿色建筑总平面，将不同设计师的设计内容进行结合，确保设计内容的优化，明确能够对建筑规划造成影响的因素，从而明确不同阶段设计的差异性，严格按照施工设计图纸的内容对建筑平面工程展开设计，使建筑平面设计得到深度优化。最后，平面设计人员要时刻关注施工进程，避免施工效果受到外界因素的影响。

其次，根据气候因素进行建筑技术优化。在经典绿色建筑的经验指导下，要加强对不同气候特征地区的建筑设计进行深入研究,明确建筑设计的基本功能属性。首先,在建筑设计过程中,要考虑到施工材料的性价比和环保性,将整体的施工效果进行优化,增强建筑的稳固性,以便应对极端天气的影响。其次,明确好绿色建筑技术规范,根据规范内容确定绿色建筑设计内容,并不能进行天马行空的想象,提高绿色建筑的气候适应能力,并在设计过程中对保护性建筑进行设计。最后,将绿色建筑的形态设计与节能优化结合,绿色建筑秉持着可持续发展的设计理念,所以不能只解决建筑设计的当下问题,还要将建筑与自然相结合。例如,在重庆绿色建筑设计中心,应用了许多绿色技术进行工程建造,其中主要采用了透水砖、太阳能、绿色再生混凝土等综合材料进行整体的建筑设计。首先在通风设计上采用太阳能技术,在拔风井外部安装平面玻璃,内部采用蓄热材料与绝热隔层相互配合,防止热量传入建筑内部,并向夜晚通风的热压传递能源。由于是南部的日光照进,对井中的空气进行加热,增强其拔风的功效。并通过网络的研究,配合 CFD 的分析法验证是否能够达到室内通风的需求。

再次,对建筑设计的外观形态与节能技术进行优化整合。绿色建筑的设计与传统一般性建筑的设计存在着本质性的差异。绿色建筑设计主要是在进行实地考察和各项数据测量后,对数据进行合理的量化分析,取代了传统感性认知的设计方式,绿色建筑的设计是在定量化分析的基础上进行的。绿色建筑设计要以形态美观和节能优化为基础,将外观形态与节能技术相结合,通过模拟技术手段对结合效果进行分析,对存在问题的地方要进行及时的处理和重新设计,实现绿色建筑设计的最优效果。因此,绿色建筑设计形态不仅要满足美观的要求,还要体现绿色建筑技术。

最后,对采光遮阳技术进行优化结合。绿色采光遮阳技术设计主要是根据建筑所在地区的气候条件,通过采光的模拟软件进行不同形式的采光技术和遮阳技术模拟分析。根据分析数据总结建筑物受内光环境的影响规律,并设定合理的遮阳设计参数。同时结合对建筑实地的自然通风情况进行分析,并通过 CFD 软件分析风向对采光和遮阳的影响以及采光遮阳对建筑物室内风向内循环的影响,做出综合的设计策略,为绿色采光遮阳技术的应用提供理论依据。

第二节　生态建筑设计

自工业革命以来,在大量消耗自然资源的基础上,人类文明取得了长足的进步。然而随着地球自然环境和人居环境的恶化,人类终于认识到这种以破坏自然为代价的发展方式是不可取的、不能持久的,如何使人类及其生存的环境得以持续发展已经成为包括建筑界在内的当今各种学科讨论的重要课题。在本节中,我们将探究如何在以环境保护和可持续发展的前提下,进行生态建筑设计。

一、生态建筑的现状

国外经济发达国家如美国、德国、日本等国是较早开展生态环境保护和绿色运动的国家。其生态环境保护早已走出了争论、探讨阶段,也走过了扩大绿化、垃圾分类之类的初级阶段,很早就开始了生态建筑的研究和设计实践。

例如德国,从上个世纪70年代开始,其建筑界、生态保护团体和大学科研机构就通力合作,开始进行生态建筑的研究和实验探索。其建筑节能、节水、太阳能利用、生活污水处理、屋顶绿化等方面的研究和实践已使德国成为生态建筑和建筑新技术的展示地。其开发的各种节能设备、技术已在建筑设计中广泛应用。另外,德国在建筑材料、建筑保温隔热、节能技术运用等方面制定了各项法规,在实践中也已经深入人心,得到建筑各界的支持和遵守。德国已成为生态建筑研究、设计、节能技术开发、节能设备研制、法规条例制定等方面领先的国家。

美国也是生态建筑理论研究和设计实践开展较早的国家之一。1962年卡逊(Rachel Carson)女士的《寂静的春天》(Silent Spring)唤醒了人类对地球生态环境的关注。1969年麦克哈格写成的《设计结合自然》(Design with Nature)一书,是最早提出在城市规划和环境评价研究中运用生态学和生态设计方法的著作。美国多次举行生态节能建筑的设计竞赛,无论是方案还是设计实践中都产生了大量示范性的生态建筑。在1999年,美国建筑师协会选择了10座本土建筑作为现阶段生态建筑创作的范例,大力推广生态建筑的设计。美国绿色建筑委员会在1995年就提出了一套能源及环境设计先导计划(LEED, Leadership in Energy &Environmental design),在2010年3月发布了它的2.0版本。目前,美国研发了许多计算机软件以供在生态建筑设计和实践中各阶段的可持续发展的量化设计中使用。例如:用GIS对地形、土壤、植被、水文、通风及交通等进行叠加分析,量化选址设计;动态能源数码模型Energy Scheming,DOE可以实现能耗计算与建筑设计的实施互动,等等。

二、生态建筑基本理论

(一)生态学的基本概念

1.生态学

生态学这个概念是德国学者恩斯特·海克尔(Ernst Hacekel)于1866年首先使用的,仅有100多年的历史,海克尔将其定义为"研究生物体同外部环境之间关系的全部科学的称谓"。生态学Ecology(英语)、Okologie(德语)这一词是从希腊文Oikos派生来的,原意为房子、住处或家务。生态学的考察方式是一个很大的进步,它克服了从个体出发的、孤立的思考方法,认识到一切有生命的物体都是某个整体的一部分,探讨的是自然、技术和社会之间的关联。

2. 生态系统

所谓生态系统，就是一定空间内生物和非生物成分通过物质的循环、能量的流动和信息的交换而相互作用、相互依存所构成的生态学功能单元。生态系统（Ecosystem）的概念在生态学中有很深的根底。生态系统思想的第一次陈述可以追溯到 1877 年 Forbes 和 Mobius 的著作，他们认为生态学的研究单位应该包括整个植物、动物及其物理环境的错综复杂的复合体。英国植物学家坦斯利（A. g. tansley）于 1935 年从这个观点提出生态系统这个术语。坦斯利的生态系统，包括在一定空间中一切动物、植物和物理的相互作用。生态系统可以是任何大小的，现代生态学家更倾向于从能流、碳流和营养物循环来理解生态系统。

3. 生态平衡

生态平衡的概念认为整个系统是一个动态的过程，随着系统为了生存下去和使其功率达到最大而进行自我调整，以寻求优化。生态系统有其临界状态，正如维斯特所指出，密度的压力或者导致种群大部分毁灭而重新回到低密度，或者跳跃到组织更高层次迫使种群改变特征。工业文明和人工化系统在达到这种境界之后，必然要有性质上的激烈变化，经过与生物圈的结合，跳跃到组织更高的层次，这是唯一生存下去的机会。因此，必须建立一种新的道德观，也就是建立在了解自己和了解人类同其环境之间的关系为基础的生态学的道德观。自然界的物质、资源是有限的，因此成熟的自然生态系统必然表现出对物质、资源的高效率循环利用。对于人居环境而言，应充分地利用再生性资源（如太阳能、潮汐能、风能等）循环地使用不可再生材料，减少对人工能源的依赖。

4. 共生

共生是生物对自然条件适应的结果，不同种有机体或小系统间的合作共存和互尊互利，而达到系统有序发展，正如阿尔温·托夫勒在《第三次浪潮》一书中指出："在过去的几年间，由于地球生物圈发生了根本性的潜在的危险变化，出现了一场世界范围的环境保护运动，他迫使我们去重新考虑关于人对自然界的依赖问题，结果非但没有使我们相信人们与大自然处于血淋淋的斗争之中，反而使我们产生了一种新的观点，强调人与自然和睦相处，可以改变以往的对抗状况。"共生要求我们改变与自然对抗的思想，充分利用一切可以运用的因素，以达到和自然界协作共存，共同发展。

（二）生态学的基本原则

关于生态学的基本原则，我国生态学家马世骏总结有以下几项原则：

1. 整体有序原则

复合生态系统是由许多子系统组成的系统，各子系统相互联系，在一定条件下，它们相互作用而形成有序并且有一定功能的自组织结构。所谓"序"是指系统有规律的状态。整体有序原则认为系统演替的目标在于功能的完善，而不是组分的增长，一切组分的增长都必须服从整体功能的需求，任何对整体功能无益的结构性增长都是系统所不允许的。

2. 循环再生原则

生物圈中的物质是有限的, 原料、产品和废物的多重利用及循环再生是生态系统长期生存并不断发展的基本对策。生态系统内部应该形成网状结构和生态工艺流程, 其中每一组合既是下一组分的"源", 又是上一组分的"汇", 没有"因"和"果"及"废物"之分。持续发展要求在复合生态系统之内建立和完善这种循环再生机制, 使物质在其中循环往复和充分利用, 这样可以提高资源的利用率, 而且还可以避免生态系统的破坏, 使资源利用效率和环境效益同时实现。

3. 相生相克原则

这里的相生相克原则是指生态系统中促进和制约的作用关系, 这些作用关系构成了生态系统的生态网。在生态系统中, 生物通过竞争争取资源, 求得生存和发展, 通过共生节约资源, 以求得持续稳定。相生相克原则提出保证生态系统的稳定性, 这就要求人们在利用生物资源时, 注意生态系统的整体平衡, 而不是局部。

4. 反馈平衡原则

生态系统中, 任何一个生物发展过程都受到某种限制因子或负反馈机制的制约作用, 也得到某种或某些利导因子或正反馈机制的促进作用。在稳定的生态系统中, 这种正负反馈机制是相平衡的。反馈平衡原则要求在生态系统调控中, 要特别注意限制因子和利导因子的动态因素, 充分发挥利导因子的积极作用, 设法克服和削弱限制因子的消极作用, 同时要注意反馈环境的位置、时间和强度。

5. 自我调节原则

在生态系统中, 任何生物体都有较强的自我调节和适应环境的能力, 它们能根据环境的状况, 采取抓住最适机会尽快发展并力求避免危险获得最大保护的策略。自我调节能力的有无和强弱是生态系统与机械系统的主要区别之一。高级生态系统是一种自组织系统, 具有自适应和自维持的自我调节机制。

6. 层次升迁原则

生态系统中, 生物还具有不断扩展其生态位的趋适能力, 即不断占用新的资源、环境及空间, 以获得更多的发展机会。同时复合生态系统还不同于自然生态系统, 占据复合生态系统主导地位的是人, 人类可以通过认识调整生态系统内部结构或科学技术手段, 摆脱旧的限制因子的制约, 改善环境条件, 提高资源利用率, 扩大环境容量, 使复合生态系统由前一个层次上升到一个新的更高的层次。

三、生态学的概念与原则对建筑学的影响

生态学的基本概念与原则为研究生态建筑提供了科学的依据, 也是我们科学认识建筑学的新的思维方式和研究方法。

(1)生态建筑的目的是人与自然关系的协调。人是自然的一部分, 必须把人和自然的

相互作用重新放回到生态系统的有机联系之中来看待。这是对人与自然关系的重新定位。生态建筑不仅要考虑业主和部分人的生存空间，还必须考虑人类整体以及自然整体的生存和生活。

（2）生态建筑和它存在的环境是一个有机的整体。生态学研究表明，生物群落与其环境中的各种生物、非生物因素有着密切的关系，它们通过食物链、食物网等各类关系联系成为一个有机的整体。很显然，生态学给我们提供了新的研究范式，要求我们把建筑学科研究的对象当作具有复杂性的整体来研究，当成相互作用的关系网络的整体来研究。在研究过程中应把生态建筑和它存在的环境看成一个有机整体，而不能孤立地把对象从环境中作为实体分割出来。建筑只有在与环境的相互关系中才能表现它全部复杂的性质，脱离环境之后，研究也就失去了意义。

（3）生态建筑也是整体生态环境中的一个环节。可以认为，建筑是生态系统的一个"器官"，它在其建设、使用、改修和废弃的过程中通过与周围环境之间的能量的输出与输入，完成其承担的生态角色和功能。这是对传统建筑观念的一次革命，使我们从生态学的角度重新认识了建筑。

（4）建筑所在的生态系统有着一定的自我调节能力。生态系统有着一定的自组织能力 —— 反馈机制，但是这种能力有一定的限度，超过了一定的"阈值"，生态系统就会遭到破坏。这对于建筑学来讲，也就是控制度的问题。我们既不能战战兢兢不敢发展，避免对环境造成破坏；也不能盲目扩张，疯狂攫取。城市的建设、乡村的发展都应该控制在一定"量"之下，控制在生态系统自我调节和承受的范围之内，超过了这个限制，则会对人类的生存环境造成破坏。随着地球人口尤其是我国人口数量的增加，环境的自我调节能力承受的压力越来越大，在"量"的控制问题上我们应当予以更多的重视。

（5）生态建筑应当使整个生态系统处于良性循环的平衡状态。生态系统是与周围环境进行能量的输出与输入的开放系统。能量与物质的良性循环使得整个系统处于动态的平衡，这为绿色建筑学研究提供了一条基本准则和评价标准。古典主义对于建筑的评价是建立在美学基础上的，不同的美学标准决定了建筑的取舍；现代主义对建筑的评价是建立在经济基础上的，经济效率成为评价建筑优劣的重要标准；而生态建筑以生态效率为基础，它的评价是客观的，不以人的意志为转移的，是一种科学的评价体系。生态的良性循环原则是生态建筑的"质"。生态学为生态建筑学提供了科学的基础和原则，使生态建筑的研究有了科学的参照系。越来越多的建筑师和规划师转向"生态学"与"建筑学"相结合的学科发展道路，他们用生态学的原理来研究建筑与自然环境的关系，从而解决人类聚居环境所面临的危机。

四、生态建筑概念

由于近代大工业的发展，在世界范围内使自然生态环境受到严重破坏，造成了一系列惨痛的教训，这些问题给人类敲起了环境的警钟。若是让这种趋势继续发展，自然界很快就会失去供养人类的能力。如何解决生态平衡问题,已逐渐提到议事日程上来了。

在建筑领域,针对日渐恶化的全球性问题,如何处理好建筑与生态环境的相互关系已成为建筑创作与理论研究的当务之急。近年来,各国政府、建筑师围绕这一课题制定了一系列的政策和措施,并要求建筑尊重所在地域的自然气候环境和生态环境,进行生态建筑设计。

生态学是研究有机体之间、有机体与环境之间的相互关系的学说。相互关联的有机体与环境构成了生态系统,世界由大大小小的生态系统组成。生态系统具有自动调节恢复稳定状态的能力。但是,生态系统的调节能力是有限度的,如果超过了这个限度,生态系统就无法调节到生态平衡状态,系统会走向破坏和解体。建筑活动对生态环境有着重大的影响,因此,正确认识环境对建筑活动有着指导性的意义。例如土地的形式如何规划,这一点影响到这一地区的整个生态。它包括对大气、水体、地表、植被、气候和动植物生存环境的改变。事实证明,一小片合理规划设计的土地可以产生巨大的环境效益和社会效益,满足人们美学上、心理上和健康上的要求,使人类能够更好地生存和发展。所有这些都说明生态问题的重要性:要么创造一个良好的生存环境,要么又增加一份环境危机,一切都取决于我们的行动。

生态学(Ecology)和建筑学(Architecture)两词合并成为 Arcology 即生态建筑学。生态建筑学(Arcology)是 20 世纪中叶出现的一种意在限制人类的掠夺性开发,以一种顺应自然的友善态度和展望未来的超越精神,合理地协调建筑与人、建筑与生物以及建筑与自然环境的关系的建筑。生态建筑的理论基础直接来源于生态学。生态建筑学的产生是历史的必然,它的任务就是改善人类聚居环境,它的目标就是创造环境、经济、社会的综合效益。

所谓生态建筑,是用生态学原理和方法,以人、建筑、自然和社会协调发展为目标,有节制地利用和改造自然,寻求最适合人类生存和发展的生态建筑环境。将建筑环境作为一个有机的、具有结构和功能的整体系统来看待。因此,人、建筑、自然环境和社会环境所组成的人工生态系统成为生态建筑学的研究对象。

"生态建筑"一词出现还没有太长的历史,却引起广大环境保护主义者、建筑师们的广泛关注。与之相关的概念也有多种说法,如"绿色建筑""可持续发展建筑"等等,英语中关于生态建筑的词有 Ecology Architecture、Green Architecture、Sustainable Architecture 等。这些词尽管表面上不尽相同,但它们概念是相似的,只是从不同的角度来描述,侧重点有所不同而已,似乎生态建筑更加贴切。

五、生态建筑设计方法

"未来系统"认为,现在和将来也许都会没有真正的"生态建筑",所谓的"生态建筑"只能是一个无限趋近的目标。这实际告诉我们,100% 的生态建筑是没有的,对生态建筑的探索和研究是没有止境的。生态建筑的设计,没有简单的方法,也没有一个万能的公式,建筑师应当主动承担自己在生态保护方面的责任,在自己思想意识中树立起生态的观念,借鉴国外生态建筑创作的成功经验，努力探索建筑生态化的设计方法，通过不断实践，为我国建筑业生态化与可持续性发展的进程做出自己的贡献。

下面就生态建筑的设计原则及设计方法做一简要介绍。

（一）生态建筑设计原则

德国设备设计工程师克劳斯·丹尼尔斯曾绘制过一个"生物圈"，把生态建筑这一复杂的系统工程形象地表现了出来。"生物圈"分成建筑元素、技术装置和外部环境三部分。建筑元素部分是建筑设计中采用的各种处理手法，技术装置部分包括供热、制冷、供电、供水等设备设计内容；外部环境包括太阳能、空气、土壤、水等自然资源的利用。这三部分之间连上很多线，说明它们之间的联系。丹尼尔斯就"生物圈"做了具体详尽的解释，概括起来，其中心思想是：通过建筑设计（从建筑总体布局到建筑构造处理），以求最大限度地利用自然资源（自然通风、利用地热、雨水、太阳能等），从而达到尽量少使用设备，降低运营能耗的目的。可以说，这就是建筑设计中的全局观念和整体意识。但在设计中，要求各个工种通力合作。对建筑师来说，不仅需要有强烈的环境意识和广博的科学知识，更要有能以整体性思维方法驾驭全局的能力。总之，生态建筑的设计原则是：

1. 整体设计原则

我们不能将生态建筑看作一个简单的建筑单体去做设计，而应当在满足业主要求、建筑本身的目的性的前提下将其所在的区域纳入其所在的自然环境、社会环境、经济环境各个方面，尊重传统文化和地域文化特点，自觉促进技术与人文的有机结合，将各种因素统一考虑，权衡比较，从中选择最优的解答，建立不破坏区域环境、技术运用适当、人性化的居住社区和城市环境。按需索取，充分合理地利用不可再生的土地资源及其他各种资源，形成高效、合理的开发强度。

2. 高效无污染原则

这个原则有三方面的含义：一是降低建筑对物质与能量的消耗，提高能源利用效率，运用新材料、新结构、智能建筑体系，降低建筑消耗的能量。据建筑所在地区的气候特点，合理利用阳光、风能、雨水、地热等自然能源。合理进行建筑设计，减少不可再生资源的损耗和浪费，提倡能源的重复循环使用。二是建筑材料的无害化、建筑材料利用的高效，即材料的循环使用与重复使用，避免选择的建筑材料含有危害人类身体健康的物质，给自然环境带来危害。三是指舒适、健康的室内环境。

3. 灵活多适原则

采用适应变化的设计策略，避免建筑过早废弃，使其能够得到再次利用或多次利用，节省建造新建筑所需的重复建设费用，适应变化的设计策略主要有四种：适应性改变、灵活性设计概念、长寿多适概念和合理废弃概念，在具体设计中应灵活采用。生态建筑将人类社会与自然界之间的平衡互动作为发展的基点，将人作为自然的一员来重新认识和界定自己及其人为环境在世界中的位置。这样，建筑师在从事设计工作时，就为人类肩负了更大的责任。

（二）生态建筑规划设计

从整体角度把握人类生态系统的结构，以生态为基础进行整体规划和生态规划，合理利用土地，有效协调经济、社会和生态之间的关系。根据自然的本质属性，组织各功能分区，使建筑群的能流、物流畅通无阻；从建筑物朝向、间距、形体、绿化配置、能源的循环利用等方面考虑，建筑规划要走中小型化、花园化、智能化为一体的道路，提高绿地面积比例，降低能耗量；建筑整体规划应体现建造场地、植被的一体化；减少对资源的干扰和非点源污染；建筑及装饰材料的选择应考虑对能源消耗和对空气、水污染的影响；全方位考虑建筑绿化、沿街绿化、楼间绿化、楼旁绿化、绿化建筑，形成多品种、多层次、立体的、广泛的绿化环境，改善建筑小气候，使人类贴近自然。

在生态的建筑规划设计中要把具体建筑看成是城市建筑大系统的一部分，与城市建筑大系统相联系，使建筑内部难以消化的废物成为其他元素的资源。

1. 规划设计应注意的事项

对于已确定的基地应遵循一个重要的原则——尽可能尊重和保留有价值的生态要素，维持其完整性，使建筑环境与自然环境融合和共生。我们的建造活动应尽量少地干扰和破坏自然环境，并力图通过建造活动弥补生态环境中已遭破坏或失衡的地方，对于已选择的建筑基地，设计师应当注意以下几点：

（1）尊重地形、地貌

建筑的规划设计和建造中，常会遇到复杂地形、地貌的处理。很多设计方案往往是将其推平，平衡土方，将其变成平坦的表面再进行设计，以不变应万变。对于人手少、任务重、需要短时间完成设计任务以便争取更多项目的设计单位来说，这样固然是一种解决办法，但生态建筑的设计更提倡在深入研究地形、地貌的基础上，充分尊重基地的地形地貌的特征，设计出的建筑物对基地的影响降至最小。

（2）保护现状植被

长久以来，城市与建筑物的建设中，绿化植物都是当作点缀物，总是先砍树、后建房、再配置绿化这种事倍功半的做法。生态学知识告诉我们，原生或次生地方植被破坏后恢复起来很困难，需要消耗更多资源和人工维护。因此，某种程度上，保护比新植绿化意义更大。尤其古木名树是基地生态系统的重要组成部分，应尽可能将它们组织到居住区生态环境的建设中去。

（3）结合水文特征

溪流、河道、湖泊等环境因素都具有良好的生态意义和景观价值。建筑环境设计应很好地结合水文特征，尽量减少对环境原有自然排水的干扰，努力达到节约用水、控制径流、补充地下水、促进水循环并创造良好的小气候环境的目的。结合水文特征的基地设计可从多方面采取措施：一是保护场地内湿地和水体，尽量维护其蓄水能力，改变遇水即填的简单设计方法；二是采取措施留住雨水，进行直接渗透和储留渗透设计；三是尽可能保护场地中可渗透性土壤。

（4）保护土壤资源

在进行建筑环境的基地处理时，要发挥表层土壤资源的作用。表层土壤是经过漫长的地球生物化学过程形成的适于生命生存的表层土，是植物生长所需养分的载体和微生物的生存环境。在自然状态下，经历100~400年的植被覆盖才得以形成1cm厚的表层土。建筑环境建设中的挖填土方、整平、铺装、建筑和径流侵蚀都会破坏或改变宝贵的表层土，因此，在这些过程之前应将填挖区和建筑铺装的表土剥离、储存、在建筑建成后，再清除建筑垃圾，回填优质表土，以利于地段生态环境的维护。

综上所述，适宜的基地处理是形成建筑生态环境的良好起点，应当认真调查，仔细分析，避免盲目地大挖大建和一切推倒重建的方式。同时应注意的是，基地分析是由多个方面组成的，设计时应当从各个角度整体考虑来达到建筑与自然环境的共生。

第三节　人文建筑设计

21世纪的今天，中国已成为世界第二经济大国，经济的高速发展，日益丰裕的物质基础、各国文化交流的频繁等促使我国整个人文环境的不断变化。在这样一个大环境下，建筑作为一个城市文化的名片与人们的生活息息相关，其风格尤其重要。但是，当前中国住宅建筑文化的"不自主性"与传统本土文化的迷失是一个不可否认的事实。特别是在住宅建筑方面，突出的状况是粗制滥造的"包豪斯式"建筑遍布，格调低俗的"仿欧陆风情"成了市场上的新宠。这种外来风格的植入与我国人文环境大相径庭，显得不伦不类。这其实是对本国传统文化和生活方式的一种"后殖民主义"。我们的文化、生活、思维方式、审美观等在一定程度上成了西方文化的附庸。虽然这些建筑风格自身的确具有一定的文化魅力，但是把这种魅力硬拉到中国大地上，并且要让我们去接受它实在是不合时宜的，中国著名建筑史学家梁思成先生曾说过"建筑，不仅是外在形式表象，更是文化深层内核的体现；是文化的记录，是历史，是反映时代的步伐"，所以建筑风格是要和文化背景相匹配的。我们知道中西文化有很大的差别，中西方人民的传统艺术观、社会观、审美内涵、价值取向等都有着天壤之别，西方人比较直白，以我为中心，在实践中、信仰中会流露出与自然的抗衡，而中国人内敛、含蓄讲究中庸思想，主张人与自然的和谐发展。再者我国的人均资源有限，这种高投入的建筑模式在我国是很不合时宜的。因此可以说寻求一种适合我国当代人文环境的建筑风格是每一个建筑设计从业者义不容辞的责任。在本节我们将探究人文建筑设计的理念。

一、辉煌的中国古代建筑体系

(一) 古代人文环境分析

1. 古代人文环境的形成

启蒙:中国传统人文思想起源于商、周。在商、周之前,人们的思想被信仰所笼罩,受此影响,形成了对祖先崇拜的风气,人们的祭祀对象为天神、地神、人鬼三界。随着人口的增多,家族部落之间的斗争也越发频繁,周民族通过长期的艰苦奋斗,逐渐占据了领导地位,统一了民族。在这个过程中,人们慢慢地开始清醒,认识到了人的重要性,初期的人文思想已逐步产生,人的地位慢慢地上升。

发展:随着社会的大动乱,历史进入春秋战国时期,历史的长河中人的作用越来越明显。各种思想空前活跃,各种有识之士各抒己见,百花齐放。经过岁月的历练,以孔子为代表的儒家思想逐渐形成了一种流派并成为中国古代人文思想的代表,形成了一股宏大的思想文化洪流,有力地塑造了中华民族的文化心理与民族性格。起初的儒家思想初衷是善良和美好的,想通过主张"礼""仁爱"的思想,建立一个和谐的、安宁的社会关系。由于这种思想正是社会所需求的,很快就深入人心。但到后来儒家思想被统治者所利用,利用孔子所主张的"礼""仁爱"之心来麻痹平民,企图建立统治者们所谓"仁爱""和谐"社会,要求平民主动礼让、忍受等思想,后来逐步地完善形成了统治阶级麻痹人民的思想武器,这种不平等的"和谐社会"理念就慢慢地灌输到人民的心里。

成熟:到汉代以后,推行"罢黜百家,独尊儒术",维护"君君、臣臣、父父、子子"的等级制度,儒家思想被统治者变成了维护社会治安的主要理论精神依据并形成了礼制。这种以理性和秩序为中心的儒家思想逐渐成熟。到明清时代,礼制思想主导着社会的各个方面,随后统治者们又把这种思想作为法律给规范下来,形成了宗法制度,来促进封建社会人民的安定和社会的发展。在礼制的影响下,人们把自己束缚在里面,使每一个人都下意识地自我约束,当和统治阶级有矛盾时总是自责、妥协、退让,成了人们忍受一切的精神安慰,并代代相传形成了一种社会价值取向。

这种价值观的形成,成了统治阶级压迫人民的理论依据,也是人民忍受剥削的精神支柱,对当时的社会安定确实起到了很大的作用。但正是这种思想的形成,阻碍了人的主体意识的发挥,压抑人的创作性,才促成了长久的封建社会。我国传统古代建筑正是在这样的人文环境中诞生,才形成了特有的风格。但是抛开统治阶级利用下的儒家思想至今还影响着我们的民族,儒家思想的初衷正是当今社会我们所倡导的,是我国传统文化的核心,成为我们宝贵的传统文化思想遗产。

2. 古代人文环境的构成

在一些外国人的印象中,"孔教"或是"儒学"差不多就是中国文化的代名词,在整个古代人文环境中,儒家思想作为一种意识形态范畴始终处于社会的主导地位引导着人们的思维,约束着人们的行为准则,决定着人们的认知方式、观念、信仰、价值取向等人文要素。

可以从"仁""礼""中庸""天人合一"这四个方面来分析儒家思想。

"仁"：要求人们具有仁爱之心，是一切人文理念的核心。"仁"的产生主要是由于社会的变革，人与人之间不断地产生矛盾，引起社会的动乱，孔子提出"仁"希望能在人与人之间建立一种"仁爱"的伦理思想，促进社会的和谐。

"礼"：儒家思想的"礼"起初是在"仁爱"的基础上构建一种社会的人伦原理，它渗透到社会的各个领域，包括君臣、父子、夫妇、兄弟等各种人伦关系。主张人们在整个社会大环境中讲究人伦秩序，是对于构建和谐社会的理想模式。但这种思想后来被统治阶级利用，形成了统治阶级压迫人民、稳定社会的理论依据，如荀子说："礼者，贵贱有等，长幼有差，贫富轻重皆有称者也。"

"中庸"：儒家学说的"中庸"其实是指人们日常生活中对"度"的把控。主张人们凡事适可而止，要不偏不倚。在日常生活中，主张工作不要太累，以免厌烦不能持之以恒，物质生活不能享用过度，待人不能太苛刻和放任。从人们的思想上避免一些归于极端的思维，也是对社会的一种企稳。

"天人合一"是处理人与自然的关系，人代表社会的思想主体，天代表一切物质环境，其意思就是告诫人们在社会改造的过程中一定要讲究二者的和谐，这和国外主张人定胜天的思想有着明显的区别。天人合一也是主张一种中庸之道认为人与自然应该是一个整体，相互影响，不应有本质上的矛盾。

总结：儒家思想是在社会变革动乱的大背景下形成，其初衷是为了建立和谐的社会伦理，是中国文化的重要组成部分，时至今日在各种矛盾纷呈的社会环境中儒家思想正是我们国家社会人民所向往的。中国古代建筑体系正是在这种传统儒家大思想背景下形成了独特的风格。

(二) 中国传统人文环境影响下的建筑思想

马克思说过，社会意识决定社会物质。人文环境一经产生，便影响到了中国古代社会生活的各个层面。从中国古代建筑的形成和发展来看，古代人文环境对建筑形式起着决定性作用，古代建筑的特色正是时下人文环境的综合体现。具体表现有：

1."礼"制观念影响下的建筑等级观

"礼"制观念在几千年的封建社会中最为强烈，君臣之礼、家族之礼都有明显的规定，渗透到封建社会的各个角落，包括衣食住行都有严格的等级制度，都具有强烈的政治色彩。那么作为和人们生活最为密切的建筑更有着更严格的等级制度，统治者也充分利用建筑等级来区别居住者的身份级别，这在很多书中都有记载。从唐代开始，统治者就明文规定了建筑所体现的等级制度，《烤工记》中关于城市制度的记载"天之城高七雄，隅高九雄；公之城高五雄，隅高七雄；侯伯之城高三雄，隅高五雄"等等这都是对就建筑等级制度的规范。

故宫就是建筑受封建等级制度影响的最好例证以一条从南向北的中轴线为主要骨架，

轴线的最南端是正南门永定门,北边以钟楼和鼓楼为终点,宫殿和其他建筑都以中轴线为参照排列开来,形成了气势磅礴的建筑序列。首先在规划上就体现了主次的等级制度,在建筑单体上也有很明确的礼制规范,像外朝的太和、中和、保和三大殿纵向排列,象征着三朝制度;乾清宫、交泰殿、坤宁宫的关系又体现了前朝后寝的礼制;从宫城前门的太清门到太和门之间的五座门楼也都体现王门制度;宫城中心的三大殿因作用不同也有明显的等级差别;其他处于从属地位的建筑虽然也相当别致但布局紧凑,建筑密度也比较大,这样更体现了三大殿的威严。

2. "天人合一"的自然观

"天人合一"即是儒家思想的特征,又是道家思想的重要体现,讲究人与自然的"和谐统一""浑然一体"。这种思想对中国传统古建筑文化影响十分深刻:首先建筑的表现形式要顺应自然,在建筑的布局和规划上应该结合地形,做好建筑与周边环境的融合,特别是绿化,要融入自然、顺应自然。其次强调人与自然应该处于一个有机的整体中,任何建筑都是环境的一部分,像河流、树木、山川一样是自然中的一个元素,达到人与自然、建筑与自然的自然协调。例如在园林建筑中,如果没有自然景观那么就利用人工制造假石、假山,栽培树木,制作水景等手法代替大自然中客观存在的山、林、湖、海,意造出一种自然景观,充分地表现人们对自然的向往。

3. 不偏不倚的中庸之道

儒家思想认为,万事万物不可以走极端,应遵循中庸之道,要用"中道""中行"的思维方式面对问题、处理问题,以达到中和的境界。儒家思想和中国传统文化最特别的特点就是重在把握这种分寸感,恰如好处,力求和谐的价值观。这种人文思想反映在建筑上就是讲究建筑的和谐美,把和谐作为一种美的境界。传统建筑方正的布局也体现了这种美学观点,认为不偏不倚的对称本来就是一种简单的和谐,建筑一方面也要求装饰,但也要讲究适可而止这种淡雅的美学效果。

二、当代人文环境与新中式住宅建筑

(一) 新中式住宅建筑设计的前期构思

1. 时代性与地域性的对立统一

建筑反映一个城市的文化,我们在发扬传统文化的同时也要跟上时代的变化,虽说现代建筑冲击了我国的传统文化,但也的确给我们带来了现代建筑物质功能上的满足,时间证明了这种物质功能是我们现代生活中不可缺少的一部分,从中我们也体会到了中国传统建筑应对现代生活方式有明显的不足之处,因此我们必须要处理好建筑的时代性和地域性之间的关系。

现在是科技的时代,我们一定要在创作中享受科学技术的发展给我们带来的各方面的便利,我们也应该积极地吸收消化经济全球化的盛宴,与世界接轨。我们现在所提倡的传统建筑文化并不是歪曲儒家文化思想下的礼制封建思想,我们要用现代技术、现代材料来体现中国传统建筑的那种意境和精神。不能单纯地进行传统建筑的外观模仿,要以人为本,切合实际,做符合中国人的居住方式、满足中国人心理结构特征的建筑,以提高建筑的功能为出发点,吸纳西方现代技术精华,按照现代人的生活方式,寻找出中国传统文化之精髓,认真分析建筑的情感内涵、文化品位、生活功能等创造出具有中国特色的建筑。

2. 物质功能与精神功能的有机结合

对建筑功能性的体现一直是我们做建筑设计的核心出发点,一幅好的作品,必须具有完美的物质功能和精神功能两大块。尤其是我们在对新中式建筑设计的传承和发展中,物质功能和精神功能的追求永远都要放在首位,建筑材料、建筑色彩以及表现手法都要围绕着这两点进行。建筑大师梁思成说:"可以把一幅画挂起来,也可以收起来,但一座建筑物一旦建起来,就要几十年、几百年站在那里,不由分说地成了居住生活环境的一部分……如此说来,宅院比其他艺术更要追求艺术的美和文化的品位。"由此可见建筑的物质功能是指建筑的实用性、群众性、耐久性。

(1)实用性。就是说建筑的目的是"用"而非"看",不管是什么样的建筑也要看它的具体使用目的是干什么,它不同于其他艺术,其他艺术可能是只为了追求一种形式美,而建筑的美是建立在使用之上的,功能的好坏决定建筑的成败,因而建筑的审美意义,有赖于实用意义。建筑的实用性影响着人们的精神感受。

(2)群众性。建筑的审美是带"强制性"的,建筑的群众性决定了建筑必须要满足大众人的审美标准,不能因个人的喜好做设计,要有群众基础。

(3)耐久性。建筑作为一种实体呈现在大众视野,在建设的过程中我们为之付出大量的财力和物力,一旦建成,在一定的时间内是不会轻易改变的。往往一些大的建筑体量成为这个城市的名片,因此我们在做设计中要深入市场分析,找准产品的定位,对材料的选择以及结构的处理一定要合理。

新中式建筑应该具有的精神功能是:从前面我们已经分析了新中式建筑出现的原因就是人们对现在市场建筑的文化的缺失而感到空虚,可见建筑的精神功能也是非常重要的。作为新中式建筑,必须要在满足建筑的物质功能基础上体现中国传统建筑的文化精髓,把对"意境的营造"作为新中式建筑的灵魂,把"天人合一"的思想作为新中式建筑的文化渊源,把"虚实相生"作为新中式建筑的韵味体现。用现代材料和技术在建筑上体现中国传统建筑文化精神内涵,来满足人们对传统文化的精神需求。

(二) 对中国传统建筑文化精髓的现代传承

首先,中国传统建筑意境主张"天人合一"、私密幽静、含蓄而不张扬。我们在新中式住宅设计的过程中要结合现代住宅的功能性,在此基础上运用现代手法进行传统建筑文化的神韵再造。因此我们必须结合当代人文环境,应该走一条建立在现代主义风格之上的对中国传统文化深层表达的新中式建筑风格,这种手法并不是直接对传统建筑符号的移植与模仿，而是建立在对传统建筑文化内涵的充分理解基础上，将具有代表性的元素符号用现代的手法进行提炼和丰富，抛去原有建筑空间布局上的等级、尊卑等封建思想和结合现代人的生活方式以及当代人文环境，给居住文化注入新的气息，追求蕴含在建筑形体之中的一种中国传统文化的味道。要做到传统内在精神和文化底蕴的传承，力求建筑与周边环境融合，讲究私密性，追求静逸的居住环境，为现代居住者服务。

（三）注重新中式建筑文化健康循环的发展

中国幅员辽阔，人口众多，虽然都是中华儿女但是由于人多地广，各地的人文环境各不相同，因此我们在进行创作过程中一定要重视当地的地脉、人脉、文脉三个方面。不同的区域气候、环境、文化、民俗、信仰各不相同，我们不仅要对中国传统文化进行现代演绎，还要对局部地域文化进行资源整合，要尊重区域文化，我们的设计要和居住者的文化状态、心理状态、需求状态相吻合，要让居住者在使用过程中能找到归属感和精神的寄托。脱离了当地人文环境定会产生负面效果，比如目前就有人对于一些广州的中式建筑完全采用江南民居的风格而持反对态度，又如假设北京故宫坐落在深圳也会显得尴尬，南方的吊脚楼出现在北方也让人很难接受。所以在创作过程中应该有效而紧密地结合当地的"地域文化"与"现代人"新的生活习惯需求，为当地人们创造一种具有地方特色又有现代空间的生活环境。在吸纳当地文化的同时还要挖掘新文化，这样一方面给我们进行设计提供了更多的参考，另一方面也提升了当地文化的竞争力，也丰富了国家文化内容。

第四章　建筑材料

　　建筑材料是建筑文化表现的重要手段，视觉艺术语言更为深层次的意义在于体现人类的情感，而种种语言形式的体现皆归于一种载体——材料。建筑是人类文明的载体，具有很强的地域特色，体现了强烈的民族性和地域性。在快速发展的今天，现代建筑呈现多元化发展趋向。在纷繁复杂的表象下，人们却始终对传统建筑文化保持着一份特有的感情。作为一名建筑师，该怎样体现出对原有文脉的尊重？除了肌理、尺度之外，对传统文化的继承和体现文脉的方式还有一种，那便是对建筑材料的运用。在本章我们将从传统建材和新型建材出发，深入探究建筑材料。

第一节　传统建筑材料

　　材料是构成建筑物的主要元素之一，不同材料有不同属性，为人类的创作灵感提供了广阔天地。材料随着时代的变化而变化，在自然属性上又增加了社会属性，人们对它的依赖不仅是物质的，更是精神的。建筑形式总是伴随着新材料、新技术的发明以及人类审美价值的变化而发生着变化。传统建筑材料不能再完全沿袭传统建筑的表现道路。那么，传统材料是否面临着被淘汰、被遗弃的命运？传统材料在现代建筑中是否失去了生命力？在本节我们就将探讨下传统建材。

一、当代传统材料概述

(一) 历史背景

建筑是具有社会属性的,是城市肌理和文脉的片段印迹。传统材料是建筑的活化石,它记录了一部建筑史。它有着与生俱来的文脉认同感,给予某种程度的记忆、影响和心理暗示。人是富于感情的动物,而传统材料是最有亲切感的,所以对传统的认同是最直接、最普遍的做法。

(二) 现状

随着现代建筑技术和材料的迅速发展,传统建筑材料的表现手法也从传统的沿革中解放出来,在新工艺、新理念的支持下,被重新诠释,形成许多强有力的表现手法。传统建筑材料的艺术感染力,丰富和延续了时间和空间,提高了环境美学的质量,给人以美的享受。现代建筑大师们早就意识到这点,特别是现代地域性建筑注重使用那些融入了地方情感的传统材料和具有独特智慧的现代技术融合,显示出一种对于传统材料、技术的延续性。这种延续性既体现出对当地自然环境和文化的尊重,也是出于对人的关怀。不仅让人们感受到强烈的现代艺术的气息,同时也体验到悠悠的建筑传统文化。

(三) 研究对象与意义

传统建筑材料是指传统土木建筑结构所有材料的总称。传统建筑材料主要包括烧制品(砖、瓦类)、砂石、灰(石灰、石膏、菱苦土、水泥)、木材、竹材等。以下,我们将从木、石、砖、竹子等典型传统材料的建筑实例来阐述。

通过比较、分类分析的方法,分析现代建筑师们使用传统材料的实例,来阐述传统建筑材料演绎下现代建筑的魅力,发掘传统建筑材料发展的潜能。希望通过这种方式,引起更多建筑人对于运用传统材料设计现代建筑的问题的兴趣和重视,并依法更广泛、更深入地探讨与研究,真正使传统材料在新时代的建筑设计中焕发新的生命力。

中国传统木构架建筑以其特有的建筑语言,传达着中国的文明史,讲述着神秘而古老的东方文化。大至中国传统的木结构建筑,小至明清家具,木材在中国的应用有着悠久的传统,并确立了中国特有的木文化。木构架建筑,以其特定的时间和空间限定并诠释了其民族和地域文化。"天人本无二,不必言合"的"天人合一"的观念,构成了中国传统文化心理结构和思维定势而融入血脉,于是"木"在阴阳五行中便自然而然地被列为"五行"之首,被奉为一切生命之源,这种材料也真正融于历史反思与社会。

木材是大自然赐予人类的天然、能耗低并且可再生的建筑材料。它是一种有机材料,有着完整的循环周期 —— 从参天大树到原木材料,最后变成腐殖质或是燃料。使用木材不仅符合生态学,而且对人的心理健康也颇有益处。我们都很熟悉木材的如下特质:鲜活的纹理、柔软的手感和舒适的感觉。在今天这个人工痕迹充斥的世界里,木材给了我们亲近大自然的机会,令人精神舒畅。即使形态在变,时间在变,木材的精神不变。在这样一个瞬息万变的世界里,木材给人恒久不变的传承感和安全感。

木材是所有建筑材料中最和谐的,我们对建筑的许多深刻印象来自木材,它的组成对建筑有着深远的影响,记录了远古时代的建筑。木材不仅具有物质功能,还蕴含文化意义、情感价值和心理认同等因素。最佳地使用传统建筑材料不仅涉及它们的技术潜能还关乎其内在的感官特性。现代技术的高度发展客观上要求产生高情感的东西与之相平衡,传统建筑材料的新兴表现思想渗透着众多美学与技术思想的追求,从深层上体现了机械自然观向天人合一的自然观的转化。

所谓传统材料是指在过去的时代根据过去的生活条件、过去的资源发展出来的,例如青砖,在当时有广谱性,各地的、各种功能的建筑都会使用。但现在它已不符合环保的要求,取代砖窑的是小水泥厂,我现在用水泥作为基本材料。

传统材料中如果是没断代的,我们还会用,例如那种因地制宜制造的、工艺和资源的来源具有广普性的我们会用,但如果取用困难、造价更高的,就不用。尤其是代表"印象中的中国"而不是当下中国的就不用,例如不用青瓦而用水泥瓦,不用青砖而用混凝土的砌块。至于木材,当然可以用传统的工艺,但更愿意用当下的工艺,正在发展中的工艺。

在政治、经济、文化全面融通的当今世界,世界文化和传统文化不可避免地交织在一起。我们要以发展的眼光看待当地的传统材料。对于传统材料与工艺,拒绝吸收外来信息、资源,无异于阻碍自己的生存与发展。因此,现代地域性建筑必须扬弃地域传统材料与技术,打破狭隘的空间概念,吸取时代精华,注重创新,才能顺应时代潮流的发展要求。当今工艺技术的高度发展,给传统材料的发展提供了一个新的平台。新材料、新技术、新工艺的结合摆脱了传统材料自身的局限性,扩展了应用范围和表现方式。

二、与新材料的结合

建筑师对传统材料应用的探索不仅仅只停留在对技术的维护使之适应现在社会,并且积极、精确、乐观构筑新工艺与传统材料之间的关系。

传统材料不仅仅作为单一的材料而存在,通过与新材料的结合,赋予了传统材料现代艺术气息。我们可以根据不同传统材料间的特性与新材料结合,扬长避短,体现了现代建筑强烈的传统情感,弥补了传统材料的局限。

在当今技术的支持下,钢节点的采用很好地解决了木结构在节点处强度薄弱的问题,而钢木的结合也成为现代木构的一个主要特征。位于美国阿肯尼亚州的刺冠礼拜教堂以其精致的造型曾被评为美国世界十大建筑。位于一片树林之中的教堂,采用钢木结构。木构件通过井字状的钢节点,将竖向的支撑构件设计得极为精巧,支撑构件和斜向的连接件加以连接,仿佛木构件只是简单地靠在一起,而木柱同周围的树木融为一体,整栋建筑是如此迷人轻盈。

传统材料与新材料的结合,是在现代主义的功能化和理性化中加入了民族主义、浪漫主义的成分。由建筑师列维斯卡设计的曼尼斯托教堂和教区中心位于芬兰中南部的库奥皮奥市,因地处北欧,采用北欧特有的红砖材料和大面积的玻璃结合,将传统材料和现代材料结合,既保留了现代主义建筑的功能性、非历史性风格的面貌,又让对芬兰人格外珍贵和重要的阳光走入空间内。整个作品继承了阿尔托人情化的诗意建筑语言,并受到德·斯太尔抽象画派几何构成的影响,表现了芬兰建筑的活力。

这些新旧材料交替的建筑是时间与历史走过的痕迹,是新旧时代更替的象征,暗含着勃勃的生机。

三、与新技术的结合

人们认为新技术的开发,使得新材料不断地涌现,而传统的材料就面临着被摒弃淘汰的命运。但是人们忘了"技术是一把双韧剑",它同样也可以成为传统材料进化的工具。每一次技术革命都带来了建筑形式的重大变化,它们的结合撞击出了绚烂的火花。

新技术与传统材料的结合,赋予了传统材料新的生命,改善了传统材料的性能,打破了传统材料的局限,开拓了传统材料的使用领域。传统材料不再是传统文化的符号,更是现代建筑塑造强烈艺术表现力的手法之一。

德国汉诺威博览会办公楼的立面上使用了空心陶质面砖系统。这种空心陶质面砖是一种用于建筑外装修的悬挂式空心陶质面砖,通过龙骨和连接构件固定于建筑的构造外墙上。在面砖和构造外墙之间可以附加保温材料,龙骨构架起来形成的通风夹层可以防止保温材料受潮确保了外墙的保温性能空心构造减少单位面积的重量,小尺寸便于安装和运输,如果发生破损可以局部进行更换不影响立面效果。它不仅提高了其保温和美观效果,而且由于面砖表面纹理水平接缝的作用而有效缓解了因高层建筑周边的高速气流而形成的立面雨水上行的问题。

传统材料与新技术的结合,赋予它新的节能性能,是对传统材料的延续与发展的表现。在芝贝欧文化中心设计中,伦佐·皮亚诺系统研究当地棚屋的建造技术,提取出"编制"的构筑模式,他将封闭的屋顶面向天空敞开,外侧的木肋弯曲向上延伸收束,高低起伏变化,并最终获得了抽象的"容器"(cases)意象。它的外形取决于计算流体力学 CFD(Computational Fluid Dynamics)的模拟气流分析和风洞试验,并达到了自然同通风和减少风荷载的目的。最妙的是,木条编成贝壳状的棚屋,针对不同的风度和风向,通过调节百叶与不同方向百叶的配合来控制室内气流,从而实现完全被动式的自然通风。每当风从百叶的缝隙中穿过时,都会发出瑟瑟的音符,这是一曲传统材料与新技术完美结合的协奏曲。

四、与新加工工艺的结合

材料自身不能一成不变,只有传统材料的进化和新陈代谢才能适应社会的需要。新的加工工艺让材料的质感、重量等性能产生了变化,使得传统材料的色彩、光泽、纹理更能在现代建筑设计中占有一席之地。

运用传统材料作为外饰面似乎与20世纪的主流文化相矛盾,人们开始关注材料的厚度,而且倾向于越来越薄的外饰面。阿道夫·鲁斯把形体丰富的石材用现代机械切割技术加工成面纱的感觉,与传统作为承重的石材相比更具有自由性和轻薄感。密斯·凡·德·罗在巴塞罗那展览馆中证明了薄石表面的可能性它那介于真实表面和反射表面之间的空间水池、抛光的玛瑙石、大理石、浮动的玻璃以及层层叠叠的石灰石隔板),使人想起19世纪梦幻般的室内空间。同时,展览馆是精心建造的。密斯运用石结构在光、反射和墙表面之间,在玻璃的透明性和石材的不透明性之间进行各种变换。在密斯的作品中,石材的颜色、比例以及表面的效果都呈现出一种令人着迷的感觉,同时也展示了一种全新的方法。石材也加强了这种薄薄的、自由布局的隔板的节奏感。

建筑材料的运用首先表现了建筑师的个性追求。当代建筑设计师思想多元并存,技术手段丰富多样。建筑师的构想方法、造型手法以及对工艺、材料的喜好都直接反映在建筑材料的处理中。传统建筑材料的运用应力图与城市的形象和文化内涵的总体构思相适应,不再单纯满足于使用和认知功能,而是积极参与到环境创造中去,走上多元化、多层次的态势格局,现代建筑才能更多元化、更个性化、更人性化,使建筑塑造成为不仅仅是一个肉体的庇护所,也是人类灵魂的归宿。

同时当代的技术和文化为传统材料在建筑创作上提供了广阔的空间,为认识传统材料解开了束缚。传统材料应该与时俱进,在现代新工艺和新理念的支持下不断地进化、改变,以自己独特的方式演绎着现代建筑,展示着它不朽的魅力;在不断加入新元素的过程中,适应社会的变化,开拓了它的使用领域,体现生态系统中自然、社会、经济因素共同作用下建筑系统本身的主动性和发展性,并且强调了环境的作用和在建筑上的可持续发展思维。

本书的目的在于启示建筑师们要在设计的革新中发觉利用技术条件,总结各创作要素之间的关系,进行创造性的表达;因地制宜地开发传统材料,各尽其才,使传统建筑走出一条自己的发展道路。

五、传统材料在不同领域中的创意运用

新技术的出现刺激了新观念的诞生,而新观念同时推进了新技术的发展。设计师的创作性思维和当今出现的新建筑形式在不断刷新人们对材料的认识,人们的审美也在不断地发生变化,这时也不断地刺激着新观念的诞生。而传统材料要生存下去,不仅要靠自身的进化,而且要打开自身的使用领域和在不同领域中创新运用。

(一) 在建筑表面的创新运用

首先是传统材料怎样用新的方式表达,怎样在现代建筑材料的使用中开辟道路,那就是新观念的引入。

石笼技术是由金属丝围成的笼子,里面再放上石材形成一个大的建筑模块,以前的石笼是用柳条围成的,而且经常被置于河道两侧来抵御河水的冲刷,建筑师们逐渐了解了这

种结构可以利用当地的小石块,将原来被弃置不用的小石块利用起来,外面用金属丝围成建筑模块更加坚固美观。赫尔佐格和德梅隆在美国加州多米诺斯酿酒厂项目创造性地使用石筐材料:建筑外观为两层的当地玄武石,根据墙体所围合空间的需要,金属铁笼的网眼有大中小三种规格。大尺度的能让光线和风进入室内,中等尺度的用在外墙底部以防止响尾蛇从填充的石缝中爬入,小尺度的用在酒窖和库房周围,形成密室的蔽体。远远望去,该建筑更像是一件 20 世纪 60 年代大地艺术(Land art)作品。在此,赫尔佐格和德默隆以独特的想法和建筑语言,准确地注解了酿造的含义。这是个聪明、有意义的外墙。

传统材料的创作极限已经不再是技术工艺的原因,而是设计者的想象力与创造力。在新技术工艺的支持下,使得新理念的形成成为可能,同时新理念的形成又刺激了新工艺的产生。

引人注目的瑞士 St. Pius 教堂是建筑师 Franz Fueg 设计的。他创造性地通过石材将光引入了市内。他在外围墙首次使用 28m 厚的大理石。这些大尺寸、灰颜色的元素使建筑外立面看上去很深远,而在室内,大理石表面非常光滑并发光,透明的晶体结构将柔和的光传递到阴暗的教堂里面。建筑的四面墙体基本上是相同的,几乎没有开窗,但自然光却能到达室内,使室内的感觉随着当地的天气气候变化而变化。在这里,光透过透明的石材照亮了每一部分,在室内材料表面与偶尔射进来的光之间产生了变化陆离的效果。

(二) 在室内的创新运用

建筑师们不仅在建筑的外观设计上,而且还在建筑的室内对传统材料进行创新性的使用。石材、木材、砖等传统材料也正用现代的语汇在室内设计独占一角,而值得一提的是竹材的运用。

过去由于竹子的防火、抗老化、防渗漏等性能较差,只能运用于较小型的建筑中,而在当代建筑师的再开发利用中,竹材焕发了新的生命力。最近别出心裁的建筑师将竹材应用于大型建筑的室内装修中。德国的奥林匹克体育中心使用了中国的竹地板,竹材还被西班牙的建筑师用于马德里的机场吊顶,其防火防腐的技术难题被中国的技术人员一一解决,在此竹材都符合该国的建材防火要求。

(三) 在室外景观中的创新运用

在室外景观中也常常可以看到传统材料的创新运用。譬如花坛、休闲椅、铺地等细节,传统材料时常可以看见的。

中国南京大屠杀遇难同胞纪念馆的创作更多地运用了现代心理学,它将传统材料作为重要的传递感情的载体,通过移情方式达到了目的。在通往纪念馆的广场上几乎铺满了白色的卵石,宛如死难同胞的枯骨,寸草不生,象征死亡,与周边一线青草表达出生与死的鲜明对比,一片惨烈悲愤之情弥漫全场。

六、传统材料的生态主动性

在新工艺、新理念的支持下，我们还是要坚持传统材料在现代建筑中的可持续性和生态主动性。现代生态材料提倡"4R"（Renew、Recycle、Reuse、Reduce）原则，即可更新、可循环、可再用、减少能耗与污染；其次，必须使用地方自然资源，体现本土观念。而许多传统材料本身就具有很多生态的特性。那么，在新理念、新工艺支持下，传统材料怎样才能走出一条可持续发展和生态主动性的道路来呢？

在2005年的日本爱知世博会上，不少展馆的设计均表达鲜明的生态理念，其中最有代表性当推日本馆。长久手日本馆的建筑物（长90m、宽70m、高19m）全部用环保材料——竹子编成的笼子覆盖，远看去好像是一只茧横躺在地上。在这里竹子起了遮挡夏日阳光、降低馆内温度、减轻空调负荷的作用。日本馆除了以罩竹茧的方式来调节室温以外，还采用了墙面绿化的技术，就是把种植了植物的盆栽于竹筒里侧过来堆砌，形成一道绿意盎然的土墙，这也是一种竹材料新的建筑利用方法。由于竹子的成长速度很快，导致日本的竹子数量过多，因此竹子作为建筑材料成为对付竹害的有效方法之一。并且世博会结束后就可以拆除，恢复原有的环境景观，充分运用了竹子的特性，是传统材料运用的生态性的典范之一，充分符合了生态材料的"4R"原则。

2000年的世博会突出了绿色的主题，尤其是瑞士馆。它没有显示技术力量和介绍最新机器，而是打破了通常展示空间的概念，一切都是那么原始。它将锯好的木材，以最简单的方式架成木材壁，做成纵横交叉的迷宫。在迷宫通道和中庭中，木结构空隙中萦绕着由瑞士传统乐器演奏的音乐，再加上透进来的阳光，参观者的话语和脚步声，把人们带到纯音色世界。设计师卒姆托幽默地说："展期为153天，正好是从瑞士刚刚采伐的落叶松需要干燥的时间。"在固定木材时

没有使用角铁之类的建筑部件，所以博览会结束之后，那些木材便可以重新利用。显然，他想通过这个建筑装置，体现对历史价值的回归。难怪人们称赞他作品的力量正好是"人、自然、技术"这三者的合力。只有充分认识传统材料的性能、质地、潜力等，才能因材开发研究，加以扬弃和进化，发挥传统材料的生态主动性。

七、竹材在建筑中的意义

竹，作为一种天然的材料，与其他众多的建筑材料相比，具有廉价、强度高、吸水率低、耐久性好以及保温性佳等优点，能够很好地满足经济、结构等方面的要求。此外，它还能给人以视觉上的美感和易于亲近的感觉，这些都是许多人造建材所不具备的。竹材对于可持续发展和环境保护也别具意义，它没有污染，活的竹子还能吸收二氧化碳，从而可以起到调节微气候的作用。

不仅如此，在东方，"竹"所特有的文化上的意义更是不容忽视的。正是因为有这些特殊的品性，使得竹开始越来越多地为现在的建筑师所关注。当然，建筑师们自身为了突破

既有的形式和方法,也希望从不同的角度尝试新的材料和新的建造方式,因而竹材在建筑中的运用自然成为一种新的"消费现象"。

显而易见,目前我们对竹材的研究和应用还是很有限的,远未达到全面、系统的程度。因此,竹材在现代建筑中的开发与利用将仍然具有很大的潜力与市场。

日本建筑师隈研吾在建筑师走廊中设计的另一栋别墅——竹屋,以钢和混凝土框架为混合结构,十字钢柱被抹成圆柱并包以竹皮。南北侧的外墙面和局部的室内界面覆盖了一层没有结构意义的竹墙。在三面围合的水院内,又做一竹亭居于水池正中。竹亭以钢框架和中空玻璃组成,并在各个界面上覆以竹竿编制成的界面,竹墙掩盖了真实的结构,而其自身则以表皮的身份存在,同时也加强了空间的质感。

严迅奇为柏林文化节设计了一个供表演和展览用的类似亭子的临时性建筑物。这个用竹子建造起来的亭子位于柏林文化中心门前的水池上,与文化中心相映成趣:一个漂浮、一个凝重;一个通透,一个密实,充分体现了传统与现代、东方与西方的对话和融合。整个亭子是采用传统绑扎的方法将竹竿相互固定的,用三角形稳定性的原理,以直线构成曲面,使得整个建筑既稳固又轻盈通透,而且富有动感。而在水关长城建筑师走廊的别墅设计中,严迅奇在其设计的所谓怪院子的入口上方也用细竹竿以铜丝绑扎,形成了一种三维曲面的遮阳构造。

竹材在建筑中的另一类利用方式,是以某种意向或概念的形式融入到建筑里面,它所侧重的是传达一种视觉的信息,而竹子本身不属于建筑本体。

竹制模板具有成本低、寿命长、吸水率低、强度高于木模板,重量又轻于钢模板,并且有利于环保等优点。传统上竹模板通常是作为浇筑混凝土时的模板来使用,而其由竹条纵横叠合形成的独特的肌理和色彩质感,被现在的建筑师们直接作为建筑的面材来使用。

日本建筑师坂茂在建筑师走廊的别墅设计中,便是将家具与建筑体系相结合,开发出了竹胶合板的家具住宅系统,即利用组合式建材与隔热家具为主要结构体和建筑外墙,现场拼装成为一个竹的"家具屋"。以类似的方式来运用竹胶合板的还有建筑师马清运。在其马达思班事务所的室内设计中,普通的竹胶合板经过打磨后去除了表面的黑漆,露出原有的浅褐色纹理,在刷以清漆之后被用作壁柜、工作台、会议桌以及局部地面的铺装。通过选择由不同宽度的竹片压制而成的模板的使用,使得整个室内空间统一而富有变化。

西蒙·维列,哥伦比亚建筑师,擅长竹构建筑。由于盛产竹子并且多震,竹房子一直是几百年来哥伦比亚传统的建筑形式。上世纪70年代以来,西蒙陆续改良了这项传统技术,更好地完成了金属连接构件、混凝土与天然的竹子之间的构造协调,让竹建筑更加牢固和美观。在西蒙的理念里,竹房子集合了生态、环保、低成本和低技术的一系列优点,于是,西蒙的竹房子也不断把越来越多的机会给予家乡的贫民。作为一名建筑师,西蒙用个性化的技术实现了自身建筑伦理观的表达,生态、自然、亲和。不仅如此,西蒙维列还尝试在住宅中采用混凝土来浇灌竹墙。运用这种类似做法的还有张永和先生在水关长城建筑师走廊中建造的别墅二分宅,他在两片主要的夯土墙中也加入了竹筋来替换钢筋以加强墙体的结构强度。

八、青砖在建筑中的运用

古有"秦砖汉瓦"一词，现代考古也证明了自秦汉起青砖即作为建筑材料出现在人们生活中。历经两千多年，它始终深得人们偏爱，并与我们的生活息息相关。能有如此悠远的魅力，是源于青砖自身独特的色彩、质感和尺度，传统的青砖由于是手工烧制，受泥土中不同金属成分的影响，各砖块颜色不尽相同，因而形成不同层级的青灰色体系，色彩丰富而自然。砖块表面凹凸不平，给人坚实厚重的原生感觉，具有朴实的美。青砖的大小正好适合手的抓取，而它的标准化使其成为建筑的模数，与人体尺度相联系，给人亲切的感受。青砖的运用极为广泛，尤其在近代以后，无论是北京四合院还是江南私家园林建筑，到处都有青砖的身影，很多作品留存至今。而长时间地与之共处，使人们对青砖有了难以割舍的特殊情感。

现代建筑中青砖当然更不需要作为承重部件，砖的运用可以更加自由化。建造低层次、小尺度建筑时，在钢筋混凝土框架体系的支撑下，可以根据不同的功能或立面需要，将模数化的青砖变换砌筑，创造不同于传统意义上的青砖建筑。中国美术学院校园整体改造工程 —— 建筑师借助青砖，通过新的工程技术，充分体现建筑与人之间良好的尺度关系。杭州湖滨地区 —— 青砖作为具有历史气息的传统建筑材料，容易与既有的特定环境发生关系 —— 表达新建筑在环境和文化中的含义。上海"新天地" —— 青砖依托传统的石库门建筑形式，在城市新一轮改造中既再现于完全不同于以往的青砖建筑中，又延续了该地块的历史特征。

第二节　新型建筑材料

建筑行业日益成为我国经济发展的支柱产业，近年来，随着建筑行业的蓬勃兴起，节能环保的意识、可持续发展等观念不断融入建筑行业。新型建筑环保材料在现代建筑中逐渐得到普遍应用，一方面促进建筑行业的进一步发展，另一方面为建筑企业市场竞争力提升提供保障。本节将根据新型建筑材料在施工中的应用现状，阐述研究新型建筑材料施工应用的重要意义和发展前景，为促进现代建筑企业的大跨步发展献计献策，供同行借鉴。

一、新型建筑材料的优点

目前，现代建筑对于新型施工材料的要求，主要是指绿色环保性、现代化以及可持续发展这几方面。

（一）绿色健康环保

近年来，国家政府正在大力提倡节能减排，把可持续发展的理念作为目前工作的重点，不断把资源节约、绿化环保工作落实到实际工作中。节约能源和绿色环保是关系到我国经济发展的重要环节。现代建筑行业的专业人士正在探讨绿色环保建筑材料的推广和普及问题，只有绿色环保低碳材料的广泛应用，才能有利于建筑施工过程中对周边环境的保护，同时也把可持续发展的基本理念贯彻到实际工作中。绿色环保建筑材料，也被称为生态建筑材料和环保建筑材料，这类建筑材料的主要特点是无毒或略有毒，与此同时，还是有某些对建筑安全风险的预防作用，如火灾和水灾，另一种是可以帮助建筑节能的材料，包括隔热、隔音、自动温度控制等，对居民的健康具有一定保护作用。它具有以下几个特点。

（1）新建筑材料的构成主要由天然原料加工而成。它没有化学合成，不含有毒物质，更接近生态环境，在耐久性和稳定性方面优越于传统建筑材料。

（2）新建筑材料在生产过程中采用的是低能耗、无废水排放技术，对周围环境无污染，在生产过程中采用的是世界上非常先进的科学技术。

（3）新建筑材料在设计过程中，首先注重功能和健康，以保护居民的健康，使人民的生活环境更加健康、舒适、方便，从而提高居民的整体生活质量。通过研究建筑的发展趋势和住宅环境的变迁过程，我们应该更加注重促进新建筑材料的推广和发展，通过循环利用先进的技术和高科技的制造，来实现节约消费和绿色环保的效果。例如，利用工业排放的灰渣、废渣、废玻璃或泡沫来制造水泥、单板材料和保温材料，不仅可以减少企业的废物排放，还可以减少成本资金。

（二）现代化的特点

新建筑材料现代化的特点是满足建筑防水、防火、防腐蚀、高耐久性、采光好、隔音好、美观装饰等要求，进一步符合生活环境质量要求。新建筑材料逐渐适应人类生活环境的变化，丰富的自身特点及其属性逐渐满足了人们对现代化的要求，同时也满足了现代人的审美需求。

（三）先进性的特征

提高新建筑材料制造的科技水平是非常重要的，从某种角度看，科学技术水平决定了新型建材的先进性，现在国际上更受欢迎的抗菌材料和空气净化建筑材料等，不仅提高了居民的生活质量，还具有更高的利润率。近年来随着人工智能的发展，研制的新型智能建筑材料具有自我调节和自我修复功能，能够根据环境的变化调节温度和湿度，还有新开发的智能玻璃具有自动调节光线的功能，以满足不同的楼层和位置对于光线的需求。因此，新建筑材料的先进性的重要意义是无法替代的。

二、新型建筑材料的应用类型

对于现阶段我国建筑工程项目施工建设中对于施工材料方面的基本需求而言,各个环节和建筑工程项目组成结构都需要从建筑材料的优化升级入手进行控制,促使其新型建筑材料的运用确实能够表现出较为理想的实用性价值。从当前新型建筑材料的具体应用方面来看,其中比较核心的应用类型主要有以下几项:

(一)新型墙体材料

在建筑工程项目的具体建设过程中,新型墙体材料的运用可以说是比较重要的一个方面,当前我国建筑工程中对于各类墙体材料的应用呈现出了较为明显的多样化发展趋势,其墙体材料的类型比较多,具体作用价值效果和适用性也表现出了较为明显的差异性。随着相应科学技术手段的不断发展,墙体材料方面的创新发展同样也体现出了较为理想的效果,其中以块板为主的墙体材料表现出了较强的应用价值,比如混凝土空心砌块、纤维水泥夹芯板以及纸面石膏板等,都能够在建筑工程项目的墙体结构中体现出自身较为理想的作用效果,并且也能够有效提升建筑物墙体的节能、经济效果,值得在后续建筑物施工建设中高效运用。但是这些新型墙体材料在具体建筑工程项目中的应用效果并不是特别理想,其实际应用所占比例依然不是特别高,很多建筑工程项目依然沿用传统材料进行处理,如此也就需要在未来发展中引起高度重视,不仅仅要进一步创新这些墙体施工材料,还需要加大引入和推广力度,切实提升各类新型墙体材料的适用性。

(二)新型保温隔热材料

在当前建筑工程项目的建设发展中,相应保温节能方面的要求同样也越来越多,为了促使其建筑物具备更强的保温隔热效果,也需要从材料方面进行创新优化,充分提升各类材料的隔热性能,避免其出现较大的热量散失和消耗问题。在当前我国新型保温隔热材料的落实中,其创新优化效果越来越理想,也出现了较多新型的保温隔热材料,比如膨胀珍珠岩、耐火纤维、玻璃棉以及硅酸钙绝热材料等,都能够在建筑工程项目中合理铺设表现出较佳隔热保温效果,类型越来越丰富,适用性也越来越强,不仅仅可以在建筑工程项目的外墙结构中进行合理布置,促使其外墙保温较为突出,还可以在屋顶结构等区域得到较好落实,保障其整体保温隔热能够较为全面。但是从这些保温材料的具体施工应用中,因为很多新型材料的生产效率并不是特别理想,生产的效率和质量也都存在着一些问题和不足,这也就限制了后续的应用推广,需要进一步加大投入力度,提升其应用效能。

(三)新型防水材料

对于建筑工程项目的具体施工建设而言,防水防渗方面的要求同样也是比较高的,而这一方面的有效保障除了要进一步优化提升防水防渗施工技术水平之外,还需要重点从防水材料方面进行优化改进,促使其能够形成理想的运用效果。结合当前我国对于建筑工程项目中各类防水材料的具体研究创新而言,其同样也进行了多个方面的尝试,比如对于沥青油毡、刚性防水材料、合成高分子防水卷材以及各类密封材料,都取得了较为理想的防水应用效果,并且也较好适应于建筑工程项目的不同区域。此外,其防水材料不仅仅类型较多,自身的质量同样也取得了较为理想的保障效果,如此也就能够充分提升整体防水水平,也能够为后续实际应用创造较强便利条件。

(四) 新型装饰材料

随着当前人们生活水平的不断提升,对于建筑工程项目的内部装饰装修要求也越来越高,如此也就必然需要从该方面进行创新优化,相关装饰装修材料方面的创新优化自然也是比较突出的。结合这种新型装饰材料方面的有效创新而言,其需要关注的内容还是比较多的,不仅仅需要加强对于各类装饰装修材料性能和质量的优化,还需要关注于美观性以及环保节能方面的改进,如此才能够充分提升整个建筑装饰装修水平。结合该方面的创新发展来看,我国虽然起步比较晚,但是同样也取得了一定的成效,在引入国外先进技术的基础上,自身同样也进行了较多的探索,高、中、低档装饰装修材料也都进行了较好创新,较好满足于各个不同层面建筑工程项目施工的需求,比如瓷质抛光砖、各类软质装饰材料,都能够实现高效运用。

三、新型建筑材料的应用注意事项

对于建筑工程项目中各类新型建筑材料的有效应用落实而言,为了有效提升其后续应用价值效果,还需要重点加强对于各类新型建筑材料应用原则的把关,其中比较核心的注意事项主要有以下几点:

(一) 因地制宜原则

在各类新型建筑材料的有效应用过程中,因地制宜基本原则可以说是比较重要的一个基本条件,其需要充分分析当地气候特点以及环境特点,并且分析相应建筑工程项目的各个方面需求,如此也就能够切实保障在新型建筑材料的选择方面具备理想的适宜性,避免因为相应建筑材料的选择不理想而带来较大的矛盾和冲突隐患。

(二) 节能环保原则

对于新型建筑材料的有效应用而言,节能环保同样也是比较重要的一个基本原则,这也是当前社会发展的重要趋势和要求,需要分析相应新型材料的运用是否能够在该方面具备较强的作用效果,对于可能出现的各类问题进行不断修正,促使其能够搭配相关建筑结构进行优化,降低能源消耗,规避对周围环境的污染。

(三) 经济性原则

对于建筑工程项目中各类新型建筑材料的有效应用而言,还需要从经济性方面进行严格把关,促使其能够有效节约建筑工程施工成本,在造价控制方面能够表现出较强价值,尤其是对于相应落实方面的经济可行性,更是需要进行充分分析,避免相应建筑工程项目在后续落实中受限于资金无法执行。

综上所述,对于建筑工程行业的发展创新而言,重点加强对于施工材料方面的研究是比较重要的一个方面,其需要结合于建筑工程项目中比较常用的各类材料进行不断优化,促使其体现出更强的实用性效果,并且充分考虑到建筑工程项目的发展需求,促使新型材料的应用适用性较为理想,逐步提升其应用价值。

四、新型混凝土材料

混凝土是土木工程中最常见的建筑材料,普通混凝土由胶结材料及骨料组成。近年来,为满足不同工程要求,新型混凝土发展迅速,在性能、工艺、用途上都得到了创新发展。新型混凝土就是在普通混凝土的基础上进行升级,能够节省成本、易于施工、提高强度。

(一) 高性能混凝土

高性能混凝土简称 HPC,目前国际上对 HPC 的研究与应用都非常重视,是当代混凝土研究的重点。HPC 具有强度高、易于施工和耐久性高的优点,能够满足不同结构及功能的各类建筑的耐久性及强度要求。高性能混凝土由于其自身性能特点,可抵御恶劣环境的危害,降低维修管理费用;由于工作性强,可降低施工强度,节约工程造价。

(二) 活性微粉混凝土

活性微粉混凝土简称 RPC,是一种超高强混凝土,抗拉和抗压强度远远高于普通混凝土。活性微粉混凝土是由普通混凝土发展而来,经特殊工艺使混凝土达到最优堆积密度、改善均匀性及延展性,并通过加压加温提高强度。

(三) 低强混凝土

低强混凝土用于土木工程的基础工程中,起到填充、垫层、隔离的作用。在软土地基条件下,低强混凝土的应用十分必要。同时,适当地应用低强混凝土可节约工程造价。

(四) 轻质混凝土

轻质混凝土与普通混凝土的区别在于由轻骨料代替砂石重骨料,其中轻骨料主要包括:天然轻骨料如浮石、凝灰岩等;人造轻骨料如页岩陶粒、黏土陶粒、膨胀珍珠岩等;工业废料如炉渣、粉煤灰陶粒、自燃煤矸石等。轻质混凝土具有密度小、相对强度高以及保温性能优良等特点。以工业废料为骨料原理制作的轻质混凝土,不仅降低了生产成本,还有利于环保、降低污染。

(五) 加筋混凝土

普通混凝土抗拉性能较差,在混凝土中掺加纤维可增强其抗拉延展性。纤维种类多样,目前应用较为广泛的是钢纤维、玻璃纤维、碳纤维等。其中,加入钢纤维的混凝土抗拉强度可提高 40%~80%,抗弯度提高 60%~120%,抗剪度提高 50%~100%,抗压度提高 0~25%。在钢纤维混凝土的抗压实验中,与普通混凝土相比具有较大的韧性。

五、新型复合材料

高级复合材料在土木工程应用中具有高强、轻质、耐久性强等一系列优良的工程性质,胜过传统的建筑材料,因此逐渐在土木行业中得到发展和广泛应用。

(一) 纤维复合材料

纤维复合材料简称 FRP,作为工程材料具有一系列优良性质,如高强、耐腐蚀、抗疲劳性质,同时 FRP 还具有自传感特性。FRP 成本较低,特殊情况下可作为土木建设中钢筋的替代品。为满足不同需要,FRP 复合材料可制成棒、板、网等多种形式,可满足大型结构的建筑要求,广泛应用于桥梁、海洋和地下工程等特殊工程中。

(二) 碳纤维增强塑料

碳纤维增强塑料简称 CFRP,工程上的应用形式主要有拉挤板材和预浸料片材等,可替代传统加固材料。CFRP 板材成本较低,这种优势尤其体现在工程整个寿命上,从整个使用周期来看,经济性较好。

(三) FRP柱子封套复合材料

作为加固柱子封套有助于增加柱状结构的受剪和受压能力,同时还可提高结构抗冲击性、抗震能力。FRP 柱子封套技术在英国和日本已经开始应用,在公路桥上应用 FRP 柱子封套可有效增加建筑物的抗弯、抗剪、抗冲击能力。

六、智能材料

智能材料是具有自诊断功能的材料,智能化是土木工程材料发展的趋势。智能材料在工程监测、检测和评估中起到重要作用。

（一）自诊断机敏复合材料

自诊断机敏复合材料包括光纤埋置式、压电式和导电式自诊断机敏复合材料。光纤埋置式自诊断机敏复合材料是将尺寸小、重量轻的光纤材料光导纤维埋入结构构件中，从而可得到构件中各种参数的变化情况，可用于监测梁等结构的松弛蠕变特性，判断构件是否会破坏失效。压电式自诊断机敏复合材料的主要代表为碳纤维水泥基复合材料，它既是结构材料，又是功能材料，利用导电性能改变来预测保密结构的破坏。导电式自诊断机敏复合材料的基体材料主要是水泥、玻璃等无机材料，通过导电性能变化反应材料性能变化。

（二）形状自适应材料

形状自适应材料以形状记忆合金（简称 SMA）为代表，具有极强的恢复温度变形能力，可承受较大的弹性形变。SMA 材料在土木工程结构上可作为智能抗震体系材料。目前，该材料在我国土木工程中的应用研究尚处于探索阶段。

七、现代建筑材料分类及其应用

建筑创作百花齐放，建筑材料也是层出不穷地出现在设计师的眼中，在此笔者对市场上使用较为成熟的部分新型建筑材料进行归纳总结，分析建筑材料本身特性、优缺点以及构造方式，并总结同类建筑材料组合使用相互特征。同时，总结相关理论实践。

（一）陶板

天然的陶土可以为建筑材料带来更多的变化，可以做成陶板、陶砖以及陶棍等等。这些原材料经过现代科技的加工，打磨以及后期制作然后再经过相关磨合组成，吸水率不大于10%的陶土制品，具有绿色环保、隔音透气、色泽温和、应用范围广等特点。干挂安装、更换方便，给建筑设计提供了灵活的外立面解决方案。

1. 陶板的性质特点和分类

陶土与水混合后具有可塑性，干燥后保持外形，烧制可使其变得坚硬和耐久。不同产地的陶土具有不同的化学组成、矿物成分、颗粒大小以及可塑性，因此，不同生产商的类似产品可能具有极大差异。陶板在建筑幕墙中的常见形式有单层陶板、双层中空式陶板、陶棍以及陶百叶，常见表面效果有自然面、喷砂面、凹槽面、印花面、波纹面、釉面及各种混合效果等。陶板本身具有以下特性，备受广大建筑师青睐：

（1）强度高，重量较小，陶板的破坏强度 4KN 以上，平均弯曲强度 13.5MPa 以上，可随意切割，多采用空心结构，自重轻，隔声好，可减少噪音 9dB 以上，同时增加热阻，提高保温性能。

（2）材料性能稳定、耐久性好，陶板耐酸碱级为 UA 级，抗霜冻，耐火不燃烧，材料的燃烧等级可达到国家标准中的不燃烧体 A 级。

（3）色彩多样、色差小、风格古朴，陶板的颜色是陶土经高温烧制后的天然颜色，永不褪色，历久弥新。常见颜色分为红、黄、灰三个色系，可广泛应用于各公共建筑和高端住宅等内外墙装饰。

（4）容易清洁，陶板中金属含量低，不产生静电，不易吸附灰尘，雨水冲刷即可自洁。

（5）绿色环保，陶板取材天然，无辐射，可循环利用，通常采用干法施工安装，无胶缝污染。

2. 陶板在设计中的应用

在新技术的发展下，陶板也能有较大的发展。一方面是在陶板本身的材质进步之中，材料更倾向于绿色环保无污染高分子复合材料。在既有的外饰面作为围护结构的基础上，融入相关功能要素如保温、防水、防火等。还有对已有建筑材料的再回收利用和对废弃建筑玻璃改造等都是当下较为比较倡导的方向。著名建筑师博塔在中国第一个实践作品就是使用的陶板。衡山路精品酒店的外墙，采用的是陶板幕墙开放干挂体系，并不是我们之前预想的清水红砖砌筑。但是相同的陶板通过不同角度的排列，呈现了大师红砖立面—贯统—又丰富变化的风格。红色依然是红色，陶板的尺寸保留了红砖作为砌筑单元的小尺度感觉，所以整体呈现非常细腻有质感。

（二）金属

现代建筑的发展离不开金属材料的运用，金属材料的延展性以及较好的质感和色感都能对现代建筑有很好的帮助。随着现代材料本身和加工工艺的不断进步，现代建筑师在建筑创作中在结构、饰面以及外立面上大量应用金属建筑材料。

1. 金属的性质特点和分类

金属的使用已经有几千年的历史，在现代建筑材料技术中心它仍然扮演着重要的角色。在建筑业中，金属只有在金属完成工业化生产后，它才开始在建筑业中发挥作用。随着建筑师对于金属的越来越关注，金属在建筑领域里主要是追求更高强度和更轻重量。金属尽管种类较多，在建筑设计中应用较多的主要分为：

（1）铸铝板。铸铝板顾名思义，就是通过铸造的方法来获得的铝板。铸铝板主要使用于表面需要得到比较复杂的纹理装饰图案的铝产品，并且适用于对铝板有一定厚度要求的产品。铸铝板广泛运用于装甲防盗门的生产。近些年也逐渐用于建筑外立面，主要使用于表面需要得到比较复杂的纹理装饰图案的铝产品，并且适用于对铝板有一定厚度要求的产品。铸铝板广泛运用于装甲防盗门的生产，近些年也逐渐用于建筑外立面。

（2）铝镁锰屋面。铝镁锰合金屋面板是一种新型的屋面板，铝镁锰合金在建筑业中得到广泛的应用，为现代建筑向舒适、轻型、耐久、经济、环保等方向发展发挥了重要的作用。AA3004 铝镁锰合金由于结构强度适中、耐候、耐渍、易于折弯焊接加工等优点，被普遍认可作为建筑设计使用寿命 50 年以上的屋面、外墙材料。

（3）钛锌板。钛锌板以主体材料锌为基材，在熔融状态下，按照一定比例添加铜和钛金属而合成生产的板材。独特的颜色具有很强的自然生命力，能够很好地应用在多种环境下而不失经典。材料独特的自修复力和颜色的稳定性，更加彰显了建筑物本体的强大活力。

（4）穿孔铝板。穿孔铝板是指用纯铝或铝合金材料通过机械压力加工制成的横断面为矩形、厚度均匀的铝材。造型美观，色泽幽雅，装饰效果好，可用于酒店、音乐会、餐厅、影剧院、图书馆等大型公共建筑，也可各类大型交通建筑以及超大型博物馆建筑提供良好的物质条件基础，成为近几年风靡装饰市场的主要产品。

2. 金属在建筑创作中的应用

金属材料在建筑创作中的运用主要集中在三部分，一种是金属材料与其他建筑材料相互组合，所产生的建筑品质比如乌镇大剧院，金属、玻璃和传统青砖相互组合。另一种是金属材料本身通过技术和构造，展示金属本身不同于别的材料的塑形性，尽显金属之美，如毕尔巴鄂古根汉姆博物馆，钛锌板通过现代数字技术，构建不一样的美学，还有隈研吾在无锡做的万科艺术馆，通过材料本身构铸特性，创造不一样的建筑外立面的同时也引导空间的流动和变化。最后一种就比较纯粹，在屋顶的应用中金属材料主要表现在它的物理性能上，结构本身轻便而且安装便捷，良好的导电性能可以防电磁干扰和降低特殊环境下的易燃性。

（三）玻璃

玻璃以其独有的自身属性展现着双重性特征，其一方面通过光滑、均质、轻巧展现着技术的精湛，另一方面又由于透明与半透明、折射与反射突显出知觉体验与美学内涵。它促进了建筑本身与环境、光线、场所以及人之间的关联。以其固有的语言回应场所存在以及时间变换，并通过独有的属性展现与建筑地域性之间建立了关联。

1. 玻璃的性质特点和分类

玻璃一般是指由石灰石、石英砂以及纯碱等多种原料按照一定比例，在高温下经过熔融、成型、冷却等多个步骤形成的透明固体材料。并通过在制作过程中加入适当的辅料以及工艺处理，而得到的各种玻璃制品。玻璃具有非常好的物理性能以及后面随着建筑技术的进步与发展对玻璃的物理化学性能也有很大的帮助和提升，玻璃能给我们带来光明的同时还能很好地创造互通的室内外效果。玻璃主要分为以下几种，在实际实践工程中，运用得较为成熟的：

（1）彩釉玻璃。彩釉玻璃是将无机釉料（又称油墨），印刷到玻璃表面，然后经烘干、钢化或热化加工处理，将釉料永久烧结于玻璃表面而得到一种耐磨、耐酸碱的装饰性玻璃产品。这种产品具有很高的功能性和装饰性，它有许多不同的颜色和花纹，如条状、网状和电状图案等等。也可以根据客户的不同需要另行设计花纹。

（2）玻璃砖。玻璃砖的原材料就是和玻璃一样，不同于传统意义上的玻璃大面的形式，它材质也是石灰石、石英灯原材料。但是形状却又像传统的红砖材料，所以又名玻璃砖，玻璃砖形式多样，颜色丰富，有长方体的、正方体的以及圆形中空的。玻璃砖一般用于建筑外表面和建筑室内装修，建筑外表面的使用不仅能够模仿传统的建筑材料肌理还能更好地达到建筑透明通透的感觉，是一种非常新颖的建筑材料。

2. 玻璃在建筑创作中的应用

玻璃作为现代建筑材料也有其独属的特性：首先是施工便捷，相对于传统材料施工和安装更加容易。其次是选择性更多，可以结合图案、透明度、样式等和当地的异域文化、信仰等相互结合，能给予建筑创作更多可能性。还有一点就是玻璃本身可以进行复合加工、镀膜或夹层以至于可以获得比如节能、保温、防火等特殊性能；然而，最后一点则是玻璃特有的属性，它不仅是在视觉上有较为轻盈的感觉，更具备透明性，以及在空间上给人的流动感。玻璃在建筑设计中主要是根据建筑本身对建筑性质的确定，而决定采取哪种玻璃加工工艺。彩釉玻璃根据表面的无机釉料所表现的主题能给予建筑不一样的性格；U形玻璃最大的优点是户外直射光经过U形玻璃就转换为漫射光，透光不透影，有一定私密性，再有就是施工更便捷；玻璃砖的应用优点主要集中在它的化学性能上，不同的规格尺寸可以提供更灵活的选择和外在形象以及环保、抗压防火隔音隔热。玻璃作为现代建筑材料也有其独属的特性：首先是施工便捷，相对于传统材料施工和安装更加容易。其次是选择性更多，可以结合图案、透明度、样式等和当地的异域文化、信仰等相互结合，能给予建筑创作更多可能性。玻璃建筑材料的出现是对现代建筑发展的一次有力的推动，玻璃不仅能给建筑带来通透感还能给建筑室内空间良好的流动性，让建筑室内外相互连通，建筑很好地融入大自然中，其中镜面玻璃则能更好地反射周围环境，使建筑与大自然的美好环境相互融合、相互统一。

（四）混凝土

混凝土作为最主要的建筑材料之一，曾经一度被认为是一种工业的、粗糙的、野性的材料，只适合用在结构上面，而不会用于建筑的表面，因此它过去经常与工业建筑联系在一起。然而，建造观念的改变揭示出混凝土本身就是一种很重要的材料。随着建造技术变得越来越精致，裸露的混凝土表面逐渐在建筑设计中得到更广泛的应用。

1. 混凝土的性质特点和分类

混凝土一般是指由水泥、砂石等骨料与水组合，经过浇筑、养护以及固化等阶段以后所形成的坚硬固体。其中，混凝土构成原料的不同、组合比例的差异，都会造成其不同的属性特征以及感官效果。混凝土在建筑设计的应用中主要分为白色混凝土、清水混凝土、预制混凝土块、艺术混凝土等。

（1）清水混凝土。清水混凝土近年来使用频率非常高，它源自日本对混凝土的运用，也是日本建筑师把它发扬光大，不仅是对材料本身有很高的要求，同时对建筑施工也是很大挑战。清水混凝土可根据混凝土本身材质配比、后期添加色剂以及前面花纹，再分为白色混凝土、彩色混凝土和装饰混凝土等等，这些都是非常好的建筑材料。

（2）预制混凝土块。混凝土预制块模具，是根据特定尺寸规格专门定制的混凝土成品的模具。水泥预制块模具、混凝土预制件模具、高速预制件模盒、混凝土预制块模盒、预制塑料模具等都是混凝土预制块模具的别称。

（3）艺术混凝土（再造石）。它是一种新型混凝土材质，它的提倡主要是由于如今时代下，建筑寿命周期越来越短，拆卸的建筑给社会带来巨大的建筑垃圾，这些建筑垃圾应该如何去处理。也就是艺术混凝土是基于水泥和废气的建筑石渣组合通过黏合剂压缩组合在一起，它的外观可塑性强，能够很好地在材料表结合雕刻技术，并且比真正的石头便宜。所以说，它是一种能够既能收集废气建筑垃圾的绿色建筑材料，还是一种能够为建筑时提供优良建筑性能的建筑材料，特别是它拥有绿色环保性，这是独有的别的建筑材料并不具备的特殊性。

2. 混凝土在建筑设计中的应用

现代建筑中对于材料的选择和应用可谓是丰富多样变化多端、各种各样的。清水混凝土是混凝土材料中最高级的表达形式，它显示的是一种本质的美感。材料本身所拥有的柔软感、刚硬感、温暖感、冷漠感不仅对人的感官及精神产生影响，而且可以表达出建筑情感。清水混凝土朴素真挚，表达的是建筑空间本身，同时伴随着光影变化创作设计如龙美术馆，原本地表达出混凝土的本质美，结合伞状结构营造空间变化并赋予光影变化，创造出混凝土材质本身质朴的美和丰富的空间变化。预制混凝土块的使用则是在结合新构造技术手段得以发展，并根据砌块不同、尺寸大小不同表达不一样的形式，同济大学袁烽教授在预制混凝土块应用上有很大的发展，在 J-Office 办公空间和成都兰溪庭建筑创作中，建筑师用预制混凝土块结合参数化设计，给建筑创作带来极大的进步。说到国内在装饰混凝土的运用上，不得不提张宝贵师傅，他在装饰混凝土的研究上已经摸索有 20 多年了，在实践中也应用于很多建筑方案如北京外国语大学图书馆改扩建工程，把艺术混凝土巧妙地运用在建筑外立面上，体现出民族特有文化特色。最后的 GRC 算是另类的一种复合材料了，混凝土中加入玻璃纤维，增强混凝土的可塑性，对于建筑形式有更大的可塑性，在当代建筑应用很广泛，如哈尔滨文化中心的室内设计，对室内空间的变化可以更加自由地控制变化，室内效果丰富。混凝土建筑材料有很强的适应能力，能够很好地适用于不同国家、不用地域、不同的气候环境特征。钢筋混凝土的出现在很大程度上解决了传统建筑材料的一些弊端，也能为人们提供更好的建筑环境。

（五）新型复合材料

深入分析地域主义含义，了解地域主义所包含的特征特点。地域性是指在特定的地理位置、文化环境、地域环境范围内，存在和时间和空间相互联系的维度关系。空间上是指建筑存在于这个地方，占据了这个地方的空间，它和所处的周边环境存在某种特定的联系，空间关系也是较为明显的关系，相对空间的明显而言，时间维度相对隐蔽一些，不是那么直观地能表述、能看到，在这个特定的时间内，这个时间段内，建筑在这个时间段内，如何与当时的文化，这个时间段之前的文化，甚至是这个时间段以后的文化相互发生关系。所以说一个物体存在过的形式就是两种,一种是时间上的,一种是空间上的,两者是相互独立而又相互联系。材料可以根据不同的制作方法分成许多类。一些从环境中直接获取(如石材或木材),一些由自然物质加工而成(如玻璃和钢)。复合材料则是由一系列其他原料(自然的、合成的或人造的)经过设计与制作而形成的具备特殊性能的材料。复合材料的特性常用于应付特殊的设计条件,它们以其特别的持久性、强度或防水性来满足建筑需求。在建筑设计中使用复合材料的关键,是它们具有极高的灵活性:可以改变它们的组成部分为不同项目找到不同解决方案,从而强调出其具有可循环利用的经济性特征。

1. 复合材料的性质、特点和分类

复合材料本身是现代建筑材料结合科技发展的最新产物,不仅能够体现现代建筑材料的具体功能和传统特性,另一方面是建筑材料结合高新技术的应用,能从材料本身上改进材料的性能,使多种材料的优秀性能集中发生在同一种建筑材料的身上,实现集中化表达。复合材料主要分为有机塑料(亚克力)、聚碳酸酯板(PC 板)、ETFE 膜材等。

(1)有机塑料(亚克力)。复合材料本身是现代建筑材料结合科技发展的最新产物,不仅能够体现现代建筑材料的具体功能和传统特性另一方面是建筑材料结合高新技术的应用,能从材料本身上改进材料的性能,使多种材料的优秀性能集中发生在同一种建筑材料的身上,实现集中化表达。其中最主要的就是现代科技发展带来的建筑材料的巨大发展进步。

(2)聚碳酸酯板(PC 板)。聚碳酸酯(PC)是一种线型聚合物,可分为脂肪族、脂肪—芳香族、芳香族 3 种类型。PC 是 5 大通用工程塑料中唯一具有良好透明性的热塑性工程塑料,可见光透过率可达 90%,具有突出的抗冲击、耐蠕变性能,较高的拉伸强度、弯曲强度、断裂伸长率和刚性,并具有较高的耐热性和耐寒性,可在 −60~120℃下长期使用,综合性能优良。PC 可与其他树脂共混形成共混物或合金,改善其抗溶剂性和耐寒性。

2. 复合材料在建筑设计中的应用

复合材料所提供的复合型功能为建筑创作提供了有效的建筑手段,建筑材料的丰富性为建筑创作提供了更多的多样可能性,不同的材料提供不同的建筑材料性能,根据各自材料的优点提取其优秀的材料特性,如玻璃纤维增强混凝土(GRC 混凝土)既包含了混凝土的强度以及各种复合材料同时还融合了玻璃纤维的可塑性,为混凝土在提供坚固、适用、美观的同时还能增强材料的可塑性。在复合材料中,其中有机塑料最有名的设计就是英国著名设计师设计的英国馆。英国馆的设计可谓真的是一个匠心独运的建筑作品,建筑外立面是由 6 万跟亚克力的塑料管组成,白天缥缈,晚上配合灯光的设计更加梦幻。聚碳酸酯板相对于亚克力则具有更好的化学性能如耐热、耐温、耐冲击、耐燃、耐火等优良性能,常用于屋面如广州体育馆。ETFE 膜材,相对于 PC 板和亚克力板更轻便,透光性更好,常用于建筑围合结构如北京水立方。

八、绿色建材

(一)能源现状与建筑能耗

20 世纪下半叶,世界范围内以石油为主要能源的供需关系严重失衡,对全球范围内各国的经济产生较大的影响,带来较大的风险。世界能源危机(World Energy Crisis)的爆发,第一次使人们意识到牺牲环境为代价的发展模式是难以为继的节能降耗的意识渐渐苏醒,各国意识到节能环保对未来发展的重要性是不容忽视的。与此同时,在全球气候条件不断变化的大背景下,传统建筑业高能耗、高污染、低效率的特点势必要改善,可持续发展的发展模式将成为世界建筑业的共识。

众所周知,土木建筑行业作为人类重要的生产实践活动,保证着人类的衣、食、住、行,是人类进行一切其他实践活动的基础。而将水泥与钢材作为建筑材料,并得到空前的发展,无疑是人类建筑史上最伟大的创造。1997 年,全世界的钢材产量达到 7.7 亿 t,水泥年产量达 11.5 亿 t,每年的混凝土产量为 80 亿 ~90 亿 t。我国在 1985 年,水泥产量跃居世界第一,并此后一直处于领先地位。1996 年我国钢材产量也跃居世界第一。到 2010 年,我国水泥总产量已达 18.7 亿 t,占世界总产量的 60% 左右,与此同时我国水泥产量已连续 25 年位列世界第一;平板玻璃产量 6.3 亿重量箱,为 1978 年的 35 倍;建筑陶瓷产量 78.09 亿,为 1978 年的 1430 倍。

2013 年,我国已建成的建筑面积达到 545 亿,当年内新增建筑面积接近 34 亿 (不包括工业厂房等)。自 2001 年以来,我国建筑面积逐年增加,年新增建筑面积增长率在 12%~20% 之间,照此发展,2030 年我国建筑面积总量将接近 1000 亿。这将直接导致我国建筑能耗的大幅增加。需要明确的是我国现有建筑中 95% 以上为高耗能建筑,其中建筑能耗已占到全国能源消耗总量的 30%,而建材行业能耗占到建筑行业总能耗的 1/3 以上。

随着人口的不断增加和经济的不断发展,世界对能源的需求不断增加。据美国能源信息署(EIA)的统计,从 1990 到 2010 年,世界一次能源消耗量从 1990 年的 8719.8Mtoe 增至 2010 年的 12865.9Mtoe,年平均增速达到 1.96%;CO_2 排放量到 2010 年将达到 315.02 亿吨。此外,据国际能源署(IEA)预测,世界能源需求将持续增长到 2035 年,届时能源需求增速将超过 2011 年的 30%,与此相关的 CO_2 排放增速将是 2011 年的 20%。2011 年,世界总能源消耗量约 175.4 亿 tce,而其中仅我国能源消耗总量贡献值接近 20%。2012 年,我国能源消费总量为 36.2 亿 tce,其中建筑能耗占 20%。如果保持当前能耗增长率,到 2020 年,我国能耗总量将达 60tce,这将大大超出能源供应和 CO_2 减排所确定的上限值。能源紧缺与碳减排压力将逐渐成为制约各国可持续发展的重要因素。

基于此,在我国建设"资源节约型"和"环境友好型"社会的战略背景下,建筑行业作为我国经济的支柱产业,必须走减能节排与绿色化的可持续发展道路。

（二）低碳经济与可持续发展

2009年哥本哈根会议之后，节能减排与低碳经济成为全球关注的焦点，基于低能耗、低污染、低排放的低碳经济成为应对全球气候变化的全新的经济模式。低碳经济与可持续发展已成为时代发展进步的必然选择。

英国最早在《我们未来的能源——创建低碳经济》中提出了低碳经济的概念。书中认为低碳经济是：以最少的资源消耗与最低的环境负荷，获取经济产出的最大化。可以说低碳经济为发展应用以及先进技术的输出创造了条件，带来了新的、更多的经济利好，同时也为高标准的生活品质提供了途径与契机。

低碳经济以可持续发展理念为指导，依赖技术、制度创新，产业转型等多种措施，以期更有效地降低高碳能源的消耗，减少温室气体排放，实现经济发展与环保的双赢。用低能耗、低排放、低污染的模式获得更高效能与效益是低碳经济的核心理念，简而言之，即低碳是方向、节能减排为方式、碳中和技术为方法的发展模式。1997年，《京都议定书》引发"低碳经济"理念的形成。可持续发展是为解决与协调经济建设和生态环境之间的关系提出的。1972年，《增长的极限》一书中以全球发展模型指出：如人类照此速度发展，很快会超出地球的容纳极限。面对严峻的环境问题，1992年，里约热内卢召开的全球首脑会议通过了《21世纪议程》等一系列文件，签署了《气候变化框架公约》等公约，其标志着可持续发展成为人类共同的行动纲领。可持续发展的经典界说是"既满足当代人的需要，又不对后代人满足其需要的能力构成危害的发展"。可持续发展区别于传统的发展模式的根本在于：其不是单纯开发自然资源去满足人类发展需要，而是开发与保护并存，实现发展与环境协调，以使自然生态系统始终处于良好稳定的状态。

（三）预拌混凝土的综合评价准则制定

建材产品的评价准则是进行产品绿色评价的基础，是指导建材企业进行产品设计、技术革新与改造的依据，同时也能够帮助用户选择经过技术优化的更加环保健康的建筑材料。本章基于建立的建材产品绿色综合评价体系，制定预拌混凝土评价准则。建立产品评价指标项的等级划分标准；对预拌混凝土相关的控制性指标，资源、能源、环境及人类健康方面的特征进行分析研究，确定预拌混凝土评价指标体系，并对指标项进行量化分析确定评价准则及依据；依据模糊可拓区间层次分析法计算预拌混凝土评价指标体系的指标权重，并计算出各指标项的分值。

1. 预拌混凝土生命周期过程

本节以预拌混凝土为研究对象，制定单位预拌混凝土评价准则。混凝土的广泛使用，引起的环境问题也日益严重。混凝土价格低廉，其生产过程也非常粗放，在消耗大量标准煤、矿石、骨料、水等的同时，也严重破坏了生态环境，并造成温室效应、扬尘等一系列环境问题。随着对天然砂石的不断开采，天然骨材资源亦趋于枯竭，其开采的运输能耗与费用惊人，对生态环境的破坏十分严重。混凝土的胶凝材料水泥，其生产也要耗费大量石灰石、黏土和煤炭资源,这对于不可再生的矿石和化石资源都有着不可逆转的影响。

科学客观地评价各混凝土产品在全生命周期中对环境产生的主要影响,发现其对环境影响的不利因素,及时提出改进完善措施,是我国眼下大力推进混凝土产品行业现实节能减排的重中之重。但目前在这一专业技术领域欠缺明显,最凸显的问题在于没用统一合理的评价标准,当下要开展相关标准的编制及时填补这一空白,积极引导行业重视混凝土产品的环境友好性,通过科学合理的评价技术,综合评价混凝土产品在全生命周期中对环境的影响,在此基础上提出持续改进的有效建议,力争在最大合理限度上减少混凝土产品对资源和能源的需求,减少对环境的影响,实现混凝土产品产业的可持续发展。

预拌混凝土是在混凝土搅拌站集中搅拌,再由混凝土罐车运送到现场直接浇注的混凝土,因为以商品的形式出售,所以又称商品混凝土。应用预拌混凝土是建筑施工工艺进步的重要标志。以节约资源、保护环境为目的,根据十六大提出的走新型工业化道路的要求和《国务院对进一步加快发展散装水泥意见的批复》(国函〔1997〕8 号)、原国家经贸委《关于印发散装水泥发展“十五”规划的通知》(国经贸资源〔2001〕1022 号),在 2003 年商务部会同建设部等有关部门发文在全国 124 个中心城市启动了禁止在城市施工现场搅拌混凝土工作。经历了 10 余年的政策执行、技术推广,预拌混凝土因其具有现场搅拌混凝土所不具备的标准化生产和规模优势,质量上也被建筑行业标准、规范广泛认可,已在建筑市场上占据主导地位,成为最为典型的混凝土产品存在形式,国家标准《预拌混凝土》(GB/T 14901—2012)中明确定义预拌混凝土为在搅拌站(楼)生产的、通过运输设备送至使用地点的、交货时为拌合物的混凝土。

2. 预拌混凝土评价技术流程

结合混凝土产品的实际生产应用特点建立评价实施的技术流程。混凝土产品在实际生产应用中,其是否满足设计目标性能是判断产品是否合格的先决前提。因此,对某一具体的混凝土产品在进行绿色度评价之前,应先确认该混凝土产品的控制性指标(基本性能)是否满足设计、使用的要求,基本性能包括但不仅限于拌合物性能、长期性能和耐久性能等。仅在该混凝土产品满足控制性指标要求的前提下,方可对该混凝土产品进行环境影响评价。

当基本性能合格时,按照预拌混凝土对应的环境影响评价指标项,进行具体指标参数的逐一比对评价,计算得分。同时,依据具体的评价结果报告,为该产品的改进提供具体的参考,这样将有利于混凝土产品生产企业有目的地实施环境影响改进措施。

3. 预拌混凝土综合评价准则的建立

界定的混凝土产品生命周期系统边界为从混凝土生产开始至混凝土废弃处置完成为止。为了便于评价实施,进一步明确在评价过程中不考虑能源生产环节对环境的影响。采用的功能单位为 1m³ 混凝土产品。预拌混凝土绿色评价指标。本研究中预拌混凝土的综合评价准则的制定只对评价指标体系中的“控制性指标”和“环境影响评价”指标项进行。由于数据统计难度较大及时间等方面的限制,预拌混凝土“经济性指标”相关准则的制定暂不做研究。

第五章 建筑工程施工技术

第一节 建筑施工组织设计

一、建筑施工程序

建筑施工是建筑施工企业的基本任务。建筑施工的成果是完成各类工程项目的最终产品。将各方面的力量,各种要素如人力、资金、材料、机械、施工方法等科学地组织起来,使工程项目施工工期短、质量好、成本低,迅速发挥投资效益,提供优良的工程项目产品,这是建筑施工组织设计的根本任务。建筑施工程序是指工程项目整个施工阶段所必须遵循的顺序,它是经多年经验总结的客观规律,一般是指从接受施工任务直到交工验收所包括的各主要阶段的先后次序。施工程序可划分为以下几个阶段。

1. 投标与签订合同阶段

建筑施工企业承接施工任务的方式有:建筑施工企业自己主动对外接受的任务或建设单位主动委托的任务;参加社会公开的投标后,中标而得到的任务;国家或上级主管单位统一安排,直接下达的任务。在市场经济条件下,建筑施工企业和建设单位自行承接和委托的施工任务较多,采用招标投标的方式发包和承包。建筑施工任务是建筑业和基本建设管理体制改革的一项重要措施。

无论以哪种方式承接施工项目,施工单位都必须同建设单位签订施工合同。签订了施工合同的施工项目,才算是落实的施工任务。当然,签订施工合同的施工项目,必须是经建设单位主管部门正式批准的,有计划任务书、初步设计和总概算,已列入年度基本建设计划,落实了投资的建筑项目,否则不能签订施工合同。

施工合同是建设单位与施工单位签订的具有法律效力的文件。双方必须严格履行施工合同,任何一方因不履行施工合同而给对方造成的损失,都要负法律责任和进行赔偿。

2. 施工准备阶段

施工准备工作是建筑施工顺利进行的根本保证。施工准备工作主要有:技术准备、物资准备、劳动组织准备、施工现场准备和施工场外准备。当一个施工项目进行了图纸会审,编制和批准了单位工程的施工组织设计、施工图预算和施工预算,组织好材料、半成品和构配件的生产和加工运输,组织好施工机具进场,搭设了临时建筑物,建立了现场管理机构,调遣了施工队伍,拆迁完原有建筑物,搞好了"三通一平",进行了场区测量和建筑物定位放线等准备工作后,施工单位即可向主管部门提出开工报告。

3. 施工阶段

施工阶段是一个自开工至竣工的实施过程。在施工中,施工企业努力做好动态控制工作,保证质量目标、进度目标、造价目标、安全目标、节约目标的实现;管好施工现场,实行文明施工;严格履行施工合同,处理好内外关系,管好施工合同变更及索赔;做好记录、协调、检查、分析工作。施工阶段的目标是完成合同规定的全部施工任务,达到验收、交工的条件。

4. 竣工验收阶段

竣工验收阶段也可称为结束阶段。它包括:工程收尾;进行试运转;接受正式验收;整理、移交竣工文件,进行工程款结算,总结工作,编制竣工总结报告;办理工程交付手续;解体项目经理部等。其目标是对项目成果进行总结、评价,对外结清债权债务,结束交易关系。

5. 后期服务阶段

后期服务阶段是施工项口管理的最后阶段,即在竣工验收后,按合同规定的责任期进行用后服务、回访与保修。它包括:为保证工程正常使用而做必要的技术咨询和服务;进行工程回访,听取使用单位的意见,总结经验教训,观察使用中的问题并进行必要的维护、维修和保修;进行沉降、抗震等性能观察等。

二、建筑施工组织设计的概念

建筑施工组织设计是以施工项目为对象编制的,用以指导施工的技术、经济和管理的综合性文件。

建筑施工组织设计的任务是对具体的拟建工程(建筑群或单个建筑物)的施工准备工作和整个施工过程,在人力和物力、时间和空间、技术和组织上,作出一个全面且合理,符合好、快、省、安全要求的计划安排。

建筑施工组织设计为对拟建工程施工的全过程实行科学管理提供重要手段。通过建筑施工组织设计的编制,可以全面考虑拟建工程的各种具体条件,扬长避短地拟定合理的施工方案,确定施工顺序、施工方法、劳动组织和技术经济的组织措施,统筹合理地安排拟定施工进度计划,保证拟建工程按期投产或交付使用;也可以为拟建工程的设计方案在经济上的合理性、技术上的科学性和实施工程的可能性进行论证提供依据；还可以为建设单位编制基本建设计划和施工企业编制施工计划提供依据。依据建筑施工组织设计，施工企业可以提前掌握人力、材料和机具使用上的先后顺序，全面安排资源的供应与消耗；合理地确定临时设施的数量、规模和用途，以及临时设施、材料和机具在施工场地上的布置方案。

建筑施工组织设计是施工准备工作的一项重要内容，同时也是指导各项施工准备工作的重要依据。

三、建筑施工组织设计的原则与依据

1. 建筑施工组织设计的原则

（1）符合施工合同或招标文件中有关工程进度、质量、安全、环境保护、造价等方面的要求；

（2）积极开发、使用新技术和新工艺，推广应用新材料和新设备；

（3）坚持科学的施工程序和合理的施工顺序，采用流水施工和网络计划等方法，科学配置资源，合理布置现场，采取季节性施工措施，实现均衡施工，达到介理的经济技术指标；

（4）采取技术和管理措施，推广建筑节能和绿色施工；

（5）与质量、环境和职业健康安全三个管理体系有效结合。

2. 建筑施工组织设计的依据

（1）与工程建设有关的法律、法规和文件。

（2）国家现行有关标准和技术经济指标。

（3）工程所在地区行政主管部门的批准文件、建设单位对施工的要求。

（4）工程施工合同或招标投标文件。

（5）工程设计文件。

（6）工程施工范围内的现场条件，工程地质及水文地质、气象等自然条件。

（7）与工程有关的资源供应情况。

（8）施工企业的生产能力、机具设备状况、技术水平等。

四、建筑施工组织设计的作用和分类

（一）建筑施工组织设计的作用

（1）建筑施工组织设计作为投标书的核心内容和合同文件的一部分，用于指导工程投标与签订施工合同。

（2）建筑施工组织设计是施工准备工作的重要组成部分，同时义是做好施工准备工作的依据，进而保证各施工阶段准备工作的及时进行。

（3）建筑施工组织设计是根据工程各种具体条件拟定的施工方案、施工顺序、劳动组织和技术组织措施等，是指导开展紧凑、有序施工活动的技术依据，它明确施工重点和影响工期进度的关键施工过程，并提出相应的技术、质量、安全、文明等各项目标及技术组织措施，提高综合效益。

（4）建筑施工组织设计所提出的各项资源需用量计划，直接为组织材料、机具、设备、劳动力需用量的供应和使用提供数据，协调各总包单位与分包单位、各工种、各类资源、资金、时间等方面在施工程序、现场布置和使用上的相应关系。

（5）通过编制建筑施工组织设计，可以合理利用和安排为施工服务的各项临时设施，可以合理地部署施工现场，确保文明施工和安全施工。

（6）通过编制建筑施工组织设计，可以将工程的设计与施工、技术与经济、施工全局性规律和局部性规律、土建施工与设备安装、各部门各专业之间有机结合，统一协调。

（7）通过编制建筑施工组织设计，可分析施工中的风险和矛盾，及时研究解决问题的对策、措施，从而提高施工的预见性，减少盲目性。

（二）建筑施工组织设计的分类

建筑施工组织设计是一个总的概念，根据建设项目的类别、工程规模、编制阶段、编制对象和范围的不同，在编制的深度和广度上也会有所不同。

1. 按编制阶段的不同分（如图 5-1 所示）

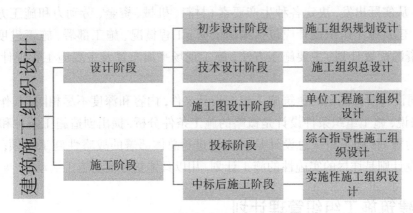

图 5-1　建筑施工组织设计的分类

2. 按编制对象范围的不同分类

建筑施工组织设计按编制对象范围的不同，可分为施工组织总设计、单位工程施工组织设计和分部分项工程施工组织设计三种。

（1）施工组织总设计以一个建设项目或一个建筑群为对象编制，对整个建设工程的施工过程的各项施工活动进行全面规划、统筹安排和战略部署，是全局性施工的技术经济文件。施工组织总设计最主要的作用是为施工单位进行全场性的施工准备和组织人员、物资供应等提供依据。施工组织总设计的主要内容有工程概况、施工部署和施工方案、施工准备工作计划、各项资源需用量计划、施工总进度计划、施工总平面图、技术经济指标分析。

（2）单位工程施工组织设计是以一个单位工程为对象编制的；是用于直接指导施工全过程的各项施工活动的技术经济文件；是指导施工的具体文件；是施工组织总设计的具体化。由于它是以单位工程为对象编制的，可以在施工方法、人员、材料、机械设备、资金、时间、空间等方面进行科学合理的规划．使施工在一定的时间、空间和资源供应条件下，有组织、有计划、有秩序地进行，实现质量好、工期短、资金省、消耗少、成本低的良好效果。单位工程施工组织设计的主要内容包括工程概况、施工方案、施工进度计划、施工准备工作计划、各项资源需用量计划、施工平面图、技术经济指标、安全文明施工措施。

（3）分部分项工程施工组织设计或作业计划针对某些较重要，技术复杂，施工难度大或采用新工艺、新材料、新技术施工的分部分项工程。它用来具体指导这些工程的施工，如深基础、无黏结预应力混凝土、大型安装、高级装修工程等，其内容具体详细，可操作性强，可直接指导分部分项工程施工的技术计划，包括施工方案、进度计划、技术组织措施等，一般在单位工程施工组织设计确定施工方案后，由项目部技术负责人编制。

五、建筑施工组织设计的内容

建筑施工组织设计的内容是根据不同工程的特点和要求，以及现有的和可能创造的施工条件，从实际出发，决定各种生产要素（材料、机械、资金、劳动力和施工方法等）的结合方式。建筑施工组织设计应包括编制依据、工程概况、施工部署、施工进度计划、施工准备与资源配置计划、主要施工方法、施工现场平面布置及主要施工管理计划等基本内容。

在不同设计阶段编制的建筑施工组织设计文件，内容和深度不尽相同，其作用也不一样。一般来说，施工组织条件设计是概略的施工条件分析，提出创造施工条件和建筑生产能力配备的规划；施工组织总设计是对施工进行总体部署的战略性施工纲领；单位工程施工组织设计则是详尽的实施性的施工计划，用以具体指导现场施工活动。

六、建筑施工组织管理计划

建筑施工组织管理计划应包括进度管理计划、质量管理计划、安全管理计划、环境管理计划、成本管理计划及其他管理计划等内容。各项管理计划的制订，应根据项目的特点有所侧重。

(一) 进度管理计划

1. 项目施工进度管理

项目施工进度管理应按照项目施工的技术规律和合理的施工顺序,保证各工序在时间上和空间上的顺利衔接。

2. 进度管理计划

进度管理计划应包括下列内容:

(1)对项目施工进度计划进行逐级分解,通过阶段性目标的实现保证最终工期目标的完成。

(2)建立施工进度管理的组织机构并明确职责,制定相应管理制度。

(3)针对不同施工阶段的特点,制定进度管理的相应措施,包括施工组织措施、技术措施和合同措施等。

(4)建立施工进度动态管理机制,及时纠正施工过程中的进度偏差.并制定特殊情况下的赶工措施。

(5)根据项目周边环境特点,制定相应的协调措施,减少外部因素对施工进度的影响。

(二) 质量管理计划

质量管理计划可参照《质量管理体系要求》(GB/T19001—2016),在施工单位质量管理体系的框架内编制。

质量管理计划应包括下列内容:

(1)按照项目具体要求确定质量目标并进行目标分解,质量指标应具有可测量性。

(2)建立项目质量管理的组织机构并明确职责。

(3)制定符合项目特点的技术保障和资源保障措施,通过可靠的预防控制措施.保证质量目标的实现。

(4)建立质量过程检查制度,并对质量事故的处理作出相应规定。

(三) 安全管理计划

安全管理计划可参照《职业健康安全管理体系要求及使用指南》(GB/T45001——2020),在施工单位安全管理体系的框架内编制。

安全管理计划应包括下列内容:

(1)确定项目重要危险源,制定项口职业健康安全管理口标。

(2)建立有管理层次的项目安全管理组织机构并明确职责。

(3)根据项口特点,进行职业健康安全方面的资源配置。

(4)建立具有针对性的安全生产管理制度和职工安全教育培训制度。

(5)针对项目重要危险源,制定相应的安全技术措施;对达到一定规模的危险性较大的分部分项工程和特殊工种的作业应制订专项安全技术措施的编制计划。

(6)根据季节、气候的变化制定相应的季节性安全施工措施。

(7)建立现场安全检查制度,并对安全事故的处理作出相应规定。

现场安全管理应符合国家和地方政府部门的要求。

(四)环境管理计划

环境管理计划可参照《环境管理体系要求及使用指南》(GB/T24001—2016)在施工单位环境管理体系的框架内编制。

环境管理计划应包括下列内容:

(1)确定项目重要环境因素,制定项目环境管理目标。

(2)建立项目环境管理的组织机构并明确职责。

(3)根据项目特点进行环境保护方面的资源配置。

(4)制定现场环境保护的控制措施。

(5)建立现场环境检在制度,并对环境事故的处理作出相应的规定。

现场环境管理应符合国家和地方政府部门的要求。

(五)成本管理计划

成本管理计划应以项目施工预算和施工进度计划为依据编制。

成本管理计划应包括下列内容:

(1)根据项目施工预算,制定项目施工成本目标。

(2)根据施工进度计划,对项目施工成本目标进行阶段分解。

(3)建立施I:成本管理的组织机构并明确职责,制定相应的管理制度。

(4)采取合理的技术、组织和合同等措施,控制施工成本。

(5)确定科学的成本分析方法,制定必要的纠偏措施和风险控制措施。

必须正确处理成本与进度、质量、安全和环境等之间的关系。

(六)其他管理计划

(1)其他管理计划应包括绿色施工管理计划,防火保安管理计划,合同管理计划,组织协调管理计划,创优质工程管理计划,质量保修管理计划,以及对施工现场人力资源、施工机具、材料设备等生产要素的管理计划等。

(2)其他管理计划可根据项目的特点和复杂程度加以取舍。

(3)各项管理计划的内容应有目标.有组织机构.有资源配置,有管理制度和技术、组织措施等。

第二节 建筑工程测量

一、建筑工程测量的任务

建筑工程测量屈于工程测量学范畴．它是建筑工程在勘察设计、施工建设和组织管理等阶段，应用测量仪器和工具，采用一定的测量技术和方法，根据工程施工进度和质量要求，完成应进行的各种测量工作。建筑工程测量的主要任务如下：

（1）大比例尺地形图的测绘，将工程建设区域内的各种地而物体的位置、性质及地面的起伏形态，依据规定的符号和比例尺绘制成地形图，为工程建设的规划设计提供需要的图纸和资料。

（2）施工放样和竣工测量，将图上设计的建（构）筑物按照设计的位置在实地标定出来，作为施工的依据；配合建筑施工，进行各种测量工作，保证施工质量；开展竣工测量，为工程验收、日后扩建和维修管理提供资料。

（3）建（构）筑物的变形观测，对一些大型的、重要的或位于不良地基上的建（构）筑物，在施工运营期间，为了确保安全，需要了解其稳定性．定期进行变形观测，同时，变形观测可作为对设计、地基、材料、施工方法等的验证依据和起到提供基础研究资料的作用。

二、建筑工程测量的作用

建筑工程测量在工程建设中有着广泛的应用，它服务于工程建设的每一个阶段。

（1）在工程勘测阶段，测绘地形图为规划设计提供各种比例尺的地形图和测绘资料。

（2）在工程设计阶段，应用地形图进行总体规划和设计。

（3）在工程施工阶段，要将图纸上设计好的建（构）筑物的平面位置和高程按设计要求测设于实地，以此作为施工的依据；在施工过程中用于土方开挖、基础和主体工程的施工测量；在施工中还要经常对施工和安装工作进行检验、校核，以保证所建工程符合设计要求；工程竣工后，还要进行竣工测量。施工测量及竣工测量可供日后扩建和维修之用。

（4）在工程管理阶段，对建（构）筑物进行变形观测，以保证工程的安全使用。

总而言之，在工程建设的各个阶段都需要进行测量工作，并且测量的精度和速度直接影响到整个工程的质量和进度。

三、建筑工程测量的工作内容

地面点的空间位置是以地面点在投影平面上的坐标（x，y）和高程（H）决定的。然而，在实际工作中 x、y、H 的值一般不是宜接测定的，而是表示观测未知点与已知点之间相互位置关系的基本要素，利用已知点的坐标和高程，用公式推算未知点的坐标和高程。

如图 5-2 所示, 设 A、B 为坐标、高程已知的点, C 为待定点, 欲确定 C 点的位置, 即求出 C 点的坐标和高程。若观测了 8 点和 C 点之间的高差 h_{BC}、水平距离 D_{BC} 和未知方向与已知方向之间的水平角岛, 则可利用公式推算出 C 点的坐标 (x_C, y_C) 和高程 H_C。

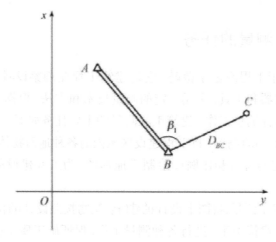

图 5-2　测量基本工作示意

由此可知, 确定地面点位的基本要素是水平角、水平距离和高差。高差测量、角度测量、距离测量是测量工作的基本内容。

四、建筑工程测量的基本原则

无论是测绘地形图还是施工放样, 都会不可避免地产生误差。如果从一个测站点开始, 不加任何控制地依次逐点施测, 前一点的误差将传递到后一点, 逐点累积, 点位误差将越来越大, 达到不可容许的程度。另外, 逐点传递的测量效率也很低。因此, 测量工作必须按照一定的原则进行。

1. "从整体到局部, 先控制后碎部" 的原则

无论是测绘地形图还是施工放样, 在测量过程中, 为了减少误差的累积, 保证测区内所测点的必要精度, 首先应在测区选择一些有控制作用的点 (称为控制点), 将它们的坐标和高程精确测定出来, 然后分别以这些控制点作为基础, 测定出附近碎部点的位置。这样, 不仅可以很好地限制误差的积累, 还可以通过控制测量将测区划分为若干个小区, 同时展开几个工作面施测碎部点, 加快测量进度。

2. "边工作边检核" 的原则

测量工作一般分外业工作和内业工作两种。外业工作的内容包括应用测量仪器和工具在测区内所进行的各种测定和测设工作; 内业工作是将外业观测的结果加以整理、计算, 并绘制成图以便使用, 测量成果的质量取决于外业. 但外业又要通过内业才能得出成果。

为了防止出现错误, 无论外业或内业, 都必须坚持 "边工作边检核的原则", 即每一步

工作均应进行检核.前一步工作未作检核,不得进行下一步工作。这样.不仅可大大减少测量成果出错的概率,同时,由于每步都有检核,还可以及早发现错误.减少返工重测的工作量,从而保证测量成果的质量和较高的工作效率。

五、建筑工程测量的基本要求

测量工作是一项严谨、细致的工作,可谓"失之毫厘,谬以千里",因此,在建筑工程测量过程中,测量人员必须坚持"质量第一"的观点,以严肃、认真的工作态度,保证测量成果的真实性、客观性和原始性,同时要爱护测量仪器和工具,在工作中发扬团队精神,并做好测量工作的记录。

第三节　土方工程与浅基础工程施工

一、土方工程施工

土方.工程是建筑工程施工的首项工程,主要包括土的开挖、运输和填筑等施工,有时还要进行排水、降水和土壁支护等准备与辅助工作。土方工程具有量大面广、劳动繁重和施工条件复杂等特点,受气候、水文、地质、地下障碍等因素影响较大,不确定因素较多,存在较大的危险性。因此,在施工前必须做好调查研究,选用合理的施工方案,采用先进的施工方法和施工机械,以保证工程的质量和安全。

常见的土方工程施工包括平整场地、挖基槽、挖基坑、挖土方、回填土等。

（1）平整场地。平整场地是指工程破土开工前对施工现场厚度在300mm以内地面的挖填和找平。

（2）挖基槽。挖基槽是指挖土宽度在3m以内且长度大于宽度3倍时设计室外地坪以下的挖土。

（3）挖基坑。挖基坑是指挖土底面积在20m2以内且长度小于或等于宽度3倍时设计室外地坪以下的挖土。

（4）挖土方。凡是不满足上述平整场地、挖基槽、挖基坑条件的土方开挖,均为挖土方。

（5）回填土。回填土可分为夯填和松填。基础网填土和室内回填土通常都采用夯填。

二、浅基础工程施工

基础的类型与建筑物的上部结构形式、荷载大小、地基的承载能力、地基土的地质与水文情况、基础选用的材料性能等因素有关,构造方式也因基础样式及选用材料的不同而不同。浅基础一般指基础埋深为 3 ~ 5m,或者基础埋深小于基础宽度的基础,且通过排水、挖槽等普通施工即可建造的基础。

浅基础按受力特点可分为刚性基础和柔性基础。用抗压强度较大,而抗弯、抗拉强度较小的材料建造的基础,如砖、毛石、灰土、混凝土、三合土等基础均属于刚性基础。用钢筋混凝土建造的基础叫作柔性基础。

浅基础按构造形式分为单独基础、带形基础、交梁基础、筏板基础等。单独基础也称为独立基础,是柱下基础的常用形式,截面可做成阶梯形或锥形等。带形基础是指长度远大于其高度和宽度的基础,常见的是墙下条形基础,材料有砖、毛石、混凝土和钢筋混凝土等。交梁基础是在柱下带形基础不能满足地基承载力要求时将纵横带形基础连成整体而成,使基础纵、横两向均具有较大的刚度。当柱或墙体传递荷载过大,且地基土较软弱,采用单独基础或条形基础都不能满足地基承载力要求时,往往需要将整个房屋底面做成整体连续的钢筋混凝土板,作为房屋的基础,称为筏板基础。

浅基础按材料不同可分为砖基础、毛石基础、灰土基础、碎砖三合土基础、混凝土和钢筋混凝土基础。

(一) 常见刚性基础施工

刚性基础所用的材料,如砖、石、混凝土等,其抗压强度较高,但抗拉及抗剪强度偏低。因此,用此类材料建造的基础,应保证其基底只受压,不受拉。由于受到压力的影响,基底应比基顶墙(柱)宽些。根据材料受力的特点,不同材料构成的基础,其传递压力的角度也不同。刚性基础中的压力分布角 α 称为刚性角。在设计中,应尽量使基础大放脚与基础材料的刚性角一致,以确保基础底面不产生拉应力,最大限度地节约基础材料刚性基础如图 5-3 所示。

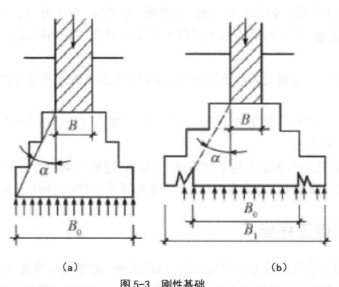

图 5-3 刚性基础

(a)基础受力在刚性角范围以内; (b)基础宽度超过刚性角范围用而破坏

1. 毛石基础

毛石基础是用强度较高而未风化的毛石砌筑的。毛石基础具有强度较高、抗冻、耐水、经济等特点。毛石基础的断面尺寸多为阶梯形,并常与砖基础共用作为砖基础的底层。为保证黏结紧密,每一阶梯宜用三排或三排以上的毛石砌筑,由于毛石基础尺寸较大,毛石基础的宽度及台阶高度不应小于400mm。

施工要点如下:

(1)毛石基础应采用铺浆法砌筑,砂浆必须饱满,叠砌面的粘灰面积(砂浆饱和度)应大于80%。

(2)砌筑毛石基础的第一皮石块应坐浆,并将石块的大面朝下,毛石基础的转角处、交接处应采用较大的平毛石砌筑。

(3)毛石基础宜分皮卧砌,各皮石块间应利用毛石自然形状经敲打修整使其能与先砌毛石基本吻合、搭砌紧密;毛石应上下错缝,内外搭砌,不得采用先砌外面侧立毛石、后中间填心的砌筑方法。

(4)毛石基础的灰缝厚度宜为20～30mm,石块间不得有相互接触现象。石块间较大的空隙应先填塞砂浆后用碎石块捣实,不得采用先摆碎石块后塞砂浆或干填碎石块的方法。

(5)毛石基础的扩大部分.如做成阶梯形,上级阶梯的石块应至少压砌下级阶梯石块的1/2,相邻阶梯的毛石应相互错缝搭砌;对于基础临时间断处,应留阶梯形斜槎,其高度不应超过1.2m。

2. 砖基础

砖基础具有就地取材、价格便宜、施工简便等特点,在干燥和温暖地区应用广泛。

施工要点如下:

(1)砖基础一般下部为大放脚,上部为基础墙。大放脚有等高式和间隔式,即等高式大放脚是每砌两皮砖.两边各收进1/4砖长(60mm),间隔式大放脚是知砌两皮砖及一皮砖,交替砌筑,两边各收进1/4砖长(60mm),但最下面应为两皮砖,如图5-4所示。

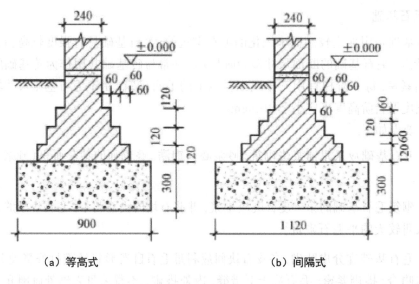

（a）等高式　　　　　　　　　（b）间隔式

图 5-4　砖基础

（2）砖基础大放脚一般采用一顺一丁砌筑形式，即一皮顺砖与一皮丁砖相间，上、下皮竖向灰缝相互错开 60mm。在砖基础的转角处、交接处．为错缝需要应加砌配砖（3/4 砖、半砖或 1/4 砖）。

（3）砖基础的水平灰缝厚度和竖向灰缝厚度宜为 10mm，水平灰缝的砂浆饱满度不得小于 80%。

（4）砖基础底面标高不同时，应从低处砌起，并应由高处向低处搭砌；当设计无要求时，搭砌长度不应小于砖基础大放脚的高度。

（5）砖基础的转角处和交接处应同时砌筑．当不能同时砌筑时应留成斜槎。基础墙的防潮层应采用 1：2 的水泥砂浆。

3. 混凝土基础

混凝土基础具有坚固、耐久、耐水、刚性角大、可根据需要任意改变形状的特点，常用于地下水水位较高、受冰冻影响的建筑。混凝土基础台阶宽高比为 1：1 ～ 1：1.5，实际使用时可将基础断面做成梯形或阶梯形，如图 5-5 所示。

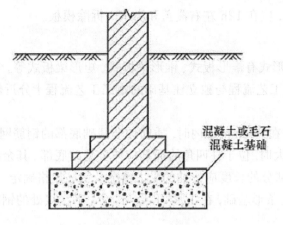

图5-5 混凝土基础

(二)常见柔性基础施工

刚性基础受其刚性角的限制,若基础宽度大.相应的基础埋深也应加大,这样会增加材料消耗和挖方量,也会影响施工工期。在混凝土基础底部配置受力钢筋.利用钢筋受拉使基础承受弯矩,如此也就不受刚性角的限制,所以,钢筋混凝土基础也称为柔性基础。采用钢筋混凝土基础比采用混凝土基础可节省大量的混凝土材料和挖土工程量,如图5-6所示。常用的柔性基础包括独立柱基础、条形基础、杯形基础、筏形基础、箱形基础等。

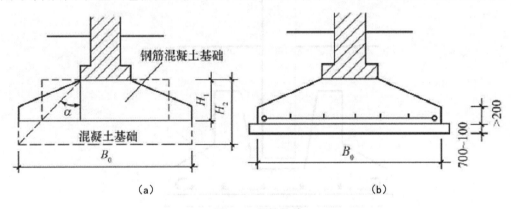

图5-6 柔性基础

(a)混凝土基础与钢筋混凝土基础的比较; (b)基础配筋

钢筋混凝土基础断面可做成梯形,高度不小于200mm,也可做成阶梯形,每踏步高300-500mm。通常情况下,钢筋混凝土基础下面设有C10或C15素混凝土垫层,厚度为100mm;无垫层时,钢筋保护层厚度为75mm,以保护受力钢筋不锈蚀。

1.独立柱基础

常见的独立柱基础的形式有矩形、阶梯形、锥形等。

施工工艺流程:清理,浇筑混凝土垫层→绑扎钢筋→支设模板→清理→浇筑混凝土

→已浇筑完的混凝土,应在12h左右覆盖和浇水→拆除模板。

2. 条形基础

常见条形基础的形式有锥形板式、锥形梁板式、矩形梁板式等。

条形基础的施工工艺流程与独立柱基础的施工工艺流程十分近似。

施工要点如下:

(1)当基础高度在900mm以内时,插筋伸至基础底部的钢筋网上,并在端部做成直弯钩;当基础高度较大时,位于柱四角的插筋应伸至基础底部.其余的钢筋伸至锚固长度即可。插筋伸出基础部分的长度应按柱的受力情况及钢筋规格确定。

(2)钢筋混凝土条形基础,在T形、L形与"十"字交接处的钢筋沿一个主要受力方向通长设置。

(3)浇筑混凝土时,时常观察模板、螺栓、支架、预留孔洞和预埋管有无位移情况,一经发现应停止浇筑,待修整和加固模板后再继续浇筑。

3. 杯形基础

杯形基础如图5-7所示。

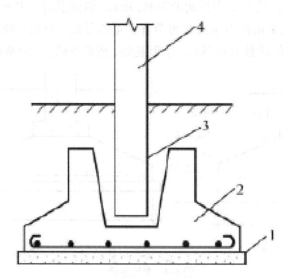

图5-7 杯型基础

1- 垫层;2- 杯形基础;3- 杯口;4- 钢筋混凝土柱

施工要点如下:

(1)将基础控制线引至基槽下,做好控制桩.并核实准确。

(2)将垫层混凝土振捣密实,表面抹平。

(3)利用控制桩定位施工控制线、基础边线至垫层表面,复查地基垫层标高及中心线位置,确定无误后,绑扎基础钢筋。

(4)自下往上支设杯形基础第一层、第二层外侧模板并加固,外侧模板一般用钢模现场拼制。

（5）支设杯芯模板，杯芯模板一般用木模拼制。

（6）进行模板与钢筋的检验，做好隐蔽验收记录。

（7）施工时应先浇筑杯底混凝土，在杯底一般有 50mm 厚的细石混凝土找平层，应仔细留出。

（8）分层浇筑混凝土。浇筑混凝土时，须防止杯芯模板上浮或向四周偏移，注意控制坍落度（最好控制在 70 ~ 90mm）及浇筑下料速度，在混凝土浇筑到高于上层侧模 50mm 左右时，稍做停顿，在混凝土初凝前，接着在杯芯四周对称均匀下料振捣。特别注意混凝土必须连续浇筑，在混凝土分层时须把握好初凝时间，保证基础的整体性。

（9）杯芯模板的拆除视气温情况而定。在混凝土初凝后终凝前，将模板分体拆除或用撬棍撬动杯芯模板进行拆除，须注意拆模时间，以免破坏杯口混凝土，并及时进行混凝土养护。

4. 筏形基础

筏形基础如图 5-8 所示。

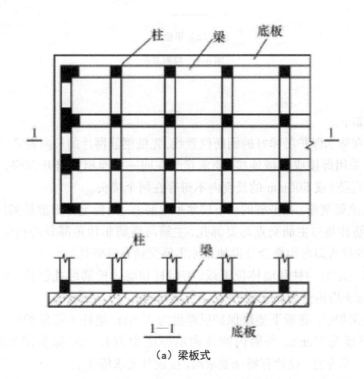

（a）梁板式

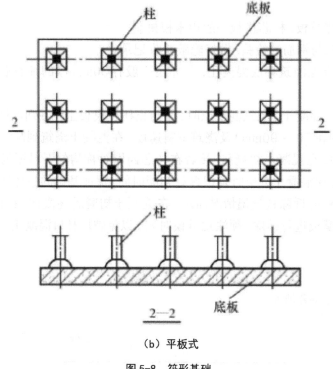

（b）平板式

图5-8 筏形基础

施工要点如下：

（1）根据在防水保护层弹好的钢筋位置线，先铺钢筋网片的长向钢筋，后铺短向钢筋，钢筋接头尽量采用焊接或机械连接，要求接头在同一截面相互错开50%，同一根钢筋在35d（d为钢筋直径）或500mm的长度内不得存在两个接头。

（2）绑扎地梁钢筋。在平放的梁下层水平主筋上，用粉笔画出箍筋间距，箍筋叮主筋垂直放置，箍筋转角与主筋交点均要绑扎，主筋与箍筋非转角部分的相交点呈梅花形交错绑扎，箍筋的接头即弯钩叠合处沿地梁水平筋交错布置绑扎。

（3）根据确定好的柱和墙体位置线，将暗柱和墙体插筋绑扎就位，并和底板钢筋点焊牢固，要求接头均相错50%。

（4）支垫保护层。底板下垫块保护层厚度为35mm，梁柱主筋保护层厚度为25mm，外墙迎水面厚度为35mm，外墙内侧及内墙厚度均为15mm，保护层垫块间距厚度为600mm，呈梅花形布置。设计有特殊要求时，按设计要求施工。

（5）砌筑砖胎膜前，待垫层混凝土达到25%设计强度后，垫层上放线超出基础底板外轮廓线40mm，砌筑时要求拉通线，采用一顺一丁及"三一"砌筑方法，在转角处或接口处留出接槎口，墙体要求垂直。

（6）模板要求板面平整、尺寸准确、接缝严密；模板组装成型后进行编号，安装时用塔式起重机将模板初步就位,然后根据位置线加水平和斜向支撑进行加固,并调整模板位置,使模板的垂直度、刚度、截面尺寸符合要求。

(7)基础混凝土一次性浇筑,间歇时间不能过长,混凝土浇筑顺序由一端向另一端浇筑.采用踏步式分层浇筑、分层振捣,以使水泥水化热尽量散失;振捣时要快插慢拔,逐点进行,对边角处多加注意,不得漏振,且尽量避免碰撞钢筋、芯管、止水带、预埋件等,每一插点要掌握好振捣时间,一般为 20~30s,时间过短不易振实,时间过长易引起混凝土离析。

(8)混凝土浇筑完后要进行多次抹面,并覆盖物料布,以防表血出现裂缝,在终凝前移开塑料布再进行搓平,要求搓压三遍,最后一遍抹压要掌握好时间,以终凝前为准,终凝时间可用手压法把握;混凝土搓平完成后,立即用塑料布覆盖,浇水养护时间为 14d。

5. 箱形基础

箱形基础如图 5-9 所示。

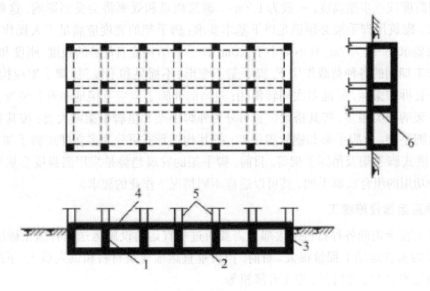

图 5-9 箱形基础
1- 内横墙;2- 底板;3- 外墙;
4- 顶板;5- 柱;6- 内纵墙

施工要点如下:

(1)箱形基础基坑开挖。基坑开挖时应验算边坡稳定性,并注意对基坑邻近建筑物的影响;基坑开挖时如有地下水,应采用明沟排水或井点降水等方法,保持作业现场的干燥;基坑检验后,应立即进行基础施工。

(2)基础施工时,基础底板,顶板及内、外墙的支模、钢筋绑孔和混凝土浇筑可进行分次连续施工。

（3）箱形基础施工完毕应立即用填土，尽量缩短基坑暴露时间，并且做好防水工作，以保持基坑内的干燥状态，然后分层回填并夯实。

第四节　砌筑工程施工

一、脚手架工程及垂直运输设施施工

1. 脚手架工程施工

脚手架是砌筑过程中堆放材料和工人进行操作的临时设施。当砌体砌到一定高度时（即可砌高度或一步架高度，一般为1.2m）。砌筑质量和效率将会受到影响，这就需要搭设脚手架。砌筑用脚手架必须满足以下基本要求：脚手架的宽度应满足工人操作、材料堆放及运输要求，一般为2m，且不得小于1.5m；脚手架结构应有足够的强度、刚度和稳定性，保证在施工期间的各种荷载作用下，脚手架不变形、不摇晃和不倾斜；脚手架应构造简单、便于装拆和搬运，并能多次周转使用；过高的外脚手架应有接地和避雷装置。

脚手架的种类很多，按其搭设位置可分为外脚手架和里脚手架两大类；按其所用材料可分为木脚手架、竹脚手架和钢管脚手架；按其构造形式可分为多立杆式脚手架、门式脚手架、悬挑式脚手架及吊脚手架等。目前，脚手架的发展趋势是采用高强度金属制作的、具有多种功用的组合式脚手架，其可以适应不同情况下作业的要求。

2. 垂直运输设施施工

砌筑工程所需的各种材料绝大部分需要通过垂直运输设施运送到各施工楼层，因此，砌筑工程的垂直运输工程量很大。目前，担负垂直运输建筑材料和供人员上、下的常用垂直运输设施有井架、龙门架、施工升降机等。

（1）井架是施工中最常用、最简便的垂直运输设施，它稳定性好，运输量大。除用型钢或钢管加工的定型井字架外，还可以用多种脚手架材料现场搭设井架。井架内设有吊篮，一般的井架多为单孔井架，但也可构成双孔或多孔井架，以满足同时运输多种材料的需要，如图5-10所示。

（2）龙门架是由支架和横梁组成的门形架。在门形架上安装滑轮、导轨、吊篮、安全装置、起重锁、缆风绳等部件构成一个完整的龙门架，如图5-11所示。

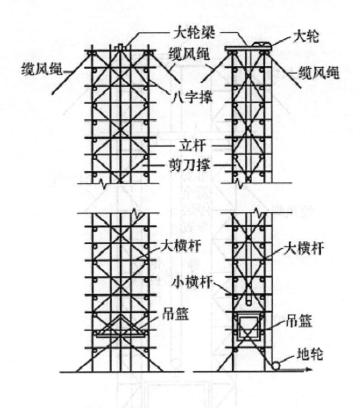

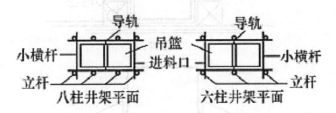

图 5-10　井架

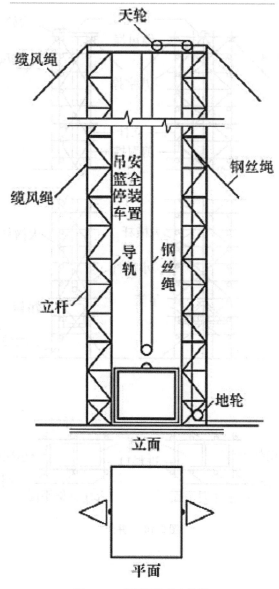

图 5-11 龙门架的基本构造

（3）施工升降机又称为施工外用电梯，多数为人货两用，少数专供货用。施工升降机按其驱动方式可分为齿条驱动和绳轮驱动两种。齿条驱动施工升降机又可分为单吊箱（笼）式和双吊箱（笼）式两种，并装有可靠的限速装置，适用于20层以上的建筑工程；绳轮驱动施工升降机为单吊箱（笼）式，无限速装置，轻巧便宜，适用于20层以下的建筑工程。

二、砖砌体施工

砖砌体施工通常包括找平、放线，摆砖样，立皮数杆，盘角，挂线，砌筑，刮缝、清理等工序。

1. 找平、放线

砌砖墙前，应在基础防潮层或楼层上定出各层的设计标高，并用M7.5的水泥砂浆或C10的细石混凝土找平，使各段墙体的底部标高均在同一水平标高上，以利于墙体交接处的搭接施工和确保施工质量。外墙找平时，应采用分层逐渐找平的方法，确保上、下两层与外墙之间不出现明显的接缝。

根据龙门板上给定的定位轴线或基础外侧的定位轴线桩，将墙体轴线、墙体宽度线、门窗洞口线等引测至基础顶面或楼板已并弹出墨线。二楼以上各层的轴线可用经纬仪或垂球（线坠）引测。

2. 摆砖样

摆砖样是在放线的基础顶面或楼板上，按选定的组砌形式进行干砖试摆，应做到灰缝均匀、门窗洞口两侧的墙面对称，并尽量使门窗洞口之间或与墙垛之间的各段墙长为1/4砖长的整数倍，以便减少砍砖、节约材料、提高工效和施工质量。摆砖用的第一皮揭底砖的组砌一般采用"横丁纵顺"的顺序，即横墙均摆丁砖，纵墙均摆顺砖，并可按下式计算丁砖层排砖数 n 和顺砖层排砖数 N：

窗口宽度为 B（mm）的窗下墙排砖数为

$$n=(B-10)\div125, \quad N=(B-135)\div250$$

两洞口间净长或至墙垛长为 L 的排砖数为

$$n=(B+10)\div125, \quad N=(L-365)\div250$$

计算时取整数，井根据余数的大小确定是加半砖、七分头砖，还是减半砖井加七分头砖。如果还出现多于或少于30mm以内的情况 .可用减小或增加竖缝宽度的方法加以调整 .灰缝宽度为 8 ~ 12mm 是允许的。也可以采用同时水平移动各层门窗洞口的位置，使之满足砖模数的方法 .但最大水平移动距离不得大于 60mm，而且承重窗间墙的长度不应减小。

每一段墙体的排砖块数和竖缝宽度确定后，就可以从转角处或纵、横墙交接处向两边排放砖，排完砖并经检查调整无误后，即可依据摆好的砖样和墙身宽度线，从转角处或纵、横墙交接处依次砌筑第一皮摺底砖。

常用的砌体的组砌形式有全顺、两平一侧、全丁、一顺一丁、梅花丁和三顺一丁，如图5-12所示。

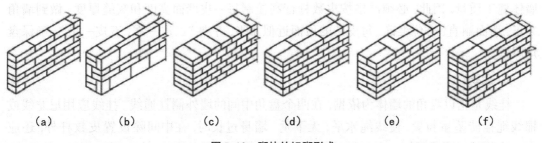

图5-12 砌体的组砌形式

（a）全顺；（b）两平一侧；（c）全丁；（d）一顺一丁；（e）梅花丁；（f）三顺一丁

3. 立皮数杆

皮数杆是指在其上划有每皮砖厚、灰缝厚及门、窗、洞口的下口、窗台、过梁、圈梁、楼板、大梁、预埋件等标高位置的一种木制标杆,它是砌墙过程中控制砌体竖向尺寸和各种构配件设置标高的主要依据。

皮数杆一般设置在墙体操作而的另一侧,立于建筑物的四个大角处,内、外墙交接处,楼梯间及洞口较多的地方,并从两个方向设置斜撑或用锚钉加以固定,以确保垂直和牢固,如图5-13所示,皮数杆的间距为10～15m,超过此间距时中间应增设皮数杆。支设皮数杆时,要统一进行找平,使皮数杆上的各种构件标高与设计要求一致。每次开始砌砖前,均应检查皮数杆的垂直度和牢固性,以防有误。

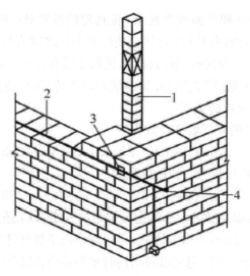

图5-13　皮数杆设置示意图
1- 皮数杆；2- 准线；3- 竹片；4- 圆钢钉

4. 盘角

盘角又称立头角,是指墙体正式砌砖前,在墙体的转角处由高级瓦工先砌起,并始终高于周围墙面4～6皮砖,作为整片墙体控制垂有度和标高的依据。盘角的质量有接影响墙体施工质量,因此,必须严格按皮数杆标高控制每一皮墙面高度和灰缝厚度.做到墙角方正、墙面顺直、方位准确、每皮砖的顶面近似水平,并要"三皮一靠,五皮一吊",确保盘角质量。

5. 挂线

挂线是指以盘角的墙体为依据,在两个盘角中间的墙外侧挂通线。挂线应用尼龙线或棉线绳拴砖坠重拉紧,使线绳水平、无下垂。墙身过长时,在中间除设置皮数杆外,还应砌一块"腰线砖"或再加一个细钢丝揽线棍,用以固定挂通的准线,使之不下垂和内外移动。

盘角处的通线是靠墙角的灰缝卡挂的,为避免通线陷入水平灰缝内,应采用不超过

1mm 厚的小别棍（用小竹片或包装用薄铁皮片）别在盘角处堵面与通线之间。

6. 砌筑

砌筑砖墙通常采用"三一"法或挤浆法，并要求传外侧的上楞线与准线平行、水平且离准线 1mm，不得冲（顶）线，砖外侧的下楞线与已砌好的下皮砖外侧的上楞线平行并在同一垂直面上，俗称"上跟线、下靠楞"；同时，还要做到砖平位正、挤揉适度、灰缝均匀、砂浆饱满。

7. 刮缝、清理

清水墙砌完一段高度后，要及时进行刮缝和清扫墙面. 以利于墙面勾缝整洁和干净。刮砖缝可采用 1mm 厚的钢板制作的凸形刮板，刮板突出部分的长度为 10 ~ 12mm，宽度为 8mm。清水外墙面一般采用加浆勾缝，用 1：1.5 的细砂水泥砂浆勾成凹进墙面 4 ~ 5mm 的凹缝或平缝；清水内墙面一般采用原浆勾缝，所以. 不用刮板刮缝，而是随砌随用钢溜子勾缝。下班前，应将施工操作面的落地灰和杂物清理干净。

三、石砌体施工

1. 毛石砌块施工

砌筑毛石基础的第一皮石块应坐浆，并将石块的大面向下；砌筑料石基础的第一皮子块应用丁砌层坐浆砌筑。毛石砌体的第一皮及转角处、交接处和洞口应用较大的平毛石砌筑。每个楼层（包括基础）砌体的最上一皮宜选用较大的毛石砌筑。

毛石基础的扩大部分如做成阶梯形，上级阶梯的石块应至少压砌卜·级阶梯石块的 1/2，相邻阶梯的毛石应相互错缝搭砌，如图 5-14 所示。

毛石基础必须设置拉结石，拉结石应均匀分布，且在毛石基础同皮内每隔 2m 左右设置一块。拉结石的长度：如基础宽度小于或等于 100mm，应与基础宽度相等；如基础宽度大于 400mm，可用两块拉结石内外搭接，搭接长度不应小于 150mm，且其中一块拉结石的长度不应小于基础宽度的 2/3。

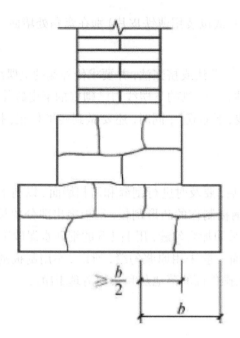

图 5-14　阶梯形毛石基础

2. 料石砌块施工

料石基础砌体的第一皮应用丁砌层坐浆砌筑, 料石砌体也应上下错缝搭砌, 砌体厚度不小于两块料石宽度时, 如同皮内全部采用顺砌, 每砌两皮后, 应砌一皮丁砌层; 如同皮内采用丁顺组砌, 丁砌石应交错设置, 其中距不应大于 2m。

料石砌体灰浆的厚度, 根据石料的种类确定: 细石料砌体不宜大于 5mm; 半细石料砌体不宜大于 10mm; 粗石料和毛石料砌体不宜大于 20mm。料石砌体砌筑时, 应放置平稳。砂浆铺设厚度应略高于规定的灰缝厚度, 砂浆的饱满度应大于 80%。

料石砌体转角处及交接处也应同时砌筑. 必须留设临时间断时, 应砌成踏步槎。

用料石和毛石或砖的组合墙中, 料石砌体和毛石砌体或砖砌体应同时砌筑, 并每隔 2 皮或 3 皮料石层用丁砌层与毛石砌体或砖砌体拉结砌合。丁砌料石的长度宜与组合墙厚度相同。

四、小型砌块砌体施工

1. 施工准备

运到现场的小砌块, 应分规格分等级堆放, 堆垛上应设标记, 堆放现场必须平整, 并做好排水工作。小砌块的堆放高度不宜超过 1.6m, 堆垛之间应保持适当的通道。

基础施工前, 应用钢尺校核建筑物的放线尺寸, 其允许偏差不应超过表 7-1 所示的规定。

表 7-1　建筑物放线尺寸允许偏差

长度 L、宽度 B 的尺寸 /m	允许偏差 /mm
L（B）≤ 30	±5
30 < L（B）≤ 60	±10
60 < L（3）≤ 90	±15
L（B）> 90	±20

砌筑基础前, 应对基坑（或基槽）进行检查, 符合要求后, 方可开始砌筑基础。

普通混凝土小砌块不宜浇水; 当天气干燥炎热时, 可在小砌块上喷水将其稍加润湿; 轻集料混凝土小砌块可洒水, 但不宜过多。

2. 砂浆制备

砂浆的制备通常应符合以下要求:

（1）砌体所用砂浆应按照设计要求的砂浆品种、强度等级进行配置, 砂浆配合比应经试验确定。采用质量比时, 其计量精度为: 水泥 ±2%, 砂、石灰膏控制在 ±5% 以内。

（2）砂浆应采用机械搅拌。搅拌时间: 水泥砂浆和水泥混合砂浆不得少于 2min; 掺用外加剂的砂浆不得少于 3min; 掺用有机塑化剂的砂浆应为 3 ~ 5min。同时, 还应具有较好的和易性和保水性。一般而言, 稠度以 5 ~ 7cm 为宜。

（3）砂浆应搅拌均匀, 随拌随用水泥砂浆和水泥混合砂浆应分别在 3h 内使用完毕; 当施工期间最高气温超过 30℃时, 应分别在拌成后 2h 内使用完毕。细石混凝土应在 2h 内用完。

（4）砂浆试块的制作: 在每一楼层或 250m3 砌体中, 每种强度等级的砂浆应至少制作一组（每组六块）; 当砂浆强度等级或配合比有变更时, 也应制作试块。

3. 砌体施工

砌块砌体施工的主要工序是: 铺灰→砌块吊装就位→校正→灌缝和镶砖。

（1）龄期不足 28d 及潮湿的小砌块不得进行砌筑。

（2）应在建筑物四角或楼梯间传角处设置皮数杆, 皮数杆间距不宜超过 15m。皮数杆上画出小砌块高度和水平: 灰缝的厚度及砌体中其他构件标高位置。相对两皮数杆之间拉准线, 依准线砌筑。

（3）应尽量采用主规格小砌块, 并应清除小砌块表面污物 . 剔除外观质量不合格的小砌块和芯柱用小砌块孔洞底部的毛边。

（4）小砌块应底面朝上反砌。

（5）小砌块应对孔错缝搭砌。当个别情况下无法对孔砌筑时, 普通混凝土小砌块的搭接长度不应小于 90mm, 轻集料混凝土小砌块的搭接长度不应小于 120mm; 当不能保证此规定时, 应在水平灰缝中设置钢筋网片或拉结钢筋, 钢筋网片或拉结钢筋的长度不应小于 700mm, 如图 5-15 所示。

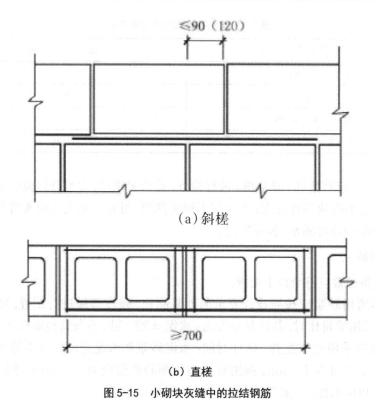

（a）斜槎

（b）直槎

图 5-15　小砌块灰缝中的拉结钢筋

（6）小砌块应从转角和纵、横墙交接处开始，内、外墙同时砌筑，纵、横墙交错连接，墙体临时断处应砌成斜槎，斜槎长度不应小于高度的 2/3（一般按一步脚手架高度控制）；如留斜槎有困难，除外墙转角处及抗震设防地区，其墙体临时间断处不应留有槎外．可以从墙面伸出 200mm 砌成阴阳槎，并沿墙高每三皮砌块（600mm）设拉结钢筋或钢筋网片．接槎部位宜延至门窗洞口，如图 5-16 所示。

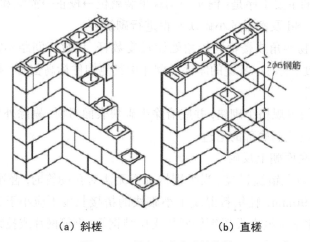

（a）斜槎　　　　　　　　　　（b）直槎

图 5-16　混凝土小砌块墙接槎

（7）小砌块外墙转角处，应使小砌块隔皮交借搭砌，小砌块端面外露处用水泥砂浆补抹平整。小砌块内、外墙 T 形交接处，应隔皮加砌两块 290mm×190mm×190mm 的辅助小砌块，辅助小砌块位于外墙上，开口处对齐。

（8）小砌块砌体的灰缝应横平竖直，全部灰缝应填满砂浆；水平灰缝的砂浆饱满度不得低于 90%；竖向灰缝的砂浆饱满度不得低于 80%。砌筑中不得出现瞎缝、透明缝。

（9）小砌块的水平灰缝厚度和竖向灰缝宽度应控制为 8～12mm。砌筑时，铺灰长度不得超过 800mm，严禁用水冲浆灌缝。

（10）当缺少辅助小砌块时，墙体通缝不应超过两皮砌块。

（11）承重墙体不得采用小砌块与烧结砖等其他块材混合砌筑；严禁使用断裂小砌块或壁肋中有竖向凹形裂缝的小砌块砌筑承重墙体。

（12）对设计规定的洞口、管道、沟槽和预埋件等，应在砌筑时预留或预埋，严禁在砌好的墙体上打凿。在小砌块墙体中不得预留水平沟槽。

（13）小砌块砌体内不宜设脚手眼。如必须设置，可用 190mm×190mm×190mm 的小砌块侧砌，利用其孔洞作脚手眼，砌筑完后用强度等级为 C15 的混凝土填实脚手眼。但在墙体下列部位不得设置脚手眼：

①过梁上部，与过梁成 60° 角的三角形及过梁跨度 1/2 范围内；

②宽度不大于 800mm 的窗间墙；

③梁和梁垫下，及其左右各 500mm 的范围内；

④门窗洞口两侧 200mm 内，和墙体交接处 400mm 的范围内；

⑤设计规定不允许设置脚手眼的部位。

（14）施工中需要在砌体中设置的临时施工洞口，其侧边离交接处的墙面不应小于 600mm，并在洞口顶部设过梁，填砌施工洞口的砌筑砂浆强度等级应提高一级。

（15）砌体相邻工作段的高度差不得大于一个楼层高或 4m。

（16）在常温条件下，普通混凝土小砌块日砌筑高度应控制在 1.8m 以内；轻集料混凝土小砌块日砌筑高度应控制在 2.4m 以内。

第五节　混凝土结构工程施工

一、混凝土结构简介

混凝土结构是以混凝土为主制成的结构，包括素混凝土结构、钢筋混凝土结构和预应力混凝土结构等。混凝土结构是我国建筑施工领域应用最广泛的一种结构形式。无论是在资金投入还是在资源消耗方面，混凝土结构工程对工程造价、建设速度的影响都十分明显。

二、混凝土结构工程的种类

混凝土结构工程按施工方法,可分为现浇混凝土结构工程和装配式混凝土结构工程两类。现浇混凝土结构工程是在建筑结构的设计部位架设模板、绑扎钢筋、浇筑混凝土、振捣成型,经养护使混凝土达到设计规定强度后拆模。整个施工过程均在施工现场进行。现浇混凝土结构工程整体性好、抗震能力强、节约钢材,而且无须大型的起重机械,但工期较长,成本较高,易受气候条件影响。

装配式混凝土结构工程是在预制构件厂或施工现场预先制作好结构构件,在施工现场用起重机械把预制构件安装到设计位置,在构件之间用电焊、预应力或现浇的手段使其连接成整体。装配式混凝土结构工程具有降低成本、现场拼装、降低劳动强度和缩短工期的优点,但其耗钢量较大,而且施工时需要大型的起重设备。

三、混凝土结构工程的组成及施工工艺流程

混凝土结构工程由钢筋工程、模板工程和混凝土工程三部分组成。混凝土结构工程施工时,要由模板、钢筋、混凝土等多个工种相互配合进行,因此,施工前要做好充分的准备,施工中合理组织,加强管理,使各工种紧密配合,以加快施工进度。现浇混凝土结构工程施工工艺流程如图 5-17 所示。

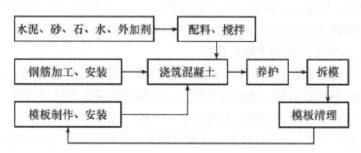

图 5-17　现浇混凝土结构工程施工工艺流程

四、模板工程的基本要求

现浇混凝土结构所用的模板技术已迅速向多样化、体系化方向发展,除木模板外,已形成组合式、工具式和永久式三大系列工业化模板体系。无论采用哪一种模板,模板及其支架都必须满足下列要求:

(1)保证工程结构和构件各部分结构尺寸和相互位置的正确性。

(2)具有足够的承载能力刚度和稳定性能可靠地承受新浇筑混凝土的重力和侧压力,以及在施工过程中所产生的其他荷载。

(3)构造简单,装拆方便,能多次周转使用,并便于钢筋的绑扎、安装和混凝土的浇筑、

养护等工艺要求。

（4）模板的接缝不应漏浆。

（5）模板的材料宜选用钢材、木材、胶合板、塑料等，模板的支架材料宜选用钢材等，各种材料的材质应符合相关的规定。

（6）当采用木材时，其树种可根据各地区实际情况选用，材质不宜低于Ⅲ等材。

（7）模板的混凝土接触面应涂隔离剂，不宜采用油质类等影响结构或妨碍装饰工程施工的隔离剂。严禁隔离剂沾污钢筋。

（8）对模板及其支架应定期维修，钢模板及钢支架应防止锈蚀。

（9）在浇筑混凝土前.应对模板工程进行验收。安装模板和浇筑混凝土时，应对模板及其支架进行观察和维护。发生异常情况时，应按照施工技术方案及时进行处理。

（10）模板及其支架拆除的顺序及安全措施应按照施工技术方案执行。

五、钢筋工程现场安装要求

1. 钢筋的现场绑扎安装

（1）绑扎钢筋时应熟悉施工图纸，核对成品钢筋的级别、直径、形状、尺寸和数量，核对配料表和料牌。如有出入，应予以纠正或增补。同时，准备好绑扎用钢丝、绑扎工具、绑扎架等。

（2）钢筋应绑扎牢固，防止移位。

（3）对形状复杂的结构部位，应研究好钢筋穿插就位的顺序及与模板等其他专业配合的先后次序。

（4）基础底板、楼板和墙的钢筋网绑扎，除靠近外围两行钢筋的相交点全部绑扎外，中间部分交叉点可间隔交错扎牢；双向受力的钢筋则需全部扎牢。相邻绑扎点的钢丝扣要呈八字形，以免网片歪斜变形。钢筋绑扎接头的钢筋搭接处，应在中心和两端用钢丝扎牢。

（5结构采用双排钢筋网时，上下两排钢筋网之间应设置钢筋撑脚或混凝土支柱(墩)，每隔1m放置一个，墙壁钢筋网之间应绑扎 φ6 ~ φ10 钢筋制成的样钩，间距约为1.0m，相互错开排列；大型基础底板或设备基础，应用 φ16 ~ φ25 钢筋或型钢焊成的支架来支撑上层钢筋，支架间距为 0.8 ~ 1.5m；梁、板纵向受力钢筋采取双层排列时，两排钢筋之间应垫以 φ25 以上的短钢筋.以保证间距正确。

（6）梁、柱箍筋应与受力筋垂直设置，箍筋弯钩叠合处应沿受力钢筋的方向张开设置，箍筋转角与受力钢筋的交叉点均应扎牢；箍筋平直部分与纵向交叉点灯间隔扎牢，以防止骨架歪斜。

（7）板、次梁与主筋交叉处，板的钢筋在上，次梁的钢筋居中，主梁的钢筋在下；当有圈梁或垫梁时，主梁的钢筋应放在圈梁上。受力筋两端的搁置长度应保持均匀一致。框架梁牛腿及柱帽等钢筋，应放在柱的纵向受力钢筋内侧，同时要注意梁顶面受力筋之间的净距为 30mm，以利于浇筑混凝土。

（8）预制柱梁屋架等构件常采取底模上就地绑扎，此时应先排好箍筋，再穿入受力筋，然后，绑扎牛腿和节点部位的钢筋，以降低绑扎的困难性和复杂性。

2. 绑扎钢筋网与钢筋骨架安装

（1）钢筋网与钢筋骨架的分段（块），应根据结构配筋特点及起重运输能力而定。一般钢筋网的分块面积以 6 ~ 20m2 为宜，钢筋骨架的分段长度以 6 ~ 12m 为宜。

（2）为防止钢筋网与钢筋骨架在运输和安装过程中发生歪斜变形，应采取临时加固措施。

（3）钢筋网与钢筋骨架的吊点，应根据其尺寸、质量及刚度而定。宽度大于1m 的水平钢筋网宜采用四点起吊，跨度小于6m 的钢筋骨架宜采用两点起吊，跨度大、刚度差的钢筋骨架宜采用横吊梁（铁扁担）四点起吊。为了防止吊点处钢筋受力变形，可采取兜底吊或加短钢筋措施。

（4）焊接网和焊接骨架沿受力钢筋方向的搭接接头，宜位于构件受力较小的部位，如承受均布荷载的简支受弯构件，焊接网受力钢筋接头宜放置在跨度两端各1/4跨长范围内。

（5）受力钢筋直径 ≥ 16mm 时，焊接网沿分布钢筋方向的接头宜辅以附加钢筋网，其每边的搭接长度为15d（d 为分布钢筋直径），但不小于100mm。

3. 焊接钢筋骨架和焊接网安装

（1）焊接钢筋骨架和焊接网的搭接接头，不宜位于构件的最大弯矩处，焊接网在非受力方向的搭接长度宜为100mm；受拉焊接骨架和焊接网在受力钢筋方向的搭接长度应符合设计规定；受压焊接骨架和焊接网在受力钢筋方向的搭接长度，可取受拉焊接骨架和焊接网在受力钢筋方向的搭接长度的 0.7 倍。

（2）在梁中，焊接骨架的搭接长度内应配置箍筋或短的槽形焊接网。箍筋或网中的横向钢筋间距不得大于 5d。在轴心受压或偏心受压构件中的搭接长度内，箍筋或横向钢筋的间距不得大于 10d。

（3）在构件宽度内有若干焊接网或焊接骨架时，其接头位置应错开。在同一截面内搭接的受力钢筋的总截面面积不得超过受力钢筋总截面面积的 50%；在轴心受拉及小偏心受拉构件（板和墙除外）中，不得采用搭接接头。

（4）焊接网在非受力方向的搭接长度宜为100mm。当受力钢筋直径 ≥ 16mm 时，焊接网沿分布钢筋方向的接头宜辅以附加钢筋网，其每边的搭接长度为15d。

六、混凝土工程施工基本流程

混凝土工程施工包括配料、搅拌、运输、浇筑、振捣和养护等施工过程，如图 5-18 所示，其中的任一过程施工不当，都会影响混凝土的质量。混凝土施工不但要保证构件有设计要求的外形，而且要获得要求的强度、良好的密实性和整体性。

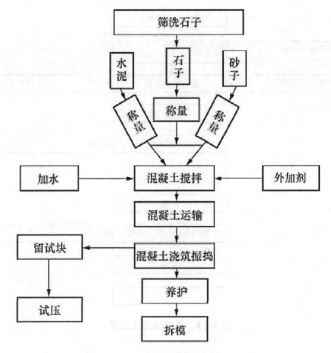

图 5-18　混凝土工程施工过程示意

七、预应力混凝土工程施工要求

(一)先张法施工

先张法是在浇筑混凝土前张拉预应力筋,并将张拉的预应力筋临时固定在台座或钢模上,然后再浇筑混凝土的施工方法。待混凝土达到一定强度(一般不低于设计强度等级的 75%),保证预应力筋与混凝土有足够的黏结力时,放张预应力筋,借助混凝土与预应力筋的黏结,使混凝土产生预压应力。

先张法适用于生产小型预应力混凝土构件.其生产方式有台座法和机组流水法。台座法是构件在专门设计的台座上生产,即预应力筋的张拉与固定、混凝土的浇筑与养护及预应力筋的放张等工序均在台座上进行。机组流水法是利用特制的钢模板.构件连同钢模板通过固定的机组,按流水方式完成其生产过程。

先张法的施工设备主要有台座、夹具和张拉设备等。

先张法施工工艺如图 5-19 所示。

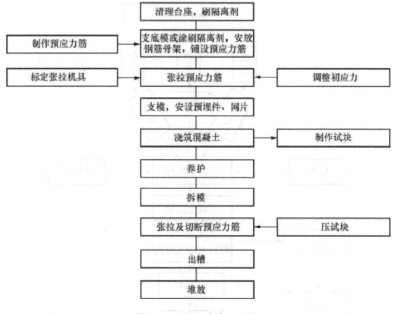

图 5-19　先张法施工工艺

(二) 后张法施工

后张法是先制作混凝土构件(或块体),并在预应力筋的位置预留相应的孔道,待混凝土强度达到设计规定数值后.在孔道内穿人预应力筋(束),用张拉机具进行张拉,并用锚具将预应力筋(束)锚固在构件的两端,张拉力即由锚具传给混凝土构件,使之产生预压应力,张拉锚固后在孔道内灌浆。图 5-20 所示为预应力混凝土后张法示意。

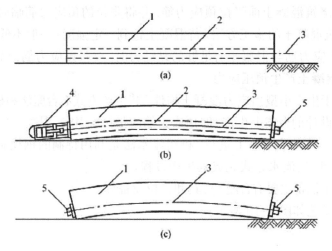

图 5-20　预应力混凝土后张法示意

(a)制作混凝土构件; (b)张拉钢筋; (c)锚固和孔道灌浆

1-混凝土构件;2-预留孔道;3-预应力筋;4-千斤顶;5-锚具

后张法施工工艺如图 5-21 所示。

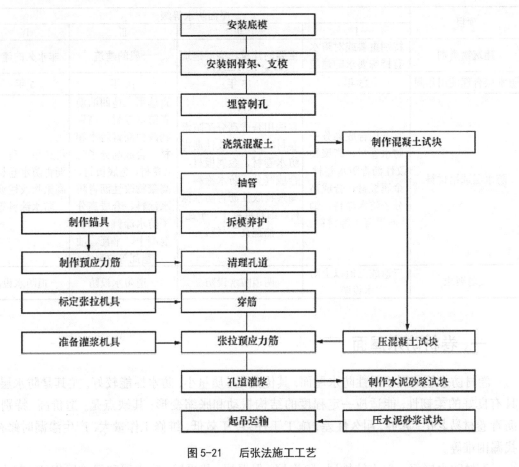

图 5-21　后张法施工工艺

第六节　建筑屋面防水工程施工

建筑屋面防水工程按其构造可分为柔性防水屋面、刚性防水屋面、上人屋面、架空隔热屋面、蓄水屋面、种植屋面和金属板材屋面等。屋面防水可多道设防,将卷材、涂膜、细石防水混凝土复合使用.也可将卷材叠层施工。《屋面工程质量验收规范》(GB50207—2012)根据建筑物的性质、重要程度、使用功能要求及防水层耐用年限等,将屋面防水分为四个等级,不同的防水等级有不同的设防要求,见表7-2。屋面工程应根据工程特点、地区自然条件等,按照屋面防水等级设防要求,进行防水构造设计。

表 7-2　屋面防水等级和设防要求

项目	屋面防水等级			
	I	II	III	IV
建筑物类别	特别重要或对防水有特殊要求的建筑	重要的建筑和高层建筑	一般的建筑	非永久的建筑
防水层合理使用年限	25 年	15 年	10 年	5 年
防水层选用材料	宜选用合成高分子防水卷材、高聚物改性沥青防水卷材、金属板材、合成高分子防水涂料、细石混凝土等材料	宜选用合成高分子防水卷材、高聚物改性沥青防水卷材、金属板材、合成高分子防水涂料、高聚物改性沥青防水涂料、细石混凝土、平瓦、油毡瓦等材料	宜选用三毡四油沥青防水卷材、高聚物改性沥青防水卷材、合成高分子防水卷材、金属板材、高聚物改性沥青防水涂料、合成高分子防水涂料、细石混凝土、平瓦、油毡瓦等材料	可选用二毡三油沥青防水卷材、高聚物改性沥青防水涂料等
设防要求	三道或三道以上防水设防	两道防水设防	一道防水设防	一道防水设防

一、卷材防水屋面

卷材防水屋面属于柔性防水屋面,其优点是:质量小,防水性能较好,尤其是防水层,具有良好的柔韧性,能适应一定程度的结构振动和胀缩变形;其缺点是:造价高,特别是沥青卷材易老化、起鼓,耐久性差,施工工序多,工效低,维修工作量大,产生渗漏时修补、找漏困难等。

卷材防水屋面一般由结构层、隔汽层、保温层、找平层、防水层和保护层组成。其中,隔汽层和保温层在一定的气温条件和使用条件下可不设。

二、涂膜防水屋面

涂膜防水屋面是在屋面基层上涂刷防水涂料,经固化后形成一层有一定厚度和弹性的整体涂膜,从而达到防水目的的一种防水屋面形式。

防水涂料的特点:防水性能好,固化后无接缝;施工操作简便,可适应各种复杂的防水基面;与基面黏结强度高;温度适应性强;施工速度快,易于修补等。

三、刚性防水屋面

刚性防水屋面用细石混凝土、块体材料或补偿收缩混凝土等材料作屋面防水层,依靠混凝土密实并采取一定的构造措施,以达到防水的目的。

刚性防水屋面所用材料虽然容易取得、价格低廉、耐久性好、维修方便,但是对地基不均匀沉降、温度变化、结构振动等因素都非常敏感，容易产生变形开裂，口防水层与大气直接接触，表面容易碳化和风化，如果处理不当，极易发生渗漏水现象，所以.刚性防水屋面适用于Ⅰ～Ⅲ级的屋面防水，不适用于设有松散材料保温层及受较大振动或冲击的和坡度大于15%的建筑屋面。

第七节　装饰工程施工

一、抹灰工程

(一) 抹灰工程的分类

抹灰工程按使用的材料及其装饰效果，可分为一般抹灰和装饰抹灰。

1. 一般抹灰

一般抹灰是指采用石灰砂浆、水泥混合砂浆、水泥砂浆、聚合物水泥砂浆、麻刀灰、纸筋石灰和石膏灰等抹灰材料进行的抹灰工程施工。按建筑物标准和质量要求，一般抹灰可分为以下两类：

(1)高级抹灰。高级抹灰由一层底层、数层中层和一层面层组成。抹灰要求阴阳角找方，设置标筋，分层赶平、修整。表面压光，要求表面光滑、洁净，颜色均匀，线角平直，清晰美观，无抹纹。高级抹灰用于大型公共建筑物、纪念性建筑物和有特殊要求的高级建筑物等。

(2)普通抹灰。普通抹灰由一层底层、一层中层和一层面层(或一层底层和一层面层)组成。抹灰要求阳角找方，设置标筋，分层赶平、修整。表面压光，要求表面洁净，线角顺直、清晰，接槎平整。普通抹灰用于一般居住、公用和工业建筑及建筑物中的附属用房，如汽车库、仓库、锅炉房、地下室、储藏室等。

2. 装饰抹灰

装饰抹灰是指通过操作工艺及选用材料等方面的改进，使抹灰更富于装饰效果，其主要有水刷石、斩假石、干粘石和假面砖等。

(二) 抹灰层的组成

为了使抹灰层与基层黏结牢固，防止起鼓开裂，并使抹灰层的表面平整，保证工程质量.抹灰层应分层涂抹。

(1)底层。底层主要起与基层黏结的作用，厚度一般为5～9mm。

(2)中层。中层起找平作用，砂浆的种类基本与底层相同，只是稠度较小，每层厚度应控制为5～9mm。

(3)面层。面层主要起装饰作用,要求面层表面平整、无裂痕、颜色均匀。

(三) 抹灰层的总厚度

抹灰层的平均总厚度要根据具体部位及基层材料而定。钢筋混凝土顶棚抹灰厚度不大于15rnrn;内墙普通抹灰厚度不大于20mm.高级抹灰厚度不大于25mm;外墙抹灰厚度不大于20mm;勒脚及凸出墙面部分不大于25mm。

二、饰面工程

饰面工程是在墙、柱表面镶贴或安装具有保护和装饰功能的块料而形成的饰面层。块料的种类可分为饰面板和饰面传两大类。

1. 饰面板安装

饰面板工程是将天然石材、人造石材、金属饰面板等安装到基层上,以形成装饰面的一种施工方法。建筑装饰用的天然石材主要有大理石和花岗石两大类,人造石材一般有人造大理石(花岗石)和预制水磨石饰面板。金属饰面板主要有铝合金板、塑铝板、彩色涂层钢板、彩色不锈钢板、镜面不锈钢面板等。

2. 饰面砖镶贴

饰面砖有釉面瓷砖、外墙面砖、陶瓷锦砖等。饰面砖在镶贴前应根据设计对釉面砖和外墙面砖进行选择,要求挑选规格一致、形状平整方正、不缺棱掉角、不开裂和脱釉、无凹凸扭曲、颜色均匀的面砖及各配件。按标准尺寸检查饰面传.分出符合标准尺寸和大于或小于标准尺寸三种规格的饰面砖,同一类尺寸应用于同一层或同一墙面上,以做到接缝均匀一致。陶瓷锦砖应根据设计要求选择好色彩和图案,统一编号,便于镶贴时按编号施工。

三、楼地面工程

楼地面工程是人们工作和生活中接触最频繁的一个分部工程,其反映楼地面工程档次和质量水平,具有地面的承载能力、耐磨性、耐腐蚀性、抗渗漏能力、隔声性能、弹性、光洁程度、平整度等指标,以及色泽、图案等艺术效果。

1. 楼地面的组成

楼地面是房屋建筑底层地坪与楼层地坪的总称,由面层、垫层和基层等部分构成。

2. 楼地面的分类

(1)按面层材料划分,楼地面可分为土、灰土、三合土、菱苦土、水泥砂浆混凝土、水磨石、陶瓷马赛克、木、砖和塑料地面等。

(2)按面层结构划分,楼地面可分为整体面层(如灰土、菱苦土、三合土、水泥砂浆、混凝土、现浇水磨石、沥青砂浆和沥青混凝土等)、块料面层(如缸砖、塑料地板、拼花木地板、陶瓷马赛克、水泥花砖、预制水磨石块、大理石板材、花岗石板材等）和涂布地面等。

四、涂饰工程

涂饰敷于建筑物表面并与基体材料很好地黏结,干结成膜后,既对建筑物表面起到一定的保护作用,又具有建筑装饰的效果。

1. 涂料质量要求

（1）涂饰工程所用的涂料和半成品(包括施涂现场配制的),均应有品名、种类、颜色、制作时间、储存有效期、使用说明和产品合格证书、性能检测报告及进场验收记录。

（2）内墙涂料要求耐碱性、耐水性、耐粉化性良好,以及有一定的透气性。

（3）外墙涂料要求耐水性、耐污染性和耐候性良好。

2. 腻子质量要求

涂饰工程使用的腻子的塑性和易涂性应满足施工要求,干燥后应坚固,无粉化、起皮和开裂,并按基层、底涂料和面涂料的性能配套使用。另外,处于潮湿环境的腻子应具有耐水性。

3. 涂饰工程施工方法

（1）刷涂。刷涂宜采用细料状或云母片状涂料。刷涂时,用刷子蘸上涂料直接涂刷于被涂饰基层表面,其涂刷方向和行程长短应一致。涂刷层次一般不少于两度。在前一度涂层表面干燥后再进行后一度涂刷。两度涂刷间隔时间与施工现场的温度、湿度有关.一般不少于 2 ~ 4h。

（2）喷涂。喷涂宜采用含粗填料或云母片的涂料。喷涂是借助喷涂机具将涂料呈雾状或粒状喷出,分散沉积在物体表面上。喷射距离一般为 40 ~ 60cm,施工压力为 0.4 ~ 0.8MPa。喷枪运行中喷嘴中心线必须与墙面垂直,喷枪与墙面平行移动,运行速度保持一致。室内喷涂一般先喷顶后喷墙,两遍成活,间隔时间约为 2h;外墙喷涂一般为两遍,较好的饰面为三遍。

（3）滚涂。滚涂宜采用细料状或云母片状涂料。滚涂是利用涂料根子蘸匀适量涂料,在待涂物体表面施加轻微压力上下垂直来回滚动,避免歪扭呈蛇形,以保证涂层的厚度、色泽、质感一致。

（4）弹涂。弹涂宜采用细料状或云母片状涂料。先在基层刷涂 1 道或 2 道底色涂层,待其干燥后进行弹涂。弹涂时,弹涂器的出口应垂直对正墙面,距离为 300 ~ 500mm,按一定速度自上而下、自左至右地弹涂。注意弹点密度均匀适当,上下左右接头不明显。

第六章　BIM 技术在建筑施工中的应用研究

BIM 是英文 Building Information Modeling 的缩写，国内最常见的叫法是"建筑信息模型"，尽管这个说法并不能完整和准确地描述 BIM 的内涵，但是已被工程建设行业所广泛认同（如同 CAD 之于计算机辅助设计）。

第一节　BIM 在设计阶段

一、BIM在设计阶段的价值

在设计阶段，由于设计工作本身的创意性、不确定性，设计过程中有很多未确定因素，专业内部以及各专业之间需要进行大量的协调工作。在运用 CAD 及其他专业软件的设计过程中，由于各类软件本身的封闭性，在各专业内部及专业之间，信息难以及时交流。而 BIM 本身作为信息的集合体，就是通过数据之间的关系来传递信息，通过在模型中建立各种图元之间的关系，表达各种模型或者构件的全面详尽信息；同时，借助于 BIM 软件本身的智能化，建筑设计行业正在从软件辅助建模向智能设计方向发展。[1]BIM 的采用成为建筑设计行业跨越式发展的里程碑。

BIM 技术可以降低设计人员的工作量，提高设计效率。

（1）利用 BIM 模型提供的信息，可从设计初期开始对各个发展阶段的设计方案进行各种性能分析、模拟和优化，例如日照、风环境、热工、景观可视度、噪声、能耗、应急处理、造价等，从而得到具有最佳性能的建筑物。而利用 CAD 完成这些工作，则需要大量的时间和人力物力投入，因此目前除了特别重要的建筑物有条件开展这项工作以外，绝大部分

1　赵伟，孙建军著．BIM 技术在建筑施工项目管理中的应用 [M]，3页，成都：电子科技大学出版社，2019.03.

建筑物的所谓性能分析都还处于合规验算的水平,离主动、连续的性能分析还有很大差距。

（2）利用 BIM 模型对新形式、新结构、新工艺和复杂节点等施工难点进行分析模拟,从而可改进设计方案以利于现场施工实现,使原本在施工现场才能发现的问题尽早在设计阶段就得到解决,以达到降低成本、缩短工期、减少错误和浪费的目的。

（3）利用 BIM 模型的可视化特性和业主、施工方、预制商、设备供应商、用户等对设计方案进行沟通,提高效率,降低错误。

（4）利用 BIM 模型对建筑物的各类系统(建筑、结构、机电、消防、电梯等)进行空间协调,保证建筑物产品本身和施工图没有常见的错、漏、碰、缺现象。

（5）CAD 能够帮助设计人员绘图,但是不够智能,不能协同设计。随着建筑业的发展,设计所涵盖的面更广, 工作量也更大, 系统性也更强,所需求和产生的信息量巨大。随着BIM 技术的出现,使建筑设计在信息化技术方面有了巨大的进步。BIM 技术是通过数据之间的关系来传递信息,在模型中建立各种构件图元之间的关系,从而全面详尽地表达各种构件的信息。

（6）表达建筑物的图纸主要有平面图、立面图和剖面图三种。设计师一般利用 CAD软件分别绘制不同的视图;利用 BIM 模型,不同的视图可以从同一个模型中得到。尤其是当改变其中一个门或一堵墙的类型的时候,通常设计师需要在平立剖、工程量统计等文件中逐个修改,而利用 BIM,只要在模型中进行修改,就会体现在图纸、工程量中。传统设计中,除了平立剖图纸本身, 结构计算、热工计算、节能计算、工程量统计等,都需要逐个修改模型参数进行重新计算来反映某个变化对各项建筑指标的影响。而利用 BIM,这个变化对后续工作的影响评估将变成高度自动化。

通过使用 BIM 技术,设计师可以完成目前建设环境下(项目复杂、规模大、时间紧、设计费不高、竞争激烈) 使用 CAD 几乎无法完成的工作,从而使得设计的项目性能和质量有根本性的提高。

二、BIM在设计阶段的实施流程

在二维 CAD 建筑设计中,各种图纸设计都是分开的,需要做很多重复工作,工作量大且专业间经常会出现不一致的错误,导致设计人员有很大一部分精力放在了这些繁杂环节上,而不是在设计工作上。在以三维技术为核心的 BIM 中,只要建立模型,每个专业内部、专业之间, 按照统一规定来完成相应的工作就可以了, 其他内容由 BIM 软件来完成,设计人员不需要将大部分的时间用在图纸绘制、专业协调等繁杂环节,而是将侧重点更多地放在设计工作的核心任务上。

将分析结果导入 BIM 软件后,不仅可得到各层平面的平法施工图,而且可以得到想要的任何一个截面或者构件的详图,进一步可以计算各种材料的用量,进而估算成本。

目前各大设计院基本都是采用 CAD 软件作为设计绘图工具, 极大提高了设计人员的工作效率,但从整个设计流程来看,这还远远不够。CAD 软件辅助设计的协调工作能力比较差,需要手动进行关联内容的修改,而且工作量很大,非常繁琐。而在 BIM 设计中,BIM 靠数据进行模型的建立和维护,BIM 中的数据必须通过协调一致性来维持数据的管理和操作,所以 BIM 设计中能够实现数据的智能化协调。二者相比,BIM 通过参数化管理以及 BIM 的协调一致性功能,对模型中的视图进行管理和操作相当简单和方便,例如,如果模型中门 A 和门 B 之间设定了距离为 2m,那么当两个门所在的墙移动后,门的距离还是不变,并且,具有相同属性的门之间的距离也是一样不变的,BIM 技术的这种数据联动性使 BIM 设计的修改和管理更加方便。

三、 BIM在设计阶段的协同设计

在设计过程中,专业内部及各专业间的设计协同是令设计人员很头痛而且是很容易出错的事情。在 BIM 设计中,BIM 模型本身就是信息的集合体,依靠各专业提供数据和进行完善,BIM 模型也为各专业提供数据和服务,因此,协同性是 BIM 技术的自身特性。

采用 BIM 设计,可促进各专业之间的配合能力。BIM 技术从三维技术上对建筑模型进行协调管理,它涵盖建筑的各个方面,从设计到施工、再到设备管理,互相结合,推动项目高质量快速发展。例如,建筑专业设计模型建立完成之后,可以利用建筑模型与相对应的配套软件进行衔接,进行节能和日照等的分析;结构设计专业对相应的具体部位进行结构计算;设备则可以进行管道和暖通系统的分析。另外,在传统的 CAD 平面设计中,管线是一个很头疼的问题,各专业只针对自己专业进行设计和计算分析,没有考虑或者很难考虑将其他专业的设计图纸结合到一起时,管线会不会干扰正常施工或者会穿过主要结构构件等。但是在 BIM 中这个问题很容易解决,BIM 技术通过管线碰撞的方式,利用同一个建筑模型进行协调操作,方便快捷、准确率高。利用 BIM 平台,通过一个建筑模型,来协调处理建筑与结构、结构与设备、设备与建筑等之间的问题,方便直观、一目了然,而且会自动生成报告文件。这样就可以大大节省查找的工作时间,从而提高工作效率。BIM 技术可以简化设计人员对设计的修改,BIM 数据库可自动协调设计者对项目的更改,如平、立、剖视图,只修改一处,其他处视图可自动更新。BIM 技术的这种协调性能避免了专业不协调所带来的问题,使工作的流程更加畅通,效率更高,使建筑项目这个大的团队工作更加协调,工作更加快捷、省时省力。

此外,BIM 技术所涵盖的方面很广,不只适用于建筑本身,还可以伴随着建设项目的进展,对项目进行管理调节等。由于 BIM 技术的应用伴随着建筑的全生命过程,且以数据信息为基础,协调各专业之间的协作,所以可以在建设的各个阶段为各专业间提供一个可以数据共享的系统,使各专业交流协作更方便,给设计人员带来极大的便利。在设计阶段,各专业间设计人员通过 BIM 模型交流;在施工阶段,通过 BIM 模型,设计人员与现场施工人员很容易交流解决施工中遇到的设计问题;在使用及维修阶段,通过 BIM 模型,设计人员很容易指导物业管理人员解决遇到的问题。

四、BIM在设计阶段的应用现状和发展趋势

目前,BIM技术仍处于起步阶段,还需要做大量的工作。在设计领域仅仅是在逐步替代CAD,远没有发挥出自身的优越性。以建筑结构设计为例,目前主要是通过有限元结构分析软件(如PKPM)做建筑结构的设计和受力变形分析,将计算结构导入到二维软件(如CAD)中进行结构施工图的绘制(如平法)。而采用BIM技术时,首先要在BIM软件中建实体模型,之后将实体物理模型导入相应的结构分析软件,进行结构分析计算,再从分析软件中分析设计信息,进行动态的物理模型更新和施工图设计,从而将结构设计和施工图的绘制二者相统一,实现无缝连接,极大地提高了设计人员的工作效率。但目前应用中,BIM技术还很不完善结构设计在建立BIM模型时,不仅要输入大量数据(如单元截面特性、材料力学特性、支座条件、荷载和荷载组合等)来建立模型,还需考虑物理模型转化为二维施工图的形式、该物理模型能否导入第三方的结构分析软件进行模型的计算和分析等问题,因此,各类软件之间的双向无缝衔接等问题还制约着BIM技术在设计领域的应用。

随着BIM技术的快速发展以及相关软件的开发及完善,BIM技术也将被设计行业进一步认可并大力推广应用。由于BIM的集成性,涉及的环节非常多,当前BIM技术在很多方面仍很薄弱或空缺,影响到了BIM在设计领域的应用。但这些问题将会被逐步解决,BIM技术将逐渐成为设计行业的基础设计工具。

第二节　BIM在招投标阶段应用

随着国家经济发展、政策导向调整,建筑行业中设计、施工招标投标日渐激烈。对投标方而言,不仅自身要有技术、管理水平,还要充分掌握招标项目的细节并展示给招标方,争取中标。投标方要在较短的投标时间内以较少的投标成本来尽可能争取中标,并不是一件容易的事情。随着BIM技术的推广应用,其为投标方带来了极大的便利。

一、 BIM在招标投标阶段的应用

1. 基于BIM的施工方案模拟

借助BIM手段可以直观地进行项目虚拟场景漫游,在虚拟现实中身临其境般地进行方案体验和论证。基于BIM模型,对施工组织设计进行论证,就施工中的重要环节进行可视化模拟分析,按时间进度进行施工安装方案的模拟和优化。对于一些重要的施工环节或采用

新施工工艺的关键部位、施工现场平面布置等施工指导措施进行模拟和分析,以提高计划的可行性。在投标过程中,可通过对施工方案的模拟,直观、形象地展示给甲方。

2. 基于BIM的4D进度模拟

建筑施工是一个高度动态和复杂的过程，当前建筑工程项目管理中用于表示进度计划的网络计划，由于专业性强、可视化程度低，无法清晰描述施工进度以及各种复杂关系，难以形象地表达工程施工的动态变化过程。通过将BIM与施工进度计划相链接，将空间信息与时间信息整合在一个可视的4D（3D+Time）模型中，可以直观、精确地反映整个建筑的施工过程和虚拟形象进度。4D施工模拟技术可以在项目建造过程中合理制订施工计划、精确掌握施工进度，优化使用施工资源以及科学地进行场地布置，对整个工程的施工进度、资源和质量进行统一管理和控制，以缩短工期、降低成本、提高质量。此外，借助4D模型，施工企业在工程项目投标中将获得竞标优势，BIM可以让业主直观地了解投标单位对投标项目主要施工的控制方法、施工安排是否均衡，总体计划是否合理等，从而对投标单位的施工经验和实力作出有效评估。

3. 基于BIM的资源优化与资金计划 2

利用BIM可以方便、快捷地进行施工进度模拟、资源优化，以及预计产值和编制资金计划。通过进度计划与模型关联，以及造价数据与进度关联，可以实现不同维度（空间、时间、流水段）的造价管理与分析。

将三维模型和进度计划相结合，模拟出每个施工进度计划任务对应所需的资金和资源，形成进度计划对应的资金和资源曲线，便于选择更加合理的进度安排。

通过对BIM模型的流水段划分，可以按照流水段自动关联快速计算出人工、材料、机械设备和资金等的资源需用量计划。所见即所得的方式，不但有助于投标单位制定合理的施工方案，还能形象地展示给甲方。

总之，BIM对于建设项目生命周期内的管理水平提升和生产效率提高具有不可估量的优势。利用BIM技术可以提高招标投标的质量和效率，有力地保障工程量清单的全面和精确，促进投标报价的科学、合理，加强招标投标管理的精细化水平，减少风险，进一步促进招标投标市场的规范化、市场化、标准化的发展。可以说，BIM技术的全面应用，将为建筑行业的科技进步产生不可估量的影响，大大提高建筑工程的集成化程度和参建各方的工作效率。同时，也为建筑行业的发展带来巨大效益，使规划、设计、施工乃至整个项目全生命周期的质量和效益得到显著提高。

二、 BIM在招标投标阶段的应用价值

1. 提升技术标竞争力

BIM技术的3D功能对技术标表现带来很大的提升，能够更好地展现技术方案。通过BIM技术的支持，可以让施工方案更为合理，同时也可以展现得更好，获得加分。BIM技术的应用，提升了企业解决技术问题的能力。建筑业长期停留在2D的建造技术阶段，很

---

2 赵伟，孙建军著．BIM技术在建筑施工项目管理中的应用[M]，107页，成都：电子科技大学出版社，2019.03.

多问题不能被及时发现,未能第一时间给予解决,造成工期损失和材料、人工浪费,3D的BIM技术有极强的优势来提升对问题的发现能力和解决能力。

2. 提升中标率

更精准的报价、更好的技术方案,无疑将提升投标的中标率。这方面已有很多的实践案例,越来越多的业主方将BIM技术应用列为项目竞标的重要考核项目。同时,更高的投标效率将让施工企业有能力参与更多的投标项目,也会增加中标概率。施工企业将BIM技术的应用前移,十分必要。

3. BIM技术帮助施工企业获得更好的结算利润

当前业主方的招标工程量清单一般并不精准。如果施工企业有能力在投标报价前对招标工程量清单进行精算,运用不平衡报价策略,将获得很好的结算利润,这也是合法的经营手段。

4. 便于改扩建工程投标

在建设领域中,除了新建工程,还有大量的改扩建工程。这些工程经常遇到的问题就是原有图纸与现有情况不符,难以准确投标,设计变更多,导致工期长、索赔多等问题。而采用BIM技术,在投标时依据旧有建筑模型确定工作内容,中标后在旧有建筑模型上设计,能够避免很多技术、索赔等方面的问题。

第三节　BIM在施工阶段

一、BIM在施工阶段的价值

近几十年来,相比于其他行业生产力水平的巨大进步,建筑施工行业没有根本性的提升。一般认为有两点主要原因:一是工程项目的复杂性、非标准化,各专业协同困难,不必要的工程项目成本消耗在管理团队成员沟通协调过程中;二是各参与方实时获取项目海量数据存在巨大困难。诸如此类的一系列问题导致延误、浪费、错误现象严重,虽然已经认识到这些问题,但现在的管理技术、方法无法对其进行根本性解决。此外,建筑行业是高危行业,而在建筑施工过程中实现进度、成本、质量和安全信息的准确、高效传输与落实,保证各类控制指标得到实时监测,以及建设各参与方的信息共享与管理一体化是预防施工事故频发的可行方法。但是在现有的施工组织方案下,只有少量的信息能够从最高管理层到达一线作业人员,说明信息在传递中存在严重衰减现象。为了实现建筑施工的按期交付、低成本、高质量、低事故率等多个目标,迫切需要建立一套完善、系统的建筑工程施工数据管理模式。

BIM 技术是利用数字化技术在计算机中建立虚拟的建筑工程信息模型,并为该模型提供全面的、动态的建筑工程信息库。BIM 技术应用的核心价值不仅在于建立模型和三维效果,更在于整合建筑项目周期内的各个参与方的信息,形成信息丰富的 BIM 模型,便于各方查询和调用,给参与工程项目的各方带来不同的应用价值。BIM 作为一种应用于工程全生命周期的信息化集成管理技术,已逐步受到建筑行业各参与方的认可。

BIM 技术在我国施工阶段的应用,从原来只是简单地做些碰撞检查,到现在的基于 4D 的项目管理,可以看到 BIM 技术在施工阶段的应用越来越广、越来越深。BIM 技术在施工阶段的应用价值体现在哪里呢?下面主要从三个层面来了解。

最低层级为工具级应用,利用算量软件建立三维算量模型,可以快速算量,极大改善工程项目高估冒算、少算漏算等现象,提升预算人员的工作效率。

其次为项目级应用,BIM 模型为 6D(3D+ 建筑保修、设施管理、竣工信息)关联数据库,在项目全过程中利用 BIM 模型中的信息,通过随时随地获取数据为人材机计划制订、限额领料等提供决策支持,通过碰撞检查避免返工,钢筋、木工的施工翻样等,可实现工程项目的精细化管理,项目利润可得到提高。

最高层次为 BIM 的企业级应用,一方面,可以将企业所有的工程项目 BIM 模型集成在一个服务器中,成为工程海量数据的承载平台,实现企业总部对所有项目的跟踪、监控与实时分析,还可以通过对历史项目的基础数据分析建立企业定额库,为未来项目投标与管理提供支持;另一方面,BIM 可以与 ERP(Enterprise Resource Planning 企业资源计划的简称)结合,ERP 将直接从 BIM 数据系统中直接获取数据,避免了现场人员海量数据的录入,使 ERP 中的数据能够流转起来,有效提升企业管理水平。

由以上三个层面可以看出,BIM 技术在施工阶段的价值具有非常广泛的意义,企业将这三个层面的价值内容完全发挥出来的时候,也是 BIM 技术价值最大化的时候。

二、BIM在施工阶段的应用

大中型建筑工程在施工阶段一般具有工程复杂、工期紧、数据共享困难及专业多、图纸问题多、易造成返工等特点,项目管理难度很大,借助于BIM技术的可视化、模拟性等特点,加强事前、事中管理,可以有效地促进质量、进度、成本、安全等管理工作。

(一)BIM技术在施工阶段工程项目质量管理中的应用3

项目管理人员在工程施工前通过建立的三维模型可发现设计中的错误和缺陷,提高图纸会审效率,从源头上避免工程质量问题;可进行碰撞检查,及早解决专业间的协调问题。

1. 施工过程中进行施工模拟

(1)节点构造模拟。随着 BIM 技术的不断发展,其可视化程度高及模拟性强的特点

---

3 赵伟,孙建军著. BIM 技术在建筑施工项目管理中的应用 [M],137 页, 成都:电子科技大学出版社, 2019.03.

给空间造型设计和施工组织设计等提供了强有力的技术支持，从而使得BIM技术的应用途径越来越多。工程中相对复杂的节点，如果只用二维CAD图纸的方式来表达，对施工来说是一种限制，不能和工程实际对接，同时也给后期工程施工方案的规划和选取带来了许多阻碍。

通过关键节点CAD平面图和利用BIM模型的三维可视化图对比，可以发现即使是一个比较简单的节点都要用几个二维图来表现，而利用BIM技术，一个节点用一个三维可视化图就可以清晰地表现。

（2）施工工艺模拟。利用BIM技术进行虚拟施工工艺动画展示，通过对项目管理人员进行培训、指导，确保项目的管理人员熟悉并掌握施工过程中可能会出现的各种施工工艺和施工方法，加深对施工技术的理解，为工程施工质量控制工作打下坚实的基础。

（3）预留洞口定位。利用BIM技术先在建模软件中对相关的管线进行排布，将排布后的管线模型上传到BIM多专业协同系统中，自动准确定位混凝土墙上的预留洞口，输出预留洞口报告进而指导施工。

利用BIM技术可视化程度高和虚拟性强的特点，把工程施工难点提前反映出来，减少施工过程中的返工现象，可提高施工效率和施工质量；模拟演示施工工艺，进行基于BIM模型的技术交底，可提升各个参与方之间协同沟通的效率；模拟工作流程，优化了施工阶段的工程质量管理。

2. 现场质量管理

工程质量的数据信息是工程质量的具体表现，同时也是工程质量控制的依据。由于工程项目建设周期长、设计变更种类繁多，在现场质量管理过程中会产生大量的质量数据信息，按照传统的工作方式，项目管理人员想要随时掌握现场质量控制的动态数据并进行汇总分析是非常困难的。

目前，施工现场工程质量信息的采集主要是先通过现场管理人员手工进行记录，然后再保存到现场的计算机中或者保存为纸质版文件。这种质量数据信息采集与录入的方式会使得质量信息的获取过程变得漫长，造成质量信息汇总分析滞后。由于工程质量信息要进行二次录入，这样极容易降低工程质量信息的可靠性，使得真正可以利用的质量信息数量减少。

在BIM技术的支持下，项目管理人员通过手机、iPad等智能移动终端对工程质量数据信息进行采集，并通过网络将信息实时上传到云平台中，并将信息与之前上传到云平台中的BIM模型进行关联，给项目管理人员设置相应的权限，这样既可以保证工程质量信息传递的即时性，又可以避免人为对数据的篡改，确保工程质量信息的真实性。

随着智能移动终端（如手机、iPad）的拍照功能日益强大，项目现场管理人员可利用智能移动终端上的软件随时将施工现场的各种质量问题拍下来，标注位置、问题性质等各种属性，通过无线Wi-Fi或者4G网络实时上传到云平台中，与BIM模型进行关联。一旦现场有照片传到BIM模型中，可及时通知施工现场的管理人员，随时进行查看，大大缩短了问题反馈时间。通过不断地积累和总结,可逐渐形成一个由现场照片组成的直观的数据库,便于现场管理人员对图片信息进行再利用,加强了其对现场质量控制的能力。

信息的价值不仅仅在于信息本身,而在于可通过对收集到的零散的信息进行分析和总结,为后期决策提供确切的依据。项目管理人员通过信息处理工具对工程质量从时间维度、空间维度和分部分项维度等进行对比分析,以期提早发现工程质量问题,分析问题产生的原因,制定工程质量问题的解决方案;通过对以往工程质量信息的汇总分析,形成工程质量控制的宝贵经验。利用BIM技术将采集到的工程质量验收记录、工程开工报告、报审文件、工程材料(设备、构配件)审查文件、设计变更文件、变更信息、巡视检查记录、旁站监督记录、工程质量事故处理文件、指令文件、监理工作报告等信息进行归纳和分析,分析工程质量问题产生的原因,并提出防治措施,便于日后学习和借鉴。利用BIM技术,可直接提交电子版的质量检验报告和技术文件,审核时直接调用即可,避免了大量纸质文件翻阅和查找的工作,节省了工作时间,提高了工作效率。

3. 工程质量信息的获取和共享

可以通过建立企业质量管理数据库实现信息的共享,通过云端数据库加强质量信息的交流。针对国家、地区、企业和项目不同的要求,建立与之对应的数据库。针对我国不同地区工程项目质量相关的法律法规,建立与之对应的工程质量法律法规数据库,将相关地区的工程质量法律法规纳入其中,实现电子化存档,使得企业相关人员和项目管理人员对该地区工程质量标准和规范进行精确、快速地查找。此外,工程质量管理经验、工程质量问题以及工程质量问题防治措施的收集是工程质量信息收集的重点工作,项目管理人员通过对以上收集的信息进行归纳总结,建立属于企业自身的工程质量问题数据库、工程质量控制点数据库以及工程质量问题防治措施数据库,用于指导和协助施工过程中工程质量控制工作和事前质量控制工作。

(二)BIM技术在施工阶段工程项目进度管理中的应用

4D模型是指在3D模型基础上,附加时间因素,这种建模技术应用于建筑施工领域,以施工对象的3D模型为基础,以施工的建造计划为其时间因素,可将工程的进展形象地展现出来,形成动态的建造过程模拟模型,用以辅助施工计划管理。例如,在Microsoft Project软件中完成计划之后,在Luban BIM Works软件中将其与BIM模型结合起来,形成4D进度计划。在Luban BIM Works中,可以把不同的形态设置成不同的显示状态,这样可以直观地检查出时间设置是否合理。

1. 项目进度动态跟踪

项目在进行一段时间后发现目标进度与实际进度间偏差越来越大,这时最早指定的目标计划起不到实际作用,项目管理人员需要重新计算和调整目标计划。利用BIM技术反复模拟施工过程来进行工程项目进度管理,让那些在施工阶段已经发生的或将来可能出现的问题在模拟的环境中提前发生,逐一进行修改,并提前制定相应解决办法,使进度计划安排和施工方案达到最优,再用来指导该项目的实际施工,从而保证工程项目按时完成。

2. 进度对比

关于计划进度与实际进度的对比一般综合利用横道图对比、进度曲线对比、模型对比完成。系统可同时显示多种视图,实现计划进度与实际进度间的对比。另外,通过项目计划进度模型、实际进度模型、现场状况间的对比,可以清晰地看到建筑物的成长过程,发现建造过程中的进度情况和其他问题,进度落后的构件还会变红发出警报,提醒管理人员注意。

3. 纠偏与进度调整

在系统中输入实际进展信息后,通过实际进展与项目计划间的对比分析,可发现较多偏差,并可指出项目中存在的潜在问题。为避免偏差带来的问题,项目过程中需要不断地调整目标,并采取合适的措施解决出现的问题。项目时常发生完成时间、总成本或资源分配偏离原有计划轨道的现象,需要采取相应措施,使项目发展与计划趋于一致。对进度偏差的调整以及目标计划的更新,均需考虑资源、费用等因素,采取合适的组织、管理、技术、经济等措施,这样才能达到多方平衡,实现进度管理的最终目标。

进度管理中应用 BIM 技术的优势如下。

(1)提升全过程协同效率。

(2)碰撞检测,减少变更和返工进度损失。

(3)加快支付审核。

(4)加快生产计划、采购计划的编制。

(5)提升项目决策效率。

(三)BIM技术在施工阶段工程项目成本管理中的应用

1. 建立成本 BIM 模型

利用建模软件建立成本BIM模型,基于国家规范和平法标准图集,采用CAD转化建模、绘图建模,辅以表格输入等多种方式,整体考虑构件之间的扣减关系,解决在施工过程中钢筋工程量控制和结算阶段钢筋工程量的计算问题。造价人员可以修改内置计算规则,借助其强大的钢筋三维显示,使得计算过程有据可依,便于查看和控制。报表种类齐全,可满足多方面需求。

2. 成本动态跟踪

项目应用以 BIM 技术为依托的工程投资数据平台,将包含投资信息(工程量数据、造价数据)的 BIM 模型上传到系统服务器,系统就会自动对文件进行解析,同时将海量的投资数据进行分类和整理,形成一个多维度、多层次的,包含可视化三维图形的多维结构化工程基础数据库。相关人员可远程调用、协同,对项目快速、准确按区域(根据区域划分投资主体)、按时间段(月、季度、特定时间等)进行分析统计工程量或者造价,使得项目的成本在可控范围内。

3. 工程量计划

(1)应用说明。项目开工前,根据施工图纸快速建立预算 BIM 模型,建模标准按照委托方确定的要求(清单或定额)制定。建模完成后可以获得整个项目的预算工程量。所有预算工程量可以按照楼层、构件、区域等进行快速划分统计,并把预算模型上传至数据系统进行内部共享,相关人员可以利用客户端对所需要的数据进行查询。

(2)应用价值。利用工程量数据,结合造价软件,成本部门可以测算出整个项目的施工图预算,作为整个项目总造价控制的关键。

工程部可以根据项目各层工作量结合项目总节点要求制订详细的施工进度计划。例如,制订基础层的施工计划,相关人员就可以在客户端中查询土方工程量,承台混凝土、钢筋和模板工程量,基础梁混凝土、钢筋和模板工程量等,并能够以这些数据为依据结合施工经验制订出比较详细和准确的施工进度计划。

施工图预算BIM模型获得的工程量可以与今后施工过程中的施工BIM模型进行核对,对各层、各构件工程总量进行核对,对于工程量发生较大变化的情况可及时检查发现问题。

(3)相关部门岗位工程部和项目部包含:项目经理、技术主管、核算员等岗位人员。

4. 注意事项

(1)要确保建模的准确性。

(2)对图纸中未注明、矛盾或错误的地方及时提出并进行沟通。

(3)建模完成后需配套相关建模说唤t 刧剐眉R 沟通与核对。

(4)混凝土工程量中未扣除钢筋鹿点体积。

(5)项目只涉及工程量数据,岗位、材料、机械、价格以及取费等由项目人员完成。

5. 人工和材料计划

(1)应用说明。算量 BIM 模型建立完成后,导入造价软件,根据定额分析出所需要的各专业人工和主要材料数量。将所有数据导入到 BIM 系统中,作为材料部采购上限进行控制。根据定额分析出来的人工和材料是定额消耗量,与实际消耗量存在差距,通常情况下偏大。因此可以分两步来解决这个问题:一是定额分析出来的人工和材料根据施工经验乘以特定系数后作为材料上限进行控制;二是根据现场实际施工测算情况对定额中的消耗量进行修改,形成企业定额,从中分析出来的人工和材料作为准确数量进行上限控制。

(2)应用价值。材料部门根据分析得到的材料数量进行总体计划,并且设置材料采购上限。如果项目上累计采购已经超出限制则进行预警。材料管控需同项目管理软件相结合,根据公司和管理要求对材料进行分层、分节点统计。工程部门可以根据分析得到的具体人工用量,提前预计施工高峰和低谷期,合理安排好施工班组。

(3)相关部门岗位。工程部和项目部包括:项目经理、技术主管、核算员等岗位人员。材料部包括:材料员等岗位人员。

(4)注意事项。机械使用量情况不进行分析,主要考虑大型机械不按台班计费,另外,小型机械由分包班组自行准备。其对项目管控的价值不大，因此不做考虑。

预算 BIM 模型分析出来的材料数量可以作为材料采购总体计划，每一阶段详细计划可以根据施工 BIM 模型来制定，一方面施工 BIM 模型更贴近于实际施工，另外施工 BIM 模型根据设计变更或图纸改版随时进行调整，比预算 BIM 模型的数据更可靠。

5. 模板摊销制定

（1）应用说明。根据已经建立的算量 BIM 模型，可以按接触面积测算出模板面积。使用客户端选择相应楼层，输入相应构件名称就可以快速查询到所需要的模板量。

（2）应用价值。工程部根据这些数据，按照模板摊销要求，可以测算出清水模板、库存模板、钢模板等的数量，并对项目部制定相应的考核方案。

6. 施工交底

（1）应用说明。施工交底应用主要基于施工 BIM 模型进行，施工 BIM 模型是在预算 BIM 模型的基础上，根据施工方案以及现场实际情况进行编制的。因此，施工 BIM 模型用于日常交底工作将更准确。

（2）应用价值。工程部在日常与施工班组交底过程中选择需要交底的部位，进行三维显示，并且可以直接对交底部位进行打印，相关人员签字确认，并交给具体施工人员，以保证交底工作不是流于形式。

7. 材料用量计划

（1）应用说明。施工 BIM 模型导入造价软件中后，可以分析出所需要的材料需求量。例如浇筑混凝土，根据施工预算 BIM 模型统计混凝土需求量应该为120m3，根据现场支模情况并且考虑扣除钢筋体积，估计110m3，可以满足需求，确定后就可以要求混凝土搅拌厂进行准备。同时这个量还可以作为最后的核对依据，如果实际浇筑超过了120m3，这时就要查找原因，是因为量不足还是因为其他情况。

（2）应用价值。工程现场管理人员原来是需要提前手工计算并进行统计，现在可以直接在系统中进行查询。一方面避免了手工计算不准确或者人为的低级错误，另一方面避免了因时间紧导致手工

无法计算的情况。同时，设计变更调整也能及时共享到最新数据中。

8. 进度款审核申报

（1）应用说明。对于分包单位进度款的申报与审核，核算员可以通过算量软件调取各家分包单位的工作量，项目经理和工程部相关人员可以进入信息系统中进行审核确认。

（2）应用价值。提高核算人员填报分包工作量的准确性和及时性，避免因工作量误差引起矛盾，增加沟通成本。项目经理和工程部人员在签字时可以快速调取系统中的数据进行核对，做到管理决策有据可依、有据可查。

9. 施工过程中多算对比（工程量）

（1）应用说明。目前的条件可以满足项目的二算对比，即项目前期预算量和施工过程

中实际量的对比。

(2)应用价值。施工过程中多算对比主要便于项目经理和总部进行管控,通过数据对比和分析,及时了解项目进展情况。对于数据变化大的项目应及时查找并解决其问题。

10. 设计变更调整

(1)应用说明。资料员拿到设变更后进行扫描并提交给核算员,并由核算员根据变更情况直接在 BIM 模型中进行修改,并把相关设计变更单扫描文件链接到模型变更部位。完成后上传到信息系统中进行共享。

(2)应用价值。保证相关部门查询到的数据是最新最准确的,包括材料采购申请以及月工作量审核等。调整后数据可以在客户端中与项目前期预算进行对比,可以快速了解设计变更后工程量的变化情况。

施工完成后的 BIM 模型可以作为分包结算的依据,并包含所有涉及的变更单。这样有效地加快了结算速度和准确性,避免了扯皮事件的发生。

11. 电子资料数据库建立

(1)应用说明。为了便于后期的运营维护,施工阶段需要把主要材料的供应商信息、设计变更单等相关资料加入到模型中。通过 BIM 算量软件可以添加供应商信息,其他图片或者文件可以通过链接模式关联到具体构件中。例如大理石地面,可以注明供应商、尺寸、规格、型号、联系方式等,与之相关的设计变更单可以扫描后作为链接进行关联。

(2)应用价值。运营维护阶段,相关资料可以得到有效利用,例如地面大理石损坏,这时就可以查询到大理石的相关厂家信息,便于查询,可避免浪费时间去翻阅竣工图纸、变更单等。项目结算时,相关变更和签证可直接在模型中进行查询,避免结算时漏项。

(四)BIM技术在施工阶段工程项目安全管理中的应用

1. 安全教育

借助 BIM 技术可视化程度高的特点,利用 BIM 技术虚拟现场的工作环境,可进行基于 BIM 技术的安全培训。一些新来的工人对施工现场不熟悉,在熟悉现场工作环境之前受到伤害的可能性较高。有了 BIM 技术的帮助,可使他们能够快速地熟悉现场的工作环境。基于 BIM 技术的安全培训不同于传统的安全培训,它避免了枯燥乏味的形式主义,将安全培训落到实处。在 BIM 技术辅助下的安全培训可以让工人更直观和准确地了解到现场的状况,以及他们将从事哪些工作,哪些地方需要特别注意,哪些地方容易出现危险等,从而便于为现场工人制定相应的安全工作策略和安全施工细则。这不仅强化了培训效果,提高了培训效率,还减少了时间和资金的浪费。

2. 安全模拟

施工阶段是工程项目涉及专业最多交叉作业最多且最复杂的阶段,主要包括给水排水、电气、暖通、房屋建筑、道路等。可利用模型动画对施工现场情况进行演示并对工人进行安全技术交底，最大程度降低施工风险，确保安全施工。BIM技术条件下的施工安全模拟可以将进度计划作为第四个维度挂接到三维模型上，合理地安排施工计划，使得各作业工序、作业面、人员、机具设备和场地平面布置等要素合理有序地聚集在一起。项目施工过程中，要保证作业面安全及公共安全，以动画的形式展示项目构件的安装顺序（包括永久结构、临时结构、主要机械设备和卸料场地），清晰明确地展示项目将以何种方式施工，这是降低施工安全风险的关键因素。可利用BIM模型协调计划，消除冲突和歧义，改进培训效果，从而增强项目安全系数。模型可以帮助识别并消除空间上存在的碰撞及潜在的安全风险，这种风险在以往常常是被忽略的。此外，模型必须时常更新以确保其有效性。另外，利用BIM技术进行安全规划和管理，BIM模型和4D模拟还可以被用来做以下安全模拟：塔吊模拟；临边、洞口防护；应急预案。其中，4D模拟、3D漫游和3D渲染可被用来标识各种危险以及同工人沟通安全管理计划。

3. 现场安全监测与处理

在施工现场的安全监测方面，移动客户端可以发挥重要的作用。通过移动客户端，可在施工现场使用手机或平板电脑拍摄现场安全问题，把现场发现的安全问题进行统一管理，将有疑问的照片上传到信息系统，与BIM模型相关位置进行关联，方便核对和管理，便于在安全、质量会议上解决问题，从而大大提高工作效率。采用客户端进行现场安全监测与处理的优势如下。

（1）安全问题的可视化。现场安全问题通过拍照来记录，一目了然，可根据记录逐一消除。

（2）问题直接关联到BIM模型上。采用BIM模型关联模式，方便管理者对现场安全问题准确掌控。

（3）方便的信息共享。管理者在办公室就可随时掌握现场的安全风险因素。

（4）有效的协同共享，提高各方的沟通效率。各方可根据权限，查看属于自己的安全问题。

（5）支持多种手持设备的使用。

（6）简单易用，便于快速实施；实施周期短，便于维护；手持设备端更是好学、易用。

三、BIM在施工阶段的应用现状和发展趋势

BIM技术在工程项目中质量控制成效显著，优化了设计模型，加强了施工过程中工程质量信息的采集和管理，使得施工过程的每一阶段都留有痕迹，丰富了工程质量信息采集的途径，提高了工程施工质量控制水平和效率。在进度管理方面，可实时跟踪项目进度的进展情况，一旦发现偏差，立即予以解决，提高了项目进度管理的效率，并可对利用BIM技术进行工程项目进度管理的优势进行总结，形成企业的宝贵经验。通过对项目成本BIM模型建立、工程量分析、成本动态跟踪和材料采购控制四个方面的应用，解决了施工过程中的成本问题提出了相应的对策建议加强了项目管理人员对成本实时跟踪和管控的能力，

提高了成本管理效率,促进了工程项目信息化、过程化、精细化的成本管理。根据 BIM 技术的特点,结合项目将 BIM 技术应用到安全管理中,可减少施工过程中可能会出现的安全问题,提高施工安全性。

BIM 技术将结合 3D 扫描技术、云端建筑能耗分析技术、预制技术、大数据管理以及计算机辅助加工技术高速发展。随着技术发展和科技的进步,3D 扫描仪的价格慢慢下降,使得建筑企业将考虑购买 3D 扫描仪,用于收集施工现场的数据资料并汇总到云端的 BIM 模型中。另外,随着越来越多的数据被上传到云端数据库中,项目管理人员将可以访问一个富含各种数据的 BIM 模型,因此,如何有效组织、合理管理、充分分享这些模型将变得至关重要。此外,由于上传到云端,数据信息的安全保密工作也很重要。

第四节　BIM 在运营管理阶段

很多商场的自动扶梯旁都有"小心碰头"的标志,这多半是设计不当所致。为什么没有在设计时就发现这个问题呢? 在当运营方接手建筑之后,就很难去改变了(涉及楼板结构和电梯设备),只能挂牌子警示。而如果在设计阶段就通过 BIM 可视化工具进行运营的模拟,则可以提前发现并解决这类问题。

一、　BIM在运营阶段应用现状

我国工程建设行业从 2003 年开始引进 BIM 技术后,大型的设计院、地产开发商、政府及行业协会等都积极响应并协同在不同项目中不同程度上使用了 BIM 技术,如上海中心大厦、银川火车站、中央音乐学院音乐厅等典型项目。

虽然近几年 BIM 在我国有了显著发展,但从 BIM 在项目中的应用阶段来看,还普遍处在设计和施工阶段,应用到商业运营阶段的案例很少。BIM 在商业运营阶段的应用还未被广泛挖掘,这和运营相关的 BIM 软件开发有很大的关系。BIM 的发展离不开软件的支持,现今,我国主要的 BIM 软件还是以引用国外研发的软件为基础,自主研发的 BIM 软件主要还集中在设计和造价方面,运营方面的软件研发还处于原点。

目前,我国引用一些国外的运营软件进行了初级的商业运营管理工作,实践中发现运营阶段的 BIM 软件与其他阶段的软件交互性较差,造成 BIM 技术在运营阶段未得到充分应用,同时使得运营阶段在商业建设项目的全生命周期内处于孤立状态。为深化 BIM 技术在我国商业运营中的应用,2012 年 5 月 24H,同济大学建筑设计研究院主办了"2012工程建设及运营管理行业 BIM 的应用论坛",为以 BIM 为核心的商业运营管理在国内的快速发展奠定了基础。

运营阶段作为商业项目投资回收和盈利的主要阶段,节约成本、降低风险、提升效率,达到稳定有效的运营管理成为业主们追求的首要目标。显然,传统的运营模式已经不能适应当今信息引领时代的浪潮,也不能对大型设施项目中大量流动的人群进行有力的安全保证,传统的运营管理技术在未来将不能满足业主们的期望。总体来说,传统运营管理的弊端主要体现在成本高、缺乏主动性和应变性,及总控性差三个方面。

1. 劳动力成本和能源消耗的成本大

传统的运营管理是在对人的管理的基础上,建立运营管理团队,运营团队是商业项目的核心竞争力,它要求业务人员具有全方位的素质和能力,从而做到信息最快捷地传送和问题最有效地解决,但在这个快速扩张的市场中,人才的培养和流失就是很大的问题,特别是项目团队中的核心成员。并且随着劳动力成本的不断增加,给业主带来了相当大的资金压力,传统的运营管理造成了劳动力成本大幅度的增加。传统运营管理中的能源耗费量大也造成了运营成本的增加。应用传统的运营管理技术很难得到比较准确的建筑能耗统计数据和确切的设备能耗量,致使运营团队在制定节能减排目标和相关工作计划时,缺乏有效的建筑能耗数据依据,从而使运营成本增加。

2. 运营管理缺乏主动性和应变性

传统的运营管理处在被动状态上,对于将要出现的隐患缺少预见性,对突发事件缺少快速的应变性。一个商业地产项目涉及供暖系统、通风系统、排水系统、消防系统、通信系统、监控系统等大量的系统需要管理和维护,如,水管破裂找不到最近的阀门,电梯没有定期更换部件造成坠落,发生火灾后因疏散不及时造成人员伤亡等,这样业主总处于被动。问题出现了才解决的传统运营管理模式,造成的不仅仅是经济上的损失,更是消费者对业主在品质上的不信任、信誉上的不保障,这些损失往往是很难挽回的。

3. 总部对项目运营管理的控制性差

随着商业开发项目在国内的蓬勃发展,来自全国各地的各个项目信息繁杂,增加了总部的管理压力。传统的运营管理,管理人员定期整理项目信息,并以报表、图形、文本等形式把运营信息传达给总部,再等待总部各方面的决策。

信息以这种方式传递,使总部不能及时地了解项目最新的运营信息,不能给予总部最快捷的决策支持,不能发挥总部管控的最大效力,更使得总部不能对各个项目的运营进行实时控制。

二、 BIM在运营阶段应用的意义

在建筑设施的生命周期中,运营维护阶段所占的时间最长,花费也最高,虽然运维阶段非常重要,但是所能应用的数据与资源却相对较少。传统的工作流程中,设计、施工建造阶段的数据资料往往无法完整地保留到运维阶段,例如建设途中多次的设计变更,但变更信息通常不会在完工后妥善整理,造成运维上的困难。BIM技术的出现,让建筑运维阶段有了新的技术支持,大大提高了管理效率。

BIM是针对建筑全生命周期各阶段数据传递的解决方案。将建筑项目中所有关于设施设备的信息，利用统一的数据格式存储起来，包括建筑项目的空间信息、材料、数量等。利用此数据标准，在建筑项目的设计阶段，即使用BIM进行设计，建设中如有设计变更也可以及时反映在此档案中，维护阶段则能得到最完整、最详细的建筑项目信息。

在传统建筑设施维护管理系统中，多半还是以文字的形式列表展现各类信息，但是文字报表有其局限性，尤其是无法展现设备之间的空间关系。当BIM导入到运维系统中，可以利用BIM模型对项目整体做了解，此外模型中各个设施的空间关系，建筑物内设备的尺寸、型号、直径等具体数据，也都可以从模型中完美展现出来，这些都可以作为运维的依据，并且可合理、有效地应用在建筑设施维护与管理上。

BIM是指一个有物理特性和功能设施信息的建筑模型。因此BIM的条件必须是提供一个共享的知识信息资源库，在建筑设施的设计上有着正确的资料，让建筑生命周期的管理得以提早开始进行。BIM在建筑设施维护管理方式上也跟以往有很大的不同。传统运维管理往往仅有设备资料库展开的清单或列表，记录每个设备的维护记录，而应用了BIM之后，借助BIM中的空间信息与3D可视化的功能，可以达成以往无法做到的事情。

（1）提供空间信息：基于BIM的可视化功能，可以快速找到该设备或是管线的位置以及与附近管线、设备的空间关系。

（2）信息更新迅速：由于BIM是构件化的3D模型，新增或移除设备均非常快速，也不会产生数据不一致的情形。

三、 BIM在现代运营管理中的价值

1. 提供空间管理

空间管理主要应用在照明、消防、安防等系统和设备的空间定位。BIM获取各系统和设备的空间位置信息，把原来编号或者文字表示变成三维图形位置，直观形象且方便查找。如获取大楼的安保人员位置；消防报警时，在BIM模型上快速定位所在位置，并查看周边的疏散通道和重要设备等。其次，应用于内部空间设施可视化。利用BIM建立一个可视三维模型，所有数据和信息都可以从模型中获取调用。如装修的时候，可快速获取不能拆除的管线、承重墙等建筑构件的相关属性。

在应用软件方面，由Autodesk创建的基于DWF技术平台的空间管理，能在不丢失重要数据以及接收方无需了解原设计软件的情况下，发布和传送设计信息。在此系统中，Autodesk FMDesktop可以读取由Revit发布的DWF文件，并可自动识别空间和房间数据，而FMDesktop用户无需了解Revit软件产品，使企业不再依赖于劳动密集型、手工创建多线段的流程。设施管理员使用DWF技术将协调一致的可靠空间和房间数据从Revit建筑信息模型迁移到Autodesk FMDesktop。然后，生成专用的带有彩色图的房间报告，以及带有房间编号、面积、入住者名称等的平面图。

2. 提供设施管理

在设施管理方面,主要包括设施的维修、空间规划和维护操作。美国国家标准与技术协会(NIST)于 2004 年进行了一次调查,业主和运营商在持续设施运营和维护方面耗费的成本几乎占总成本的三分之二。传统的运维模式耗时长,如需要通过查找大量建筑文档,才能找到关于热水器的维护手册。而 BIM 技术的特点是,能够提供关于建筑项目的协调一致的、可计算的信息,且该信息可共享和重复使用,业主和运营商因此可降低成本的损失。此外,还可对重要设备进行远程控制。把原来商业地产中独立运行的各设备汇总到统一的平台上进行管理和控制。通过远程控制,可充分了解设备的运行状况,为业主更好地进行运维管理提供良好条件。设施管理在地铁运营维护中会起到重要的作用,在一些现代化程度较高、需要大量高新技术的建筑中,如大型医院、机场、厂房等,也会被广泛应用。

3. 提供隐蔽工程管理

在建筑设计、施工阶段会有一些隐蔽工程信息,随着建筑物使用年限的增加,人员更换频繁,隐蔽工程的安全隐患日益突显,有时会直接导致悲剧发生。如 2010 年南京市某废旧塑料厂在进行拆迁时,因对隐蔽管线信息了解不全,工人不小心挖断了地下埋藏的管道,引发了剧烈的爆炸。基于 BIM 技术的运维可以管理复杂的地下管网,如污水管、排水管、网线、电线以及相关管井,并且可以在图上直接获得相对位置关系。当改建或二次装修时可以避开现有管网位置,便于管网维修、更换设备和定位。内部相关人员可以共享这些信息,有变化可随时调整,保证信息的完整性和准确性。

4. 提供应急管理

基于 BIM 技术的管理较传统运维方式盲区更少。公共建筑、大型建筑和高层建筑等作为人流聚集区域,对突发事件的响应能力非常重要。传统的突发事件处理仅仅关注响应和救援,而通过 BIM 技术的运维管理对突发事件的管理包括:预防、警报和处理。以消防事件为例,管理系统可以通过喷淋感应器感应信息;如果发生着火事故,在商业广场的 BIM 信息模型界面中,就会自动触发火警警报;着火区域的三维位置和房间立即进行定位显示;控制中心可以及时查询相应的周围环境和设备情况,为及时疏散人群和处理灾情提供重要信息。类似的还有水管、气管爆裂等突发事件:通过 BIM 系统可以迅速定位,查到阀门的位置,避免了在众多图纸中寻找信息,提高了处理速度和准确性。

5. 提供节能减排管理

通过 BIM 结合物联网技术,使得日常能源管理监控变得更加方便。通过安装具有传感功能的电表、水表、煤气表后,可以实现建筑能耗数据的实时采集、传输、初步分析、定时定点上传等基本功能,并具有较强的扩展性。系统还可以实现室内温湿度的远程监测,分析房间内的实时温湿度变化,配合节能运行管理。在管理系统中可以及时收集所有能源信息,并且通过开发的能源管理功能模块,对能源消耗情况进行自动统计分析,例如各区域、各户主的每日用电量、每周用电量等,并对异常能源使用情况进行警告或者标识。

四、 BIM在运维阶段的实现方式

方式一：分步走。第一步先建立 BIM 模型或数据库，第二步做 BIM 运维。可能第一步与第二步并不衔接，先得到一个具有相关数据接口和达到相关深度的 BIM 模型，积累基础数据，等到成熟的时候再实施第二步。

方式二：一步到位。这一类项目必须要有明确的运维目标和可实现途径。这一思路的局限性在于其适用范围，并不是所有项目都需要做 BIM 运维。

鉴于 BIM 技术的重要性，我国从"十五"科技攻关计划中已经开始了对 BIM 技术相关研究的支持。经过多年的发展，在设计和施工阶段已经被广泛应用，而在设施维护中的应用案例并不多，尚未被广泛应用。但相关专家一致认为，在运维阶段，BIM 技术需求非常大，尤其是其对于商业地产的运维将创造巨大的价值。

随着物联网技术的高速发展，BIM 技术在运维管理阶段的应用也迎来了一个新的发展阶段。物联网被称为继计算机、互联网之后世界信息产业的第三次浪潮。业内专家认为，物联网一方面可以提高经济效益，节约成本；另一方面可以为全球经济的复苏提供技术动力。目前，美国、欧盟、日本、韩国等都在投入巨资深入研究探索物联网。我国也高度关注、重视物联网的研究，工业和信息化部会同有关部门，在新一代信息技术方面开展研究，已形成支持新一代信息技术发展的政策措施及相关标准。将物联网技术和 BIM 技术相融合，并引入到建筑全生命周期的运维管理中，将带来巨大的经济效益。

第七章　现代智能建筑施工技术

人们日常生活生产当中会广泛地运用智能建筑。而在信息技术发展也和人们日常生活生产有着紧密地联系。有效使用智能建筑技术，有利于提升现代建筑工程智能化进度，还能够有利于 改进智能建筑工程的应用功能。完善与发展我国智能建筑技术，能够满足信息时代的发展要求，在信息技术的推动下，智能建筑技术也在快速发展。为了能够在最大程度上满足人们对于生活居住个性化要求和智能化要求，需要在现代建筑工程当中加强应用和信息技术有关的智能技术，从而保证建筑工程当中具有一定的智能化特点。

第一节　智能建筑创新能源使用和节能评估

建筑是人类生活的基本场所，随着社会的发展，人口不断增长，城市的建筑规模也在不断增大，大型的建筑群也雨后春笋般增长，建筑产业在社会总能耗量中的比重增加。因此，为了缓解大型建筑的建设对我国造成的经济压力·我国开始建设智能化体系的建筑，通常简称为"职能建筑"。智能建筑在节能环保方面有着功不可没的作用。文章将对智能建筑的节能进行系统的分析，对以后建筑建设中的节能提供有效的措施。

建筑是人类生存的基本场所，但是也消耗了大量的人力、物力和财力。目前，智能建筑的建设已经被人们所认可，得到了相关建筑部门的重视。我国高度重视能源的节约问题，中国近年来能源消耗严重，必须采取有效的措施减少能源的消耗。现在，我国的建筑中，只有极少数的建筑可以达到国家规定的节能标准，其中大多数的建筑都是高耗能的，能源的消耗和浪费给我国的经济造成了严重的负担。一系列事实表明，建筑的能耗问题制约着我国的经济发展。

一、我国智能建筑的先进观念

所谓智能建筑,指的是当地环境的需要、全球化环境的需要、社团的需要和使用者个人的需要的总和。智能建筑遵循的是可持续发展的思想,追求人与自然的和谐发展,减轻建筑在建设过程中的能耗高的问题,并降低建筑建设过程中污染物的产生。智能建筑体现出一种智能的配备,指在建筑的建设过程中采取一种对能源的高效利用,体现出以人为本的宗旨。中国在发展智能建筑时,广泛借鉴美国在节约资源能源和环境保护方面所采取的严厉措施,节能和环保已经成为我国建设智能建筑的一项重要宗旨。如果违背了节能环保的原则,智能建筑也就不能称之为智能建筑了。建设智能建筑是我国贯彻可持续发展方针的一项币:大的举措,注重生态平衡,注重人与人、人与自然和谐相处。但是,我国现在的职能建筑还是有一定缺陷的,并没有从根本上做到低能耗、低污染,由此可见,只有通过对智能建筑的不断研究,充分实践,才能挖掘出智能建筑的真正内涵所在,真正实现能源的节约和可持续发展的理念。

二、智能建筑可持续发展理念的分析

智能建筑影响着人们的生活和发展,从目前中国的科技发展水平来看,"人工智能"还没有达到人类的智能水平,智能建筑具有个性化的节能系统而著名,这样的建筑物主要是满足我国能源节约的需要而研究的。但是要想真正意义上实现智能的职能,我国在建设智能建筑的时候不仅仅要落实科学发展观的基本理念,也要运用生态学的知识来分析建筑与人之间的关系,建筑与环境之间的关系。

可持续发展战略是我国重要的发展理念,它要求既能满足当代人的需要,义不对后代的人满足需要构成威胁。可持续发展观是人类经历的工业时代,人们片面追求经济利益而忽视了环境保护造成不良后果后而进行的反思。在建筑的建设过程中,大量的森林被砍伐用作建筑材料,有些建筑所用的材料还是不可再生的资源,这对人类的发展和后代的生存构成了很大的威胁。

因此,我国为了体现建筑在建设过程中的可持续发展战略,智能建筑应运而生。智能建筑是一种绿色的建筑,体现了人与自然的和谐相处。

三、制约职能建筑发展的因素

(1)社会环境与社会意识的影响,我国的建筑业在发展过程中没有实质性的纲领,尤其是在智能建筑上,盲口的追求节能,在节能的同时就消耗了大量的财力,实际上没有节省下能源。我国对智能建筑的认识还不够全面,而国外对于智能建筑的认识就相对全面些,因此,引进国外对于智能建筑的相关见解,能够促进我国智能建筑的建设,实现能源的节约与能源的充分利用。这对我国实现智能建筑的可持续性具有重要意义。

(2)我国在智能建筑的建设方面的总体布局与设计、深化布置与具体的实施方案不协调,甚至产生了严重脱节的现象。

这样,在智能建筑的建设过程中,就会出现很多意想不到的状况,使智能建筑的建设难以达到预期的目标。

(3)我国智能建筑在工程的规划、管理、施工、质量控制方面,没有相应的法律法规进行约束和规范。

我国智能建筑在建设的过程中没有清晰和明确的思路,施工人员没有受到法律法规的约束,对生态、节能、环保的重视程度不够。

(4)我国智能建筑没有在自主创新的思路上进行建设,缺乏自主知识产权。

我国总是在一味借鉴他人的经验,智能建筑建设过程中所采用的方法不得当。

(5)我国智能建筑的建设没有其他的配套措施。

我国的建筑在建设完毕后,没有相应的标准对建筑物进行评估。

四、创新节能思路和方法

(一)积极探索新节能改造服务道路

节能改造是维系整个建筑行业有效发展的重要途径,从我国建筑行业真实情况中发现,智能建筑创新能源发展要想真正地实现低碳化、就要不断地加强宣传活动,积极鼓励节能减排,并且要积极推广新能源的利用,例如风能、太阳能,有效地控制不可再生能源的消费和利用,目前不可再生能源的利用在建筑行业中仍旧占据主导地位,不可再生能源的利用要严重超过可再生能源的利用,为此,需要将宣传活动积极转化为实践活动,比如开放低碳试点,遏制高耗能产业的扩大,控制能源的消费和生产,大力发展能耗低、效益高、污染少的产业与产品,从低碳交易、工业节能、建筑节能等各个方面进行深入研究,建立完善的低碳排放创新制度,目前已经有多数地方实现了节能发展。

(二)结合市场规律优化节能改造

就智能建筑创新能源使用进行分析,实现建筑节能已经成为发展中的重要任务,比如从当前建筑生命周期来分析,最主要的能耗来源于建筑运行阶段。因此,就我国400多亿平方米的存量建筑而言,有效降低建筑运行能耗至关重要。为此,需要加强对市场规律的研究,对市场动态为导向,不断地优化区域能源规划。

(三)空调等设备的节能

在智能建筑中应降低室内温度,室内温度严格按照国家规定的标准进行调制,夏季温度应保持在24度到28度,冬季温度应保持在18度到22度。在国家规定的幅度内,可以采用下限标准进行节能,空调的设定要控制在最小风量,在夏季和冬季,风量越大,反而产生的热量就越多,所以把风量调到最小,可以实现能源的节约。空调在提前遇冷是要关闭新风,在新的建筑中,空调在开启时要关闭所有的风阀,这样可以减少风力带来的负荷对能源的消耗,空调温度的设计要根据不同的区域进行不同的设定,如在大酒店,博物馆等较大的空间内,可将温度调节到比在其他的室内稍微低的温度,在较小的区域内,如在教师等地方,一定要严格执行国家标准进行空调温度的调节。

智能建筑是我国进行建筑的建设所追求的永恒主题,智能建筑在中国的市场还是十分广阔的,通过正确的分析和处理,采用正确的方法和思想观念理解、开发正能建筑,对中国建筑业的发展具有重要的意义。中国只有在狭隘的发展模式中走出来,真正地理解了智能建筑发展的精髓所在,才能切实地实现智能建筑的可持续的良性发展。

第二节　智能建筑施工与机电设备安装

在城市发展进程中引入了很多最前卫的技术手段并获得了大面积的运用,同时人们对各类生活及工作设备的标准也在逐步提升,随着智能建筑概念的引入,各种城市建造的快速进步,让现今的建筑项目增加了不少的困难,相对应的智能手段与智能技术的运用也在不断的提升与增多。建筑安装技术的创新演化出大量的智能型建筑,让其设备变为智能建筑作业中的核心与关键点,更是强化质量的前提。

智能建筑是融合信息与建筑技术的产物它以建筑平面为基础,集中引入了通信自动化、建筑设备自动化与办公自动化。在智能建筑中机电设备是必不可少的一部分,只有使机电设备的安装质量佳,才能保证智能建筑的总体质量。所以,只有监管好了机电设备的安装质量,才能使智能建筑的总体质量大幅提升。

一、在智能建筑作业中机电设备安装极易产生的问题

(一)机电安装中存在螺栓连接问题

在智能建筑施工中,螺栓连接是最基础也是非常重要的装配,螺栓连接施工质量影响着电气工程电力传导,所以,在开展螺栓连接施工的时候,必须要加强对施工质量的控制。在对螺栓进行连接的时候,如果连接不紧固,那么将会导致接触电阻的产生,在打开电源后,机电设备会因为电阻的存在,而出现突然发热现象,不仅会给机电设备的正常运行带来极大的影响,严重的甚至会导致安全事故的发生,加大建筑使用的安全隐患。

(二)电气设备故障

在对机电设备进行安装的时候,电力设备产生问题关键体现于:一是在电气设备安装

过程中,隔离开关部位接触面积不合理,与标准不相符,导致隔离开关容易氧化,进而加大电气事故发生概率;二是在电气设备安装过程中,没有对断路器的触头进行合理的安装,导致断路器的接触压力与相关标准不相符,进而预留下严重的安全隐患;三是在安装电力设备时,未通过科学的检查就进行安装,很多存在质量问题的电力设备都直接安装使用,这些电力设备在实际运行的时候,很难保持良好的运行状态,容易导致电力安全事故的发生;四是电气设备在实际安装与调试的时候,相关工作人员没有严格遵循安装规范与调试标准来进行操作,从而导致电气设备的故障率大大增加,进而引发电气安全事故。

(三) 机电设备安装产生的噪声大

现如今,随着我国建设行业发展速度的不断加快及人们生活水平的逐渐提高,人们对建筑环保性也提出了更高的要求,所以,在升展智能建筑施工的时候,必须要始终保持环保性原则,对各种污染问题进行控制。不过由于智能建筑在开展机电设备安装施工的时候,会使用到大量的施工设备,而这些设备在运行时,会向外界传出大量的噪音,这些噪音的存在,会给周边居民的正常生活带来极大的影响,使周边环境受到严重的噪声污染。

二、智能建筑施工中机电设备安装质量监控策略

(一) 严把配电装置质量关

在整个智能建筑中,配电装置发挥着至关重要的作用。因此,必须要加强对配电装置的重视,并严把配电装置质量关,从而保证配电装置在使用过程中能够保持良好的运行状态,确保智能建筑的使用安全。在配电装置采购阶段,采购人员必须要加强对配电装置的质量检测,确保其质量能够符合相关标准要求后,才能予以采购,如果配电装置的质量不达标,则坚决不予应用。在智能建筑中的楼道里安装变压器、高压开关柜以及低压开关柜等装置的时候,往往会遇到一些技术问题,这些技术问题很大程度的影响了装置功能的正常发挥。为了使这些技术问题得到有效解决,在开展配电装置安装作业的时候,相关技术人员必须要加强对整定电流的重视,确保电流大小与相关标准吻合,不能过大也不能过小。同时,在安装过程中,还应当加强对图纸的审核,及时发现并解决事故隐患。

(二) 确保电缆铺设质量

电力工程在建设过程中,所需要的电缆线是非常多的,且种类也非常繁多。而电缆线是电能输送的重要载体,其质量如果不达标的话,那么将会给电力系统的正常运行带来很大影响,严重的还可能会导致火灾事故以及触电事故的发生。由于不同电缆有着不同的作用,且电力荷载也是不同的,所以,在开展电缆铺设施工的时候,必须要合理选择电缆,如果施工人员没有较强的技术能力或者粗心大意,不以类型划分,也没有经过严苛的审核,很容易导致在运营进程中电缆出现超负荷运行,给电缆的正常使用带来极大的影响,削弱

了电缆设施的使用性能以及防火等级，给工程施Ⅰ埋下非常大的安全隐患。智能建筑在实际使用的时候，会应用到大量的电力能源，如果电缆的质量不达标，或者电缆铺设不规范的话，那么将很可能出现电缆烧毁现象，从而引发火灾事故，给周边人员的人身安全及电力系统的正常运行带来非常大的威胁，因此，必须要加强对电缆铺设质量的重视。

（三）加强配电箱和弱电设备的安装质量监控

配电箱主要控制着电能的接收与分配，为了使项目中动力、照明及弱电负荷都能正常运作，需要重视起配电箱的工作性能。现今的智能建筑项目中，使用的配电箱型号比较繁杂且数目较多，而且多数配电箱还受限于楼宇、消防等弱电设施，箱内原理繁杂、上筑下级设置合严格。此外，电力系统的专业标准与施工队伍的资质高低不一，在设计过程中，容易受到各种不利因素的影响，设计的合理性及可行性无法得到有效保障。在实际施工的时候，如果施工单位只依照设计图纸而没有重视修改部分，或者在安装时不严把技术关而直接对号入座，这样根本达不到有关专业标准。所以，业主、监理方要依据设计修改通知间来逐一审核现场的配电箱，将其中存有的错误给改正过来，比如开关容量偏大或偏小、网路数不够等Q要严苛配合好电力设备的上下级容量，如果达不到技术标准，就会使系统运营与供电不稳，最终引发事故。

如今，智能建筑发展态势良好·，要使其实现更好地应用发展，需要对其中机电设备安装质量加大保障力度，实行有效的质量监控、确保机电设备安装施工达到质量目标，充分发挥其自身的功能，实现各个控制系统的稳定和高效运行。

第三节　科技智能化与建筑施工的关联

工程建设中钢筋混凝土理论和现代建设技术在100多年的发展时间里，就让世界发生了翻天覆地的变化，一座座摩天大楼拔地而起，大桥、隧道、地铁随处可见，我们相信建筑时代高科技的发展一定会带来意想不到的改变。施工建设与科技智能化相结合是以后发展的必然趋势。我们期待更高的科技运用来带动更多的工程建设发展。

一、施工中所运用到的高科技手段

环保是当今全世界都在倡导以及普及的一个话题，施工建设与环境保护更是密不可分的，施工建设含义很广，像盖楼、修路都包含其中，最早的施工现场都是尘土飞扬，噪声不断，试问哪个工地能不破土破路，这样的施工必然造成扬尘及周边的噪音指标超高。为了高校控制扬尘，各个施工单位集思广益，运用高科技技术，将除尘降噪运用到各个施工现场。例如，2017年8月曾见到山东潍坊某某小商品城建项目施工现场，数辆不同类型的运输车辆和塔吊车辆依序在工地出口进行等待检测冲洗轮胎，防止带泥上路，设在出入口的电子监设备自动筛查各车辆轮胎尘土情况，自动辨别冲洗时间及冲洗次数，大大节省人力物力，并有效地控制了轮胎泥土的碾洒落等情况，提高环保的同时也高效的控制了施工成本，节约了人员成本，防止了怠工情况的发生，同时也更便捷、快速地处理了车辆等待问题，提高了工作效率。这就是高科技与低工作相结合带来的便捷、高效和低成本。

高科技与施工相结合解决不可解决的施工问题，并节约施工成本c工程建设中有一项叫修缮工程，顾名思义就是修复之前的建筑中部分破损或者有误的一些施工项目。但像国家级保护建筑，修复往往会十分困难，首先是修复后的施工部位必须与周围的建筑相融合不能看出明显的修复痕迹，再次就是人为制造岁月对施工材料洗礼后带来的沧桑，最后是修复的同时保护周围的原有建筑部能遭到二次破坏，这样的问题对施工人员及机械就提出了很高的要求。

此时3D打印技术就进入了工程师的脑海中，3D打印技术是一种以数字模型为基础，运用粉末状金属或非金属材料，通过逐层打印的方式来构造物体空间形态的快速成型技术。由于其在制造工艺方面的创新，被认为是"第三次工业革命的重要生产工具"。3D是"three dimensiens"简称，3D打印的思想起源于19世纪末的美国，并在20世纪80年代得以发展和推广。3D打印技术一般应用于模具制造、工业设计等领域，目前已经应用到许多学科领域，各种创新应用正不断进入大众的各个生活领域中。

在建筑设计阶段，设计师们已经开始使用3D打印机将虚拟中的三维设计模型直接打印为建筑模型，这种方法快速、环保、成本低、模型制作精美并且最大程度地还原了原始的风貌。与此同时节省了大量的施工材料，并且使得修复的成功率提高很多。

缩短施工工期的同时节省减少施工成本，3D打印建造技术在工程施工中的应用在当前形势下有重要意义。我国逐渐步人老龄化社会，在劳动力越来越紧张的形势下，3D打印建造技术有利于缩短工期，降低劳动成本和劳动强度，改善工人的工作环境。另一方面，建筑的3D打印建造技术也有利于减少资源浪费和能源消耗，有利于推进我国的城市化进程和新型城镇建设。但3D打印建造技术也存在很多问题，目前采用的3D打印材料都是以抗性能为主，抗拉性能较差，一旦拉应力超过材料的抗拉强度，极易出现裂缝。正是因为存在着这个问题，所以目前3D打印房子的楼板只能采用钢筋混凝土现浇或预制楼板。但对于还原历史风貌建筑，功效还是十分显著的。

二、增加人员安全系数

建筑业依赖人工，如何解放劳动力，让工序简单，质量可控，当下国内建筑业在提倡"现代工业化生产"。简单来说：标准化设计、工厂化生产、装配化施工、一体化装修、信息化管理，绿色施工，节能减排，这些都是建筑产业转型升级的目标》关于这一点，国家相关部门当然十分重视的，也是必然趋势。

随着建筑业劳动成本逐年增加，承包商都叫苦不迭，怨声载道，再加上将来的年轻人不愿上工地做农民工, 再这样走下去建筑施工业持续发展会十分困难, 此时就要依靠先进的机械化生产了, 机械力取代劳动力的时日就可指日可待了。

高科技现代化节约人力物力, 可应用于各个行业, 比如芯片镭射技术; 作为质量检测的技术, 十分方便, 材料报验、工序报验等工作更是方便许多, 与此同时也大大地提高 r 检测的准确率; BIM 技术作为国外推行了十多年的好技术, 指导各个专业施工很方便, 而且可直接给出料单以及施工计划, 当然省时省力。

其实, 真正导致建筑业不先进的地方是管理与协作模式, 这是建筑业效率低下的主要原因, 也许解放双手, 更新劳动力的科技化, 是后期建筑业的发展趋势也是缩短工期节约成本提高质量的必然要求。

三、高科技对工程建设不但高效节能, 还可以节约工程成本避免资源浪费

如今的中国, 已位居建筑业的榜首国家, 据统计, 去年我国建筑业投资就过亿美元, 但是这并不是我们值得自豪的骄人战绩, 其负面效应正在日益显露出来, 随着国家刺激经济的措施推动及地方政府财政的需求, 土地、原材料成本的上升, 造成了部分城市住宅的有价无市, 房屋空置率持续上升; 此外还造成能源和资源的浪费, 使中国亦成为世界头号能耗大国, 频繁的建造造成的环境污染更是日益严重, 而且许多耗费巨资的建筑, 却往往是些寿命短、质量差的"豆腐渣"工程, 我们为造成这样的局面寻找出众多原因, 但目前我国建筑工程中, 仍然多地依赖传统工艺和材料, 缺少在施工过程中运用高科技必然是其中最主要的原因之一。

首先, 我国建筑能耗占社会总能耗的总量大、比例高。我们在施工过程中大多采用传统的建筑材料·保温隔热性能得不到保证, 目前我国建筑达不到节能标准, 建筑能耗已经占据全社会总能耗的首位。

其次, 地价、楼价飙升, 楼宇拆迁进度加快, 导致部分设计单位、施工企业对建筑物耐久性考虑较少, 而施工中采用的技术手段过于传统, 工程质后得不到保证, 建筑物使用寿命降低, 据统计, 我国建筑平均使用寿命约 28 年, 而部分发达国家像英国、美国等建筑平均使用寿命可长达 70 ~ 132 年之久。

最后, 若依然使用传统方法, 对于高速运转的当今社会来讲, 工程质量、安全便可能得不到更有力的保障, 目前我国的建筑业只是粗放型的产业, 技术含量不高, 超过 80% 的从业人员均是农民工群体, 缺乏应有的质量意识和安全意识, 而质量事故、安全事故也屡有发生。

若在不久的将来, 高科技替代人工建筑, 将农民工培养成机械高手, 利用机械的手段实施建设, 即使有意外的发生, 也可以大大减少伤亡率, 保证工人的生命安全, 降低工程质量的人为偏差, 更加高效地保证建筑质量。

工程建设中钢筋混凝土理论和现代建设技术在 100 多年的发展时间里, 就让世界发

生了翻天覆地的变化，一座座摩天大楼拔地而起，大桥、隧道、地铁随处可见，我们相信，

高科技的发展对建筑时代的来临一定会给我们带来意想不到的改变，哥本哈根未来研究学院名誉主任约翰帕鲁坦的一句话值得我们深思：我们的社会通常会高估新技术的可能性，同时却又低估它们的长期发展潜力。施工建设与科技智能化相结合是以后发展的必然趋势，我们期待更高的科技运用来带动更多的工程建设发展。

第四节　综合体建筑智能化施工管理

建筑智能化是以建筑体为平台，实现对信息的综合利用，是信息形成一定架构，进入对应系统，得到具体利用。那么对应就要有对应的管理人员予以管理，实现信息优化组合。综合体建筑则是在节省投资基础上实现建筑最多的功能，功能之间能够有效对接，形成紧密的建筑系统，综合体建筑智能化施工，也就意味着现代建筑设计方案和现代智能管理技术融合，是骨架和神经的充分结合，赋予了建筑体一定的智能，本论文针对综合体建筑智能化施工管理展开讨论，希望能够找到具体工作中难点，并找到优化的途径，使得工程更加顺畅地进行，提高建筑的品质。

随着我国环保经济的发展，建筑体设计趋于集成化、智能化，即一个建筑容纳多种功能，实现商业、民居、休闲、购物、体育运动等等功能，节省土地资源降低施工成本提升投资效益。而智能化的体现主要在于综合布线系统为代表的十大系统的合理设计和施工，实现对建筑体功能的控制。这就决定了该工程管理是比较复杂的，做好施工管理将决定了总体工程的品质。

一、综合体建筑智能化施工概念及意义

顾名思义以强电、弱电、暖通、综合布线等施工手段对综合体建筑智能化设备予以链接，使得综合建筑体具有的商业、民居、休闲、购物、体育运动、地下停车等功能得以实现。这样的施工便是综合体建筑智能化施工。也就是综合体建筑是智能化施工的平台，智能化施工是通过系统布线，将建筑工程各功能串联起来，赋予 r 建筑以智能，让各系统即联合又相对独立，提升建筑体的资源调配能力。建筑行业在我国属于支柱产业，其对资源的消耗是非常明显的，实现建筑集成赋予建筑智能，是建筑行业一直在寻求的解决方案，只是之前因为科技以及经验所限，不能达成这个愿望。而今在"互联网＋"经济模式下，综合体建筑智能化施工，是将建筑和互联网结合的产物，对我国建筑业未来的发展具有积极的引导和促进作用。

二、综合体建筑智能化施工管理技术要求

任何工程的施工管理第一个目标就是质量管理综合体建筑智能化施工,管理,因为该工程具有多部门、多工种、多技术等特点,导致其管理技术要求更高,对管理人才也提出了更加严格的要求。在实际的管理当中,管理人才除了对工程主体的质量检查,还要控制智能化设备的质量。然后要对设计图纸进行会审,做好技术交底,并能尽量避免设计变更,确保工程顺利开展,其中监控系统是负责整个建筑的安全,对其进行严格检测具有积极意义。

(一) 控制施工质量

综合体建筑存在设计复杂性,其给具体施工造成了难度,如果管理不善很容易导致施工质量下降,提升工程安全风险,甚至于减弱建筑的功能作用。为了规避这个不良结果,需要积极地推出施工质量管理制度,落实施工安全质量责任制,让安全和质量能够落实到具体每个人的头上。而作为管理者控制施工质量需要从两方面人手,第一要控制原材料,第二要控制施工技术。从主客观上对建筑品质进行把控。首先要严格要求采购部门,按照要求采购原材料以及设备和管线,所有原材料必须在施工工地实验室进行实验,满足标准才能进入施工阶段。而控制施工技术的前提是,需要管理者及早介入图纸设计阶段,能够明确各部分技术要求,然后进行正确彻底的技术交底。最重要的是,在这个过程中,项目经理、工程监理能够就工程实际情况提出更好的设计方案,让设计人员的设计图纸更接近客观现实,避免之后施工环节出现变更。为了保证技术标准得到执行,管理人员要在施工过程中对各分项工程进行质量监测,严格要求各个工种按照施工技术施工,否则坚决返工,并给予严厉处罚。鉴于工程复杂技术繁复,笔者建议管理者成立质量安全巡查小组,以表格形式对完成或者在建的工程进行检查。

(二) 智能化设备检查

综合体建筑的智能性是智能化设备赋予的,这个道理作为管理人员必须要明晰,如此才能对原材料以及智能化设备同等看待,采用严格的审核方式进行检查,杜绝不合格产品进入工程。智能化设备是实现综合建筑体的消防水泵、监控探头、停车数控、楼宇自控、音乐设备、广播设备、水电气三表远传设备、有线电视以及接收设备、音视频设备、无线对讲设备等等。另外,还有将各设备连接起来的综合布线所需的配线架、连接器、插座、插头以及适配器等等。当然控制这些设备的还有计算机 c 这些都列在智能化设备范畴之内。它们的质量直接关系到了综合体建筑集成以及智能水平。具体检查要依据设备出厂说明,参考其提供的参数进行调试,以智能化设备检查表一个个来进行功能和质量检查,确保所有智能化设备功能正常。

（三）建筑系统的设计检查

施工之前对设计图纸进行检查，是保证施工效果的关键」对于综合体建筑智能化施工管理来说，除了要具体把握设计图纸，寻找其和实际施工环境的矛盾点，同时也要检查综合体建筑各部分主体和智能化设备所需预留管线是否科学合理。总而言之，建筑系统的设计检查是非常复杂的，是确保综合体建筑商业、民居、体育活动、购物等功能发挥的基础。需要工程监理、项目经理、各系统施工管理、技术人员集体参加，对工程设计图纸进行会审，以便于对设计进行优化，或者发现设计问题及时调整。首先要分辨出各个建筑功能板块，然后针对监控、消防、三气、音乐广播、楼宇自控等一一区分并捋清管线，防止管线彼此影响，并一一标注，方便在施工中分辨管线，避免管线复杂带来的混杂。

（四）监控系统检测

综合体建筑涉及了民居、商业、停车场等建筑体，需要严密的监控系统来保证环境处在安保以及公安系统的监控之为了保证其符合工程要求，需要对其进行系统检测。在具体检测中要对系统的实用性进行检测，即检查监控系统的清晰度、存储量、存储周期等等。确保系统具有极高的可靠性，一旦发生失窃等案例，能够通过存储的视频来寻找线索，方便总台进行监控，为公安提供详细的破案信息。不仅如此，系统还要具有扩展性，就是系统升级方便，和其他设备能有效兼容。最终要求系统设备性价比高，即用最少的价格实现最多的功能和性能。同时售后方便，系统操作简单，方便安保人员操作和维护。

三、综合体建筑智能化施工管理难点

综合体建筑本身就比较复杂，对其进行智能化施工，使得管理难度直线上升。其中主要的管理难点是因为涉及空调、暖气、通风、消防、水电气、电梯、监控等等管道以及设备安装，施工技术变得极为复杂，而且有的安全是几个部门同时进行，容易发生管理上的混乱。

（一）施工技术较为复杂

比如空调、暖气和通风属于暖通工程，电话、消防、计算机等则是弱电工程，电梯则是强电工程，另外还有综合布线工程，等等，这些都涉及了不同的施工技术。正因为如此给施工管理造成了一定的影响。目前为了提升施工管理效果需要管理者具有弱电、强电、暖通等施工经验。这也注定了管理人才成为实现高水平管理的关键。

（二）难以协调各行施工

首先主体建筑工程和管线安装之间就存在矛盾。像综合体建筑必须要在建筑施工过程中就要预留管线管道，这个工作需要工程管理者来进行具体沟通。这个是保证智能化设备和建筑主体融合的关键。其次便是对各个工种进行协调，确保工种之间有效对接，降低彼此的影响，确保工程尽快完成。但在实际管理中，经常存在建筑主体和管线之间的矛盾，导致这个结果的是因为沟通没有到位，是因为项目经理、工程监理没有积极地参与到设计图纸环节，使得设计图纸和实际施工环境不符，造成施工变更，增加施工成本。另外，在综合布线环节就非常容易出现问题，管线混乱缺乏标注，管线连接错误，导致设备不灵。

四、 体建筑智能化施工管理优化

优化综合体建筑智能化施工管理，就要对影响施工管理效果的技术以及管理形式进行调整，实现各部门以施工图纸为基础有条不紊展开施工的局面，提升施工速度确保施工质量，实现综合体建筑预期功能作用。

（一）划分技术领域

综合性建筑智能化施工管理非常繁复，暖通工程、强电工程、弱电工程、管线工程等等，每个都涉及不同技术标准，而且有的安装工程涉及设备安装、电焊操作、设备调试，要进行不同技术的施工，给管理造成非常大影响。为r提高管理效果，就必须先将每个工程进行规划，计算出所需工种从而进行科学调配，如此也方便施工技术的融入和监测比如暖通工程中央空调安装需要安装人员、电焊人员、电工等，管理者就必须进行调配，保证形成对应的操作团队，同时进行技术交底，确保安装人员、焊工以及电工各自执行自己的技术标准，同时还能够彼此配合高效工作。

（二）建立完善的管理制度

制度是保证秩序的关键。在综合体建筑智能化施工管理当中，首先需要建立的制度就是《工程质量管理制度》，对各个工种各个部门进行严格要求，明确原材料和施工技术对工程质量的重要性，从而提升全员质量意识，对每一部分工程质量建立质量责任制，出现责任有人负责。其次是《安全管理制度》，对施工安全进行管制，制定具体的安全细则，确保工人安全操作，避免安全事故的发生。其中可以贯彻全员安全生产责任制，对每个岗位的安全落实到人头。再次，制定《各部门施工管理制度》对隐蔽工程进行明确规定，必须工程监理以及项目经理共同确认下才能产生交接，避免工程漏项。

（三）保证综合体内各方面的施工协调

综合体内各方面施工协调，主要使得是综合体涉及的十几个系统工程的协调，主要涉及的是人和物的调配，要对高空作业、低空作业、电焊、强电、弱电等进行特别关注，防止彼此间互相影响导致施工事故。特别是要和强电、弱电部门积极沟通，确保电梯、电话等安装顺利进行，避免沟通不畅导致的电伤之类的事故。

综合体建筑智能化施工管理因为建筑本身以及智能化特点注定其具有复杂性，实现其高水平管理，首先要认识到具体影响管理水平的因素，比如技术和信息沟通等因素，形成良好的技术交底和管理流程。为了确保工程能够在有效管理下展开,还需要制定一系列制度,发挥其约束作用,避免施工人员擅自改变技术或者不听从管理造成施工事故。

第五节　建筑智能化系统工程施工项目管理

建筑智能化系统工程是一种建筑工程项目中的新型专业具有一般施工项目的共同性。但对施工人员的要求更高,施工工艺更加复杂,需要各个专业的紧密配合,是一种技术密集型、投资大、工期长、建设内容多的建筑工程。该工程的项目管理需要全方面规划、组织和协调控制,具有鲜明的管理目的性,具有全面性、科学性和系统性管理的要求。

一、建筑智能化系统和项目管理

(一) 智能建筑和建筑智能化系统

智能化建筑指的是以建筑为平台,将各种工程、建筑设备和服务整合并优化组合,实现建筑设备自动化、办公自动化和通信自动化,不但可以提高建筑的利用率,而且智能化的建筑也提高 r 建筑本身的安全性能、舒服性,在人性化设计上也有一定的作用。近年来,随着智能化建筑设计和施工的完善和发展,现阶段智能化建筑开始将计算机技术、数字技术、网络技术和通讯技术等和现代施工技术结合起来,实现建筑的信息化、网络化和数字化,从而使建筑内的信息资源得到最大限度的整合利用,为建筑用户提供准确的信息收集和处理服务。此外,智能化建筑和艺术结合,不仅完善建筑的功能,而且使得建筑更加具有美观性和审美价值。

建筑智能化系统是在物联网技术的基础上发展起来的,通过信息技术将建筑内的各种电气设备、门窗、燃气和安全防控系统等连接,然后运用计算机智能系统对整个建筑进行智能化控制。建筑智能化具体表现在:实现建筑内部各种仪表设施的智能化,比如水表、电表和燃气表等;利用计算机智能系统对所有的智能设备进行系统化控制,对建筑安全防控系统,比如视频监控系统、防火防盗系统等进行智能化控制,能够利用计算机中央控制系统实现对这些系统的自动化控制,自动发现火情、自动报警、自动消火处理;对建筑内的各种系统问题还能通过安装在电气设备中的智能联网监测设备及时发现和处理,保证建筑内的安防监控系统顺利运行。

(二) 项目管理概述

项目管理包括对整个工程项目的规划、组织、控制和协调。其特点包括如下:项目管理是全过程、全方位的管理,也就是从建设项目的设计阶段开始一直到竣工、运营维护都包含项目监督管理;项目管理只针对该建设工程的管理,具有明确的管理目标,从系统工程的角度进行整体性的,科学有序的管理。

二、建筑智能化系统工程的项目特点

虽然智能建筑中关于建筑智能化系统工程的投资比重均不相同,主要是和项目的总投资额度和使用功能以及建设的标准有关,但是基本上智能化系统的投资比重都在20%以上,说明智能化系统建设的投资较大。智能化系统工程的施工工期很长,大概占据整个智能建筑建设工期的一半时间。此外,智能化系统施工项目众多,包括各种设备的建设和布线工作,还包括各个子系统的竣工调试和中央控制系统的安装等。

三、建筑智能化系统工程项目管理中存在的问题

(一) 建筑智能化系统方面的人才问题

一方面我国建筑智能化系统工程起步比较晚,另一方面该领域的工程施工却发展迅速,由于对智能化建筑需求的增多,使得建筑智能化系统工程项目的数量越来越多,规模越来越大。然而,针对建筑智能化系统方面的人才,无论是在数量上还是在质量上都相当欠缺,存在很大的人才缺口,使得现阶段的人才无法满足建筑智能化系统工程施工管理的要求。同时,部分建筑开发商对建筑智能化系统工程不熟悉,所以并不十分重视这方面人才的培养以及先进设备技术的引进,导致建筑智能化系统领域的专业化人才非常不足。此外,在建筑智能化系统工程施工中有些单位重视建造而忽略管理,所以企业内部缺乏相应的建筑智能化系统领域的专业管理人才,从而无法开展有效的监督管理工作。设计人员设计出的智能化建筑施工图纸并不符合先进科学和人性化的要求,这样就极大地影响了工程的施工,也使得企业的竞争力丢失,不利于企业的可持续发展。

(二) 缺乏详实的设计计划

在对建筑智能化系统工程施工设计中,往往存在缺乏详实的设计计划、设计规划不符合实际情况、设计无法有效执行等情况。这主要是因为在开工之前没有对现场开展有效的实地勘察工作,没有从系统建设的角度去制定计划,所以在设计施工图纸上会出现和施工现场不符,计划缺乏系统性和完整性的问题。另外,与设计监管的力度不够有关,如果在设计阶段没有对施工方案和设计图纸进行有效的监督管理,整个设计计划便可能存在不合理因素,从而导致建筑智能化系统设计也只能是停留在设计阶段,建筑智能化施工无法正常开展。

(三) 施工中不重视智能化系统的施工

要想真正实现建筑的智能化,在建筑智能化系统施工中除了要加强建筑设备施工,保

证建筑设备实行自动化以外,还要使得各项设备能够联系到一起,构建建筑内的系统信息平台,从而才能为用户提供便利的信息处理服务。但是在现阶段,对智能化系统的施工并没有真正重视起来,也就是在施工中重视硬件设备施工而轻视软件部分。如果软件部分出现问题,智能化系统就无法为建筑设备的联合运行提供服务,也就无法实现真正的建筑智能化。

(四) 重建设轻管理

建筑智能化系统工程不论是硬件设备的施工还是系统软件的施工,除了要加强施工建设安全管理和质量控制外,还应该加强对智能化系统的运营维护然而目前在建筑智能化系统建设完成后,对其中系统的相关部件却缺少相应的监督管理,从而无法及时发现建筑设备或软件系统在运行中出现的问题,导致建筑智能化没有发挥其应有的作用,失去了建筑智能化的实际意义,此外,即使是在建筑智能化系统建设的管理上,由于缺乏完善的管理制度和管理措施,加上部分管理人员安全意识薄弱,在工作中责任意识不强,所以还未完全实现对建筑智能化系统的统一管理,建筑内部的消防系统、监控系统等安全防控系统没有形成一个统一的整体。

四、加强建筑智能化系统工程施工管理的措施

(一) 加强设计阶段的审核管理

在建筑智能化系统工程的设计阶段,必须要站在宏观的角度对设计施工计划做好严格的审核管理,避免由于计划缺乏完整性和实效性而影响后期的施工与管理。需要监管部门做好智能系统的仿真计算,保证系统可以正常运行,有利于建筑智能化系统的施工;在施工计划制定前要加强现场勘察,做好技术交底工作,对施工计划和施工设计图纸进行审核检查,及时发现其中存在着的和工程实际不相符合的地方;对设计的完整性进行检查,保证设计可以有效落实。

(二) 加强建设施工和管理

在施工中要对现场施工的人员、建设物料等进行监督管理,严禁不合格的设备或材料进入施工现场,禁止无关人员进入现场,要求施工人员必须严格按照施工规章制度开展作业。此外,要同时重视后期的管理,一方面要不断完善安全管理制度,为人员施工提供安全保障体系;另一方面要对建筑智能化系统进行全面检查维护,对于出现问题的设备或者线路必须要进行更换或者修改,保证建筑智能化系统可以安全稳定地运行。

(三) 提高对软件系统施工的重视程度

在施工中除了要对建筑设备进行建设和管理外,同时也要提高建筑智能化系统软件

部分的施工建设和管理力度。通过软件系统的完善,使得建筑内部的各项设备联结起来,实现智能建筑内各个系统的有效整合和优化组合,这样便能通过计算机系统的中央控制系统对建筑智能系统进行集中统一的调控。

(四) 吸收、培养建筑智能化领域的高素质专业人才

由于当前我国在建筑智能化领域的专业人才十分缺乏,所以建设单位应该要重视对该领域高素质专业人才的吸收和培养。如可以和学校、培训机构进行合作,开设建筑智能化领域的课程,可以培养一批建筑智能化系统方面的高素质专业人员,极大地缓解我国在这方面的专业人才缺口问题。此外,建设单位自身也应该加强对内部员工的培训管理,比如通过定期的专业培训全方面提升管理人员对于建筑智能化系统施工的管理能力,提高其管理意识和安全防范意识。在施工之前可以组织专业人员对施工图纸进行讨论和完善,从而设计出符合工程实际的图纸,从而提高企业自身的竞争优势,促进企业发展奠定基础,促进整个建筑智能化系统的发展。

随着智能建筑的快速发展,建立高效的建筑智能系统的需求越求越多。为了建立完善的建筑智能化系统,在该工程施工中就需要围绕设计阶段、施工阶段和管理维护阶段展开,对建筑智能化系统的功能进行优化,并和自动化控制技术一起构建舒适的、人性化的、便利的智能化建筑。只有建筑智能化系统施工质量和管理水平得到提升,智能化建筑的功能才会越来越完善,从而为提高人们生活水平,保障建筑安全,促进社会稳定做出贡献。

第六节　建筑装饰装修施工管理智能化

建筑装饰装修施工涉及多方一面问题,如管道线路走向、预埋等,涵盖了多个专业领域的内容。在实际施工阶段,需要有效应对各个环节的内容,让各个专业相互配合协调发展,依据相关标准开展施工。智能化施工管理具有诸多优势,但也存在不足之处,作为施工管理的发展趋势,必须予以重视,对建筑装饰装修施工管理智能化进行分析和研究。

一、建筑装饰装修施工管理智能化的优势

(一) 实现智能化信息管理

在当今社会经济发展形势下,建筑工程管理策略将更加智能化,逐步发展成为管理架构中的关键部分,有利于增进各部门的交流合作,实现协调配合。为了实现信息管理的相关要求,落实前期制定的信息管理目标,管理人员需利用智能化技术,科学划分和编排相关信息数据,明确信息管理中的不足,妥善储存相关文件资料,并利用对资料进行编码以

及建立电子档案的方式,优化信息管理方式,推进信息管理智能化。

要想实现管理制度智能化,必须科学运用各种信息平台及智能化技术,以切实提升建筑工程管理质构建健全完善的智能化管理体系,让各项工作得以有序开展通过智能化管理平台及数据库,建筑工程管理层能够运用管理平台,有效监督管理各个部门的运行情况,确保各项工作严格依据施工方案开展,从而保障整体施工质量及进度。在开展集中管理时,管理层可以为整理和存储有关施工资料设置专门的部门,为开展后续工作提供参考依据。

(二)贯彻智能化施工现场管理

在现场施工管理环节,相关工作人员要基于前期规划制定施工管理制度,以施工制度为基准划分各个职工的职责及权限。建筑工程涉及多个部门,各部门需分工明确,以施工程序为基准,增进各部门的合作。施工人员需注重提升自身专业素养及工作能力,依据施工现场管理的规定,学习各种智能化技术,积极参与到教育培训活动之中,能够在日常工作中熟练操作智能化技术。

二、建筑装饰装修施工管理的智能化应用

在建筑装饰装修施工管理环节,合理运用智能化技术,符合当前社会经济发展形势,能够优化建筑工程体系科学化管理,充分发挥新技术的优势及价值。

(一)装饰空间结构数字化调解

1. 关于施工资源管理

纵观智能化技术在建筑装饰装修施工管理的实际运用,能够提升施工管理效率及质量,具有诸多优势。在装饰空间结构方面,相关工作人员能够凭借大量数据资源,对装饰空间结构进行数字化调解。而传统建筑装饰装修方式,依据施工区域开展定位界定。依据智能化数据开展定位分析,能够立足于空间装饰,科学调整装饰结构,以区域性规划为基础,进行逆向装饰空间定位工作。施工人员能够根据建筑装饰装修的现实要求,开展装饰施工技术定位,依据施工区域,准确选择相应的施工流程及方式,能够有效降低施工材料损耗,削减空间施工成本,让智能化装饰空间实现综合调配。

2. 关于施工空间管理

建筑装饰装修施工涉及多方面要素,其中最为主要的便是水、电、暖的供应问题,因此,在建筑装饰装修施工环节,施工管理工作必须包含相关要素,让相关问题得到妥善解决,在建筑装饰装修施工管理环节,合理运用智能化技术,能够凭借虚拟智能程序的优势,对建筑装饰装修情况进行模拟演示,将施工设计立体化和形象化,让施工管理人员能够更为宜接的分析和发现施工设计中的不合理区域,从而及时修改和调整,再指导现场施工,此种智能化施工管理模式运用到了智能化技术,能够依据实际情况,科学调整建筑工程施工环节,将智能化技术运用到建筑空间规划之中,显示了装饰空间结构数字化管理,

（二）装饰要素的科学性关联

在建筑装饰装修施工环节,科学运用智能化技术,能够展现空间装饰要素的科学性关联。

1. 关于动态化施工管理

在建筑装饰装修分析环节,智能化技术在其中的合理运用,能够构建现代化分析模型,基于动态化数据信息制定相关对策。施工管理人员能够依据建筑装饰装修的设计方案,对装饰要素进行分布性定位,将配套适宜的颜色、图样等要素运用到建筑装饰装修之中。例如,若建筑的室内装修风格定位现代简约风,施工管理人员在分析建筑结构时,能够凭借智能化技术手段,结合大量现代简约风的装修效果图,完成室内色系的运用搭配,并为提升空间拓展性提供可行性建议,为实际装修施工提供指导和建议。通过借助智能化数据库资源的优势,相关工作人员能够综合分析室内空间装修要素,优化施工管理方式,在建筑装饰装修环节,让室内空间得到允分利用和合理开发,切实提升建筑装饰装修质量及品质,切合业主的装修要求,对装饰装修结构实现体系性规划

2. 关于区域智能定位管理

智能化技术在建筑装饰装修施工管理的多个环节得到合理运用,如全面整合装修资源结构环节,能够构成体系规划,从而完善装修施工管理环节。在对建筑装饰装修格局开展空间定位工作时,通过采用智能化检测仪器,能够对装饰空间进行检验,并全面分析空间装饰环境的装修情况,从而进行区位性处理,让现代化资源实现科学调整。

（三）优化装饰环节的整合分析

就建筑装饰装修施工管理智能化而言,建筑装饰环节的资源整合便是其中代表。在建筑装饰装修工程中,施工管理人员可以借助智能化平台,运用远程监控、数字跟踪记录等手段,开展施工管理。施工监管人员能够利用远程监控平台,随时随地贯彻建筑装饰装修的实际施工状况,并开展跟踪处理,各组操作人员能够基于目前建筑装饰装修施工进度及实际情况,全方位规划建筑装饰装修施工。与此同时,施工管理人员可以将自动化程序合理运用到装修装饰阶段,探究动态化数字管理模式的实际运行情况,从而科学合理的规划数字化结构,实现各方资源合理配置,确保建筑装饰装修的各个环节得以科学有效地整合起来。除此之外,在建筑装饰装修施工管理中合理运用智能化技术,能够基于智能化素质分析技术,对工程施工质量开展动态监测,一旦发现建筑装饰装修施工环节存在质量问题,智能化监测平台能够将信息及时反馈给施工管理人员,让施工管理人员能够迅速制定可行性对策,有效调解施工结构中的缺陷。

（四）智能化跟踪监管方式的协调运用

在建筑装饰装修施工管理中,智能化跟踪监管方式的协调运用也是智能化的重要体现。施工人员能够运用智能动态跟踪管理方式和系统结构开展综合处理。施工管理人员

既能够核查和检验建筑装饰装修的实际施工成果,还能够通过分析动态跟踪视频记录,评价各个施工人员的施工能力及专业技术运用情况,并能够基于实际施工情况,利用现代化技术手段,对施工人员进行在线指导。

建筑装饰装修施工管理智能化,符合当今社会经济发展形势,是数字化技术在建筑领域的合理运用,能够彰显智能化技术的优势及作用,能够实现装饰空间结构数字化调整,明确装饰要素的科学性关联,全方位把握建筑装饰装修的各个环节,及合理运用智能化跟踪监测方式进行协调和调解。为此,分析建筑装饰装修施工管理智能化,符合现代建筑施工发展趋势、有利于促进施工技术提升和创新,推动我国建筑行业发展。

第七节 大数据时代智能建筑工程的施工

智能建筑的概念最早起源于 20 世纪 80 年代,它不仅给人们提供了更加便捷化的生活居住环境。同时还有效地降低了居住对于能源的消耗,因而成为了建筑行业发展的标杆。但事实上,智能建筑作为一种新型的科技化的建筑模式,无疑在施工过程中会存在很多的问题,而本节就是针对于此进行方案讨论的。

智能建筑是建筑施工在经济和科技的共同作用下的产物,它不仅给人们提供舒适的环境,同时也给使用者带来了较为便利的使用体验。尤其是以办公作为首要用途的智能化建筑工程,它内部涵盖了大量的快捷化的办公设备,能够帮助建筑使用者更加快捷便利的收发各种信息,从而有效地改善了传统的工作模式,进而提升了企业运营的经济效益,智能建筑施工建设相对简单,但是如何促进智能化建筑发挥其最大的优势和效用。这就需要引入第三方的检测人员给予智能化建筑对应的认证。并在认证前期对智能建筑设计的技术使用情况进行检测,从而确保其真正能够满足使用性能。但是目前所使用的评判标准和相关技术还存在着一定的缺陷,无法确保智能建筑的正常使用,因而制约了智能建筑的进一步发展。

智能建筑在建设阶段,其所有智能化的设计都需要依托数据信息化的发展水平。它能够有效的确保建筑中水电、供热、照明等设施的正常运转。也可以确保建筑内外信息的交流通畅,同时还能够满足信息共享的需求。通过智能化的应用,能够用助物业更好地服务于业主。同时也能够建立更好的设备运维服务计划,从而有效的减少了对人力资源的需求。换言之,智能化的建筑不仅确保了业主使用的舒适性和安全性,同时还有效地节省了各项资源。

一、智能化建筑在大数据信息时代的建设中的问题

(一) 材料选择问题

数据信息化的建设,需要依托弱电网络的建设,而如果选用了不合格的产品,就会对整个智能化的建设带来巨大的影响,甚至导致整个智能化网络的运行瘫痪。因此,在材料选择和设备购买前需要依据其检测数据和相关说明材料进行甄别,对缺少合格证书或是相关说明资料的材料一律不允许进入到施工工工地中。当然在材料选择过程中还应当注意设备的配套问题,如果设备之间不配套,也会导致无法进行组装的情况,这些问题均会给建筑施工带来较大的隐患。

(二) 设计图纸的问题

设计图纸,是表现建筑物设计风格以及对内部设备进行合理安排的全面体现。而现阶段智能化建筑施工工程的最大问题就表现在图纸设计上。例如,工程建设与弱电工程设计不一致,导致弱电通道不完善,无法正常的开展弱电网络铺设。同时,还有一些建筑的弱电预留通道与实际的标准设计要求不一致等。举例说明,建筑施工工程在施工过程中如果忽视弱电或是其它设施的安装的考虑,则会导致在设备安装过程中存在偏差,从而无法达到设备所具有的实际作用。此外,智能化的建筑施工图纸还会将火警自动报警、电话等系统进行区分,以便于能够更好地展开智能化的控制。

(三) 组织方面的问题

智能化的建筑施工工程相对传统的施工工艺来说更为复杂,因而需要科学、合理的施工安排,对各个环节、项目的施工时间、施工内容进行合理的管控。如果无法满足这些要求,则会严重影响到工程开展的进度和工程质量。同时,如果在施工前期没有对施工中可能存在的问题进行把控,则可能会导致施工方案无法顺利开展或落实。当然,在具体施工过程中,如果项目内容之间分工过于细致,也会导致部门之间无法协调,进而影响到整个工程施工建设的进度,使得各个线路之间的配合出现问题,最终影响工程施工质量。

(四) 承包单位资质

智能化施工建设工程除了要求施工单位具备一定的建筑施工资质外还应当具有相关弱电施工的资质内容。如果工程施工单位的资质与其承接项目的资质内容不相符,必然会影响到建筑工程的质量。此外,即便有些单位具备资质,但也缺少智能化的施工建筑技术和工艺,对信息化建筑工程的管理不够全面和完善,导致在施工中出现管理混乱,流程不规范的问题。

二、智能化建筑在大数据时代背景下的施工策略

(一) 强化对施工材料的监管和设备的维护

任何一种建筑模式，其最终还是以建筑施工工程作为根本。因而具备建筑施工所具有的一切的要素，包括建筑材料、设备的质量。除了对工程建设施工的材料和设备的检验外，还需要注意在信息化建设施工中所用到的弱电网络化建设的基本材料的型号要求和标准。

确保其所用到的材料都符合设计要求，同时还应当检查各个接口是否合格。检查完毕后还应当出具检测报告并进行保管封存。

(二) 强化对设计图纸的审核

为了确保智能化建筑工程施工的顺利开展，保障施工建设的工程质量。在施工前期就需要对施工图纸做好对应的审查工作，除了基本建筑施工的一些要求外，还需要注意在弱电工程设计中的相关内容和实施方案。结合实际施工情况，就在施工过程中的管道的预留、安装、设备的固定等方面的内容进行针对性的探讨，以确保后期弱电施工过程中能够顺利地进行搭建和贯通。

(三) 施工组织

智能化工程建设基本上是分为两个阶段的，第一个阶段就是传统的建筑施工内容，而第二个阶段则是以弱电工程为主要内容的施工。两者相互独立又紧密联系，在前一阶段施工中必须考虑到后期弱电施工的布局安排。而在后一阶段施工时还应当有效地利用建筑的特点结合弱电将建筑的功能更好地提升，因此这是一个相对较为复杂的工程项目，在开展施工的过程中，各个部门、单位之间应该做好有效的配合，确保工程施工在保障安全的情况下顺利地开展，以确保施工进度和施工质量。

大数据时代发展背景下，人们对于数据信息化的需求程度越来越高。而智能建筑的发展也正是为响应这一发展需求而存在的。为了更好地确保智能建筑工程的施工质量，完善各项设备设施的使用。在施工过程中应当加强对施工原料、施工图纸以及施工项目安排、管理之间的协调工作。只有如此，才能够有效地提升智能化施工的施工质量和施工进度。

第八节 现代建筑智能技术应用实践

一、 建筑智能化中BIM技术的应用

BIM是指建筑信息模型,利用信息化的手段围绕建筑工程构建结构模型,缓解建筑结构的设计压力,现阶段建筑智能化的发展中,BIM技术得到了充分的应用,BIM技术向智能建筑提供了优质的建筑信息模型,优化了建筑工程的智能化建设。由此,本节主要分析BIM技术在建筑智能化中的相关应用。

我国建筑工程朝向智能化的方向发展,智能建筑成为建筑行业的主流趋势,为了提高建筑智能化的水平,在智能建筑施工中引入了BIM技术,专门利用BIM技术的信息化,完善建筑智能化的施工环境。BIM技术可以根据建筑智能化的要求实行信息化模型的控制,在模型中调整建筑智能化的建设方法,促使建筑智能化施工方案能够符合实际情况的需求。

(一) 建筑智能化中BIM技术特征

分析建筑智能化中BIM技术的特征表现,如:

(1)可视化特征,BIM构成的建筑信息模型在建筑智能化中具有可视化的表现,围绕建筑模拟了三维立体图形,促使工作人员在可视化的条件下能够处理智能建筑中的各项操作,强化建筑施工的控制;

(2)协调性特征,智能建筑中涉及很多模块,如土建、装修等,在智能建筑中采用BIM技术,实现各项模块之间的协调性,以免建筑工程中出现不协调的情况,同时还能预防建筑施工进度上出现问题;

(3)优化性特征,智能建筑中的BIM具有优化性的特征,BIM模型中提供了完整的建筑信息,优化了智能建筑的设计、施工,简化智能建筑的施工操作。

(二) 建筑智能化中BIM技术应用

结合建筑智能化的发展,分析BIM技术的应用,主要从以下几个方面分析BIM在智能建筑工程中的应用。

1. 设计应用

BIM技术在智能建筑的设计阶段,首先构建了BIM平台,在BIM平台中具备智能建筑设计时可用的数据库,由设计人员到智能建筑的施工现场实行勘察,收集与智能建筑相关的数值,之后把数据输入到BIM平台的数据库内,此时安排BIM建模工作,利用BIM的建模功能,根据现场勘察的真实数据,在设计阶段构建出符合建筑实况的立体模型,设计人员在模型中完成各项智能建筑的设计工作,而且模型中可以评估设计方案是否符合

智能建筑的实际情况。BIM平台数据库的应用,在智能建筑设计阶段提供了信息传递的途径,拉近了不同模块设计人员的距离,避免出现信息交流不畅的情况,以便实现设计人员之间的协同作业。例如:智能建筑中涉及弱电系统、强电系统等,建筑中安装的智能设备较多,此时就可以通过BIM平台展示设计模型,数据库内写入r与该方案相关的数据信息,宜接在BIM中调整模型弱电、强度以及智能设备的设计方式,促使智能建筑的各项系统功能均可达到规范的标准。

2. 施工应用

建筑智能化的施工过程中,工程本身会受到多种因素的干扰,增加了建筑施工的压力。现阶段建筑智能化的发展过程中,建筑体系表现出大规模、复杂化的特征,在智能建筑施工中引起效率偏低的情况,再加上智能建筑的多功能要求,更是增加了建筑施工的困难度。智能建筑施工时采用了BIM技术,其可改变传统施工建设的方法,更加注重施工现场的资源配置。以某高层智能办公楼为例,分析BIM技术在施工阶段中的应用,该高层智能办公楼集成了娱乐、餐饮、办公、商务等多种功能,共计32层楼,属于典型的智能建筑,该建筑施工时采用BIM技术,根据智能建筑的实际情况规划好资源的配置,合理分配施工中材料、设备、人力等资源的分配,而且BIM技术还能根据天气状况调整建筑的施工工艺,该案例施工中期有强降水,为了避免影响混凝土的浇筑,利用BIM模型调整了混凝土的浇筑工期,BIM技术在该案例中非常注重施工时间的安排,在时间节点I二匹配好施工工艺,案例中BIM模型专门为建筑施工提供了可视化的操作,也就是利用可视化技术营造可视化的条件,提前观察智能办公楼的施工效果,看观反馈出施工的状态,进而在此基础上规划好智能办公楼施工中的工艺、工序,合理分配施工内容,BIM在该案例中提供实时监控的条件,在智能办公楼的整个工期内安排全方位的监控,避免建筑施工时出现技术问题。

3. 运营应用

BIM技术在建筑智能化的运营阶段也起到了关键的作用,智能建筑竣工后会进入运营阶段,分析BIM在智能建筑运营阶段中的应用,维护智能建筑运营的稳定性。本节主要以智能建筑中的弱电系统为例,分析BIM技术在建筑运营中的应用,弱电系统竣工后,运营单位会把弱电系统的后期维护工作交由施工单位,此时弱电系统的运营单位无法准确的了解具体的运行,导致大量的维护资料丢失,运营中采用BIM技术实现了参数信息的互通,即使施工人员维护弱电系统的后期运行,运营人员也能在BIM平台中了解参数信息,同时BIM中专门建立了弱电系统的运营模型,采用立体化的模型直观显示运维数据,匹配好弱电系统的数据与资料,辅助提高后期运维的水平。

(三) 建筑智能化中BIM技术发展

BIM技术在建筑智能化中的发展,应该积极引入信息化技术,实现BIM技术与信息化技术的相互融合,确保BIM技术能够应用到智能建筑的各个方面。现阶段BIM技术已经得到了充分的应用,在智能化建筑的应用中需要做好BIM技术的发展II作,深化BIM

技术的实践应用,满足建筑智能化的需求。信息化技术是 BIM 的基础支持,在未来发展中规划好信息化技术,推进 BIM 在建筑智能化中的发展。

建筑智能化中 B1M 技术特征明显,规划好 BIM 技术在建筑智能化中的应用,同时推进 BIM 技术的发展,促使 BIM 技术能够满足建筑工程智能化的发展。BIM 技术在建筑智能化中具有重要的作用,推进了建筑智能化的发展,最重要的是 BIM 技术辅助建筑工程实现了智能化,加强现代智能化建筑施工的控制。

二、绿色建筑体系中建筑智能化的应用

由于我国社会经济的持续增长,绿色建筑体系逐渐走进人们视野,在绿色建筑体系当中,通过合理应用建筑智能化,不但能够保证建筑体系结构完整,其各项功能能得到充分发挥,为居民提供一个更加优美、舒适的生活空间。鉴于此,本节主要分析建筑智能化在绿色建筑体系当中的具体应用。

(一) 绿色建筑体系中科学应用建筑智能化的重要性

建筑智能化并没有一个明确的定义,美国研究学者指出,所谓建筑智能化,主要指的是在满足建筑结构要求的前提之下,对建筑体系内部结构进行科学优化,为居民提供一个更加便利、宽松的生活环境。而欧盟则认为智能化建筑是对建筑内部资源的高效管理,在不断降低建筑体系施工与维护成本的基础之上,用户能够更好的享受服务。国际智能工程学会则认为:建筑智能化能够满足用户安全、舒适的居住需求,与普通建筑工程相比,各类建筑的灵活性较强。我国研究人员对建筑智能化的定位是施工设备的智能化,将施工设备管理与施工管理进行有效结合,真正实现以人为本的目标。

由于我国居民生活水平的不断提升,绿色建筑得到了大规模的发展,在绿色建筑体系当中,通过妥善应用建筑智能化技术,能够有效提升绿色建筑体系的安全性能与舒适性能,真正达到节约资源的目标,对建筑周围的生态环境起到良好改善作用。结合《绿色建筑评价标准》(GB/T50328-2014)中的有关规定能够得知,通过大力发展绿色建筑体系,能够让居民与自然环境和谐相处,保证建筑的使用空间得到更好利用。

(二) 绿色建筑体系的特点

1. 节能性

与普通建筑相比,绿色建筑体系的节能性更加明显,能够保证建筑工程中的各项能源真正实现循环利用。例如,在某大型绿色建筑工程当中,设计人员通过将垃圾进行分类处理,能够保证生活废物得到高效处理,减少生活污染物的排放量。由于绿色建筑结构比较简单,居民的活动空间变得越来越大,建筑可利用空间的不断加大,有效提升了人们的居住质量。

2. 经济性

绿色建筑体系具有经济性特点,由于绿色建筑内部的各项设施比较完善,能够全面满

足居民的生活、娱乐需求,促进居民之间的和谐沟通o为了保证太阳能的合理利用,有关设计人员结合绿色建筑体系特点,制定了合理的节水、节能应急预案,并结合绿色建筑体系运行过程中时常出现的问题,制定了相应的解决对策,在提升绿色建筑体系可靠性的同时,充分发挥该类建筑工程的各项功能,使得绿色建筑体系的经济性能得到更好体现。

(三) 绿色建筑体系中建筑智能化的具体应用

1. 工程概况

某项目地上34层为住宅楼,地下两层为停车室,总建筑面积为12365.95m2占地面积为1685.321m2。在该建筑工程当中,通过合理应用建筑智能化理念,能够有效提高建筑内部空间的使用效果,进一步满足人们的居住需求。绿色建筑工程设计人员在实际工作当中,要运用"绿色"理念,"智能"手段,对绿色建筑体系进行合理规划,并认真遵守《绿色建筑技术导则》中的有关规定,不断提高绿色建筑的安全性能与可靠性能。

2. 设计阶段建筑智能化的应用

在绿色建筑设计阶段,设计人员要明确绿色建筑体系的设计要求,对室内环境与室外环境进行合理优化,节约大量的水资源、材料资源,进一步提升绿色建筑室内环境质量。在设计室外环境的过程当中,可以栽种适应力较强、生长速度快的树木,并采用无公害病虫害防治技术,不断规范杀虫剂与除草剂的使用量,防止杀虫剂与除草剂对土壤与地下水环境产生严重危害。为了进一步提升绿色建筑体系结构的完整性,社区物业部门需要建立相应的化学药品管理责任制度,并准确记录下树木病虫害防治药品的使用情况,定期引进生物制剂与仿生制剂等先进的无公害防治技术。

除此之外,设计人员还要根据该地区的地形地貌,对原有的工程设计方案进行优化,并不断减小工程施工对周围环境产生的影响,特别是水体与植被的影响等。设计人员还要考虑工程施工对周围地形地貌、水体与植被的影响,并在工程施工结束之后,及时采用生态复原措施,保证原场地环境更加完整。设计人员还要结合该地区的土壤条件,对其进行生态化处理,针对施工现场中可能出现的污染水体,采取先进的净化措施进行处理,在提升污染水体净化效果的同时,真正实现水资源的循环利用。

3. 施工阶段建筑智能化的应用

在绿色建筑工程施工阶段,通过应用建筑智能化技术,能够有效降低生态环境负荷,对该地区的水文环境起到良好地保护作用,真正实现提升各项能源利用效率、减少水资源浪费的目标。建筑智能化技术的应用,主要体现在工程管理方面,施工管理人员通过利用信息技术,将工程中的各项信息进行收集与汇总,在这个过程当中,如果出现错误的施工信息,软件能够准确识别错误信息,更好的减轻了施工管理人员的工作负担。

在该绿色建筑工程项目当中,施工人员进行海绵城市建设,其建筑规模如下:①在小区当中的停车位位置铺装透水材料,主要包括非机动车位与机动车位,防止地表雨水的流失。②合理设置下凹式绿地,该下凹式绿地占地面地下室顶板绿地的90%,具有较好的调节储蓄功能，③该工程项目设置屋顶绿化 698.25m2，剩余的屋面则布置太阳能设备，通过在屋顶布设合理的绿化，能够有效减少热岛效应的出现，不断减少雨水的地表径流址，对绿色建筑工程项目的使用环境起到良好的美化作用。

4. 运行阶段建筑智能化的应用

在绿色建筑工程项目运行与维护阶段，建筑智能化技术的合理应用，能够保证项目中的网络管理系统更加稳定运行，真正实现资源、消耗品与绿色的高效管理。所谓网络管理系统，能够对工程项目中的各项能耗与环境质量进行全面监管，保证小区物业管理水平与效率得到全面提升。在该绿色建筑工程项目当中，施工人员最好不采用电直接加热设备作为供暖控台系统，要对原有的采暖与空调系统冷热源进行科学改进，并结合该地区的气候特点、建筑项目的负荷特性，选择相应的热源形式。该绿色建筑工程项目中采用集中空调供暖设备，拟采用 2 台螺杆式水冷冷水机组，机组制冷量为 1160kW 左右，

综上所述，通过详细介绍建筑智能化技术在绿色建筑体系设计阶段、施工阶段、运行阶段的应用要点，能够帮助有关人员更好的了解建筑智能化技术的应用流程，对·绿色建筑体系的稳定发展起到良好推动作用。对于绿色建筑工程项目中的设计人员而言，要主动学习先进的建筑智能化技术，不断提高自身的智能化管理能力，保证建筑智能化在绿色建筑体系中得到更好运用。

三、建筑电气与智能化建筑的发展和应用

智能化建筑在当前建筑行业中越来越常见，对于智能化建筑的构建和运营而言，建筑电气系统需要引起高度关注，只有确保所有建筑电气系统能够稳定有序运行，进而才能够更好保障智能化建筑应有功能的表达。基于此，针对建筑电气与智能化建筑的应用予以深入探究，成为未来智能化建筑发展的重要方向，本节就首先介绍了现阶段建筑电气和智能化建筑的发展状况，然后又具体探讨了建筑电气智能化系统的应用，以供参考。

现阶段智能化建筑的发展越来越受重视，为了进一步凸显智能化建筑的应用效益，提升智能化建筑的功能价值，必然需要重点围绕着智能化建筑的电气系统进行优化布置，以求形成更为协调有序的整体运行效果。在建筑电气和智能化建筑的发展中，当前受重视程度越来越高，尤其是伴随着各类先进技术手段的创新应用，建筑智能化电气系统的运行同样也越来越高效。但是针对建筑电气和智能化建筑的具体应用方式和要点依然有待于进一步探究。

(一) 建筑电气和智能化建筑的发展

当前建筑行业的发展速度越来越快，不仅仅表现在施工技术的创新优化上，往往还和建筑工程项目中引入的大量先进技术和设备有关，尤其是对于智能化建筑的构建，更是在实际应用中表现出了较强的作用价值。对于智能化建筑的构建和实际应用而言，其往往表现出多方面优势，比如可以更大程度上满足用户的需求，体现更强的人性化理念，在节

能环保以及安全保障方面同样也具备更强作用,成为未来建筑行业发展的重要方向。在智能化建筑施工构建中,各类电气设备的应用成为重中之重,只有确保所有电气设备能够稳定有序运行,进而才能够满足应有功能。基于此,建筑电气和智能化建筑的协同发展应该引起高度关注,以求促使智能化建筑可以表现出更强的应用价值。

在建筑电气和智能化建筑的协同发展中,智能化建筑电气理念成为关键发展点,也是未来我国住宅优化发展的方向,有助于确保所有住宅内电气设备的稳定可靠运行。当然,伴随着建筑物内部电气设备的不断增多,相应智能化建筑电气系统的构建难度同样也比较大,对于设计以及施工布线等都提出了更高要求。同时,对于智能化建筑电气系统中涉及的所有电气设备以及管线材料也应该加大关注力度,以求更好维系整个智能化建筑电气系统的稳定运行,这也是未来发展和优化的重要关注点。

从现阶段建筑电气和智能化建筑的发展需求上来看,首先应该关注以人为本的理念,要求相应智能化建筑电气系统的运行可以较好符合人们提出的多方面要求,尤其是需要注重为建筑物居住者营造较为舒适的室内环境,可以更好提升建筑物居住质量;其次,在智能化建筑电气系统的构建和运行中还需要充分考虑到节能需求,这也是开发该系统的重要目标,需要促使其能够充分节约以往建筑电气系统运行中不必要的能源消耗,在更为节能的前提下提升建筑物运行价值;最后,建筑电气和智能化建筑的优化发展还需要充分关注于建筑物的安全性,能够切实围绕着相应系统的安全防护功能F以优化,确保安全监管更为全面,同时能够借助于自动控制手段形成全方位保护,进一步提升智能化建筑应用价值。

(二) 建筑电气与智能化建筑的应用

1.智能化电气照明系统

在智能化建筑构建中,电气照明系统作为必不可少的重要组成部分,应该予以高度关注,确保电气照明系统的运用能够体现出较强的智能化特点,可以在照明系统能耗损失控制以及照明效果优化等方面发挥积极作用。电气照明系统虽然在长期运行下并不会需要大量的电能,但是同样也会出现明显的能耗损失、以往照明系统中往往有15%左右的电力能源被浪费,这也就成为建筑电气和智能化建筑优化应用的重要着眼点。针对整个电气照明系统进行智能化处理需要首先考虑到照明系统的调节和控制,在选定高质量灯源的前提下,借助恰当灵活的调控系统,实现照明强度的实时控制,如此也就可以更好满足居住者的照明需求,同时还有助于规避不必要的电力能源损耗。虽然电气照明系统的智能化控制相对简单,但是同样也涉及了较多的控制单元和功能需求,比如时间控制、亮度记忆控制、调光控制以及软启动控制等,都需要灵活运用到建筑电气照明系统中,同时借助于集中控制和现场控制,实现对于智能化电气照明系统的优化管控,以便更好提升其运行效果。

2.BAS 线路

建筑电气和智能化建筑的具体应用还需要重点考虑到 BAS 线路的合理布设,确保整个 BAS 运行更为顺畅高效, 避免在任何环节中出现严重隐患问题。在 BAS 线路布设中, 首先应该考虑到各类不同线路的选用需求, 比如通信线路、流量计线路以及各类传感器线路, 都需要选用屏蔽线进行布设, 甚至需要采取相应产品制造商提供的专门导线, 以避免在后续运行中出现运行不畅现象。在 BAS 线路布设中还需要充分考虑到弱电系统相关联的各类线路连接需求, 确保这些线路的布设更为合理, 尤其是对于大量电子设备的协调运行要求, 更是应该借助于恰当的线路布设广以满足。另外, 为了更好确保弱电系统以及相关设备的安全稳定运行, 往往还需要切实围绕着接地线路进行严格把关, 确保各方面的接地处理都可以得到规范执行, 除了传统的保护接地, 还需要关注于弱电系统提出的屏蔽接地以及信号接地等高要求, 对于该方面线路电阻进行准确把关, 避免出现接地功能受损问题。

3. 弱电系统和强电系统的协调配合

在建筑电气与智能化建筑构建应用中, 弱电系统和强电系统之间的协调配合同样也应该引起高度重视, 避免因为两者间存在的明显不一致问题, 影响到后续各类电气设备的运行状态。在智能化建筑中做好弱电系统和强电系统的协调配合往往还需要首先分析两者间的相互作用机制, 对于强电系统中涉及的各类电气设备进行充分研究, 探讨如何借助于弱电系统予以调控管理, 以促使其可以发挥出理想的作用价值, 比如在智能化建筑中进行空调系统的构建, 就需要重点关注于空调设备和相关监控系统的协调配合, 促使空调系统不仅仅可以稳定运行, 还能够有效借助于温度传感器以及湿度传感器进行实时调控, 以便空调设备可以更好服务于室内环境, 确保智能化建筑的应用价值得到进一步提升。

4. 系统集成

对于建筑电气与智能化建筑的应用而言, 因为其弱电系统相对较为复杂, 往往包含多个子系统, 如此也就必然需要重点围绕着这些弱电项目子系统进行有效集成, 确保智能化建筑运行更为高效稳定。基于此、为了更好促使智能化建筑中涉及的所有信息都能够得到有效共享, 应该首先关注于各个弱电子系统之间的协调性, 尽量避免相互之间存在明显冲突。当前智能楼宇集成水平越来越高, 但是同样也存在着一些缺陷, 有待于进一步优化完善。

在当前建筑电气与智能化建筑的发展中, 为了更好提升其应用价值, 往往需要重点围绕着智能化建筑电气系统的各个组成部分进行全方位分析, 以求形成更为完整协调的运行机制, 切实优化智能化建筑应用价值。

四、建筑智能化系统集成设计与应用

随着社会不断进步, 建筑的使用功能获得极大丰富, 从开始单纯为人们遮风挡雨, 到现在协助人们完成各项生活、生产活动, 其数字化水平、信息化程度和安全系数受到了人们的广泛关注。

由此可以看出, 建筑智能化必将成为时代发展的趋势和方向。如今, 集成系统在建筑的智能化建设中得到了广泛应用, 引起了建筑质的变化。

(一) 现代建筑智能化发展现状

科学技术的进步推动了建筑行业的改革与发展。近年来,我国的智能化建筑领域呈现出良好的发展态势,并且其在设计、结构、使用等方面与传统建筑相互有着明显的差别,因此备受人们的关注。

如今,我们已经进入了网络时代,建筑建设也逐渐向集成化和科学化方向发展,智能建筑全部采用现代技术,并将一系列信息化设备应用到建筑设计和实际施工中,使智能建筑具有强大的实用性功能,进而为人们的生产生活提供更为优质的服务。

现阶段,各个国家对智能建筑均持不同的意见与看法,我国针对智能建筑也颁布了一系列的政策与标准。总的来说,智能建筑发展必须以信息集成技术为支撑,而如何实现系统集成技术在智能建筑中的良好应用,提高用户的使用体验就成了建筑行业亟须研究的问题。

(二) 建筑智能化系统集成目标

建筑智能化系统的建立,首先需要确定集成目标,而目标是否科学合理,对建筑智能化系统的建立具有决定性意义–在具体施工中,经常会出现目标评价标准不统一,或是目标不明确的情况,进而导致承包方与业主出现严重的分歧,甚至出现工程返工的情况,这造成了施工时间与资源的大量浪费,给承包方造成了大量的经济损失,同时业主的居住体验和系统性能价格比也会直线下降,并且业主的投资也未能得到相应的回报。

建筑智能化系统集成目标要充分体现操作性、方向性和及物性的特点。其中,操作性是决策活动中提出的控制策略,能够影响与目标相关的事件,促使其向目标方向靠拢,方向性是目标对相关事件的未来活动进行引导,实现策略的合理选择。及物性是指与目标相关或是目标能直接涉及的一些事件,并为决策提供依据。

(三) 建筑智能化系统集成的设计与实现

1. 硬接点方式

如今,智能建筑中包含许多的系统方式,简单的就是在某一系统设备中通过增加该系统的输入接点、输出接点和传感器,再将其接入另外一个系统的输入接点和输出接点来进行集成,向人们传递简单的开关信号。该方式得到了人们的广泛应用,尤其在需要传输紧急、简单的信号系统中最为常用,如报警信号等。硬接点方式不仅能够有效降低施工成本,而且为系统的可靠性和稳定性提供保障,

2. 串行通信方式

串行通信方式是一种通过硬件来进行各子系统连接的方式,是目前较为常用的手段之一,其较硬接点方式来说成本更低,且大多数建设者也能够依靠自身技能来实现该方式的应用。通过应用串行通信的方式,可以对现有设备进行改进和升级,并使其具备集成功能该方式是在现场控制器上增加串行通信接口,通过串行通信接口与其他系统进行通信,

但该方式需要根据使用者的具体需求来展开研发,针对性很强。同时其需要通过串行通信协议转换的方式来进行信息的采集,通信速率较低。

3.计算机网络

计算机是实现建筑智能化系统集成的重要媒介。近几年来,计算机技术得到了迅猛的发展与进步,给人们的生产生活带来了极大的便利。建筑智能化系统生产厂商要将计算机技术充分利用起来,设计满足客户需求的智能化集成系统,例如保安监控系统、消防报警、楼宇自控等,将其通过网络技术进行连接,达到系统间互相传递信息的作用,通过应用计算机技术和网络技术,减少了相关设备的大量使用,并实现了资源共享,充分体现了现代系统集成的发展与进步,并且在信息速度和信息量上均体现出了显著的优势。

4.OPC 技术

OPC 技术是一种新型的具有开放性的技术集成方式,若说计算机网络系统集成是系统的内部联系,那么 OPC 技术是更大范围的外部联系。通过应用计算机技术,能够促进各个商家间的联系,而通过构建开放式系统,例如围绕楼宇控制系统,能够促使各个商家、建筑的子系统按照统一的发展方式和标准,通过网络管理、协议的方式为集成系统提供相应的数据,时刻做到标准化管理。同时,通过应用 OPC 技术,还能将不同供应商所提供的应用程序、服务程序和驱动程序做集成处理,使供应商、用户均能在 OPC 技术中感受到其带来的便捷。此外,OPC 技术还能作为不同服务器与客户的连接桥梁,为两者建立一种即插即用的链接关系,并显示出其简单性和规范性的特点。在此过程中,开发商无需投入大量的资金与精力来开发各硬件系统,只需开发一个科学完善的 OPC 服务器,即可实现标准化服务。由此可见,基于标准化网络,将楼宇自控系统作为核心的集成模式,具有性能优良、经济实用的特点,值得广为推荐。

(四) 建筑智能化系统集成的具体应用

1.设备自动化系统的应用

实现建筑设备的自动化、智能化发展,为建筑智能化提供了强大的发展动力所谓的设备自动化就是指实现建筑对内部安保设备、消防设备和机电设备等的自动化管理,如照明、排水、电梯和消防等相关的大型机电设备。相关管理人员必须要对这些设备进行定期检查和保养,保障其正常运行实现设备系统的自动化,大大提高了建筑设备的使用性能,并保障了设备的可靠性和安全性,对提升建筑的使用功能和安全性能起到了关键的作用

2.办公自动化系统的应用

通过办公自动化系统的有效应用,能够大大提高办公质量与效率,并极大地改善办公环境,避免出现人工失误,进而及时、高效地完成相应的工作任务。办公自动化系统通过借助先进的办公技术和设备,对信息进行加工、处理、储存和传输,较纸质档案来说更为牢靠和安全,并大大节省了办公的空间,降低了成本投入同时,对于数据处理问题,通过

应用先进的办公技术,使信息加工更为准确和快捷

3. 现场控制总线网络的应用

现场控制总线网络是一种标准的开放的控制系统,能够对各子系统数据库中的监控模块进行信息、数据的采集,并对各监控子系统进行联动控制,主要通过 OPC 技术、COM/DCOM 技术等标准的通信协议来实现。建筑的监控系统管理人员可利用各子系统来进行工作站的控制,监视和控制各子系统的设备运行情况和监控点报警情况,并实时查询历史数据信息,同时进行历史数据信息的储存和打印,再设定和修改监控点的属性、时间和事件的相应程序,并干预控制设备的手动操作。此外,对各系统的现场控制总线网络与各智能化子系统的以太网还应设置相关的管理机制,保证系统操作和网络的安全管理。

综上所述,建筑智能化系统集成是一项重要的科技创新,极大地满足了人们对智能建筑的需求,让人们充分体会到了智能化所带来的便捷与安全。同时,建筑智能化也对社会经济的发展起到了一定的促进作用。如今,智能化已经体现在生产生活的各个方面,并成为未来的重要发展趋势,对此,国家应大力推动建筑智能化系统集成的发展,为人们营造良好的生活与工作环境,促进社会和谐与稳定。

五、智能楼宇建筑中楼宇智能化技术的应用

经济城市化水平的急剧发展带动了建筑业的迅猛发展,在高度信息化、智能化的社会背景下,建筑业与智能化的结合已成为当前经济发展的主要趋势,在现代建筑体系中,已经融入了大量的智能化产物,这种有机结合建筑,增添了楼宇的便捷服务功能,给用户带来了全新的体验。本节就智能化系统在楼宇建筑中的高效应用进行研究,根据智能化楼宇的需求,研制更加成熟的应用技术,改进楼宇智能化功能,为人们提供更加便捷、科技化的享受。

楼宇智能化技术作为新世纪高新技术与建筑的结合产物,其技术设计多个领域,不仅'需要有专业的建筑技术人员,更需要懂科技、懂信息等科技人才相互协作才能确保楼宇智能化的实现。楼宇智能化设计中,对智能化建设工程的安全性、质量和通信标准要求极高。只有全面的掌握楼宇建筑详细资料,选取适合楼宇智能化的技术,才能建造出多功能、大规模、高效能的建筑体系,从而为人们创建更加舒适的住房环境和办公条件。

(一) 智能化楼宇建设技术的现状概述

在建筑行业中使用智能化技术,是集结了先进科学智能化控制技术和自动通信系统,是人们不断改造利用现代化技术,逐渐优化楼宇建筑功能,提升建筑物服务的一种技术手段。20 世纪 80 年代,第一栋拥有智能化建设的楼宇在美国诞生,自此之后,楼宇智能化技术在全世界各地进行推广。我国作为国际上具有实力潜力的大国,针对智能化在建筑物中的应用进行了细致的研究和深入的探讨最终制定了符合中国标准的智能化建筑技术,并做出相关规定和科学准则。在国家经济的全力支撑下,智能化楼宇如春笋般,遍地开花。

国家相关部分进行综合决策，制定了多套符合中国智能化建设的法律法规，使智能化楼宇在审批中、建筑中、验收的各个环节都能有标准的法律法规，这对于智能化建筑在未来的发展中给予了重大帮助和政策支撑。

（二）楼宇智能化技术在建筑中的有效用应用

1. 机电一体化自控系统

机电设备是建筑中重要的系统，主要包括楼房的供暖系统、空调制冷系统、楼宇供排水体系、自动化供电系统等。楼房供暖与制冷系统调控系统：借助于楼宇内的自动化调控系统，能够根据室内环境的温度，开展一系列的技术措施，对其进行功能化、标准化的操控和监督管理同时系统能后通过自感设备对外界温湿度进行精准检测，并自动调节，进而改善整个楼宇内部的温湿条件，为人们提供更高效、更适宜的服务体验。当楼宇供暖和制冷系统出现故障时，自控系统能够寻找到故障发生根源，并及时进行汇报，同时也可实现自身对问题的调控，将问题降到最低范围。

供排水自控系统：楼宇建设中供排水系统是最重要的工程项目，为了使供排水系统能够更好的为用户服务，可以借助于自控较高系统对水泵的系统进行 24 小时的监控，当出现问题障碍时，能够及时报警。同时，其监控系统，能够根据污水的排放管道的堵塞情况、处理过程等方面实施全天候的监控与管理。此外，自控制系统能够实时监测系统供排水系统的压力符合，压力过大时能够及时减压处理，保障水系统的供排在一定的掌控范围中。最大程度的减少供排水系统的障碍出现的频率。

电力供配自控系统：智能化楼宇建设中最大的动力来源就是"电"，因此，合理的控制电力的供给和分配是电力实现智能化建筑楼宇的重中之重。在电力供配系统中增添控制系统，实现全天候的检测，能够准确把握各个环节，确保整个系统能够正常的运行。当某个环节出现问题时，自控系统能够及时地检测出，并自动生成程序解决供电故障，或发出警报信号，提醒检修人员进行维修。能够实现对电力供配系统的监控主要依赖于传感系统发出的数据信息与预报指令。根据系统做出的指令，能够及时切断故障的电源，控制该区域的网络运行，从而保障电力系统的其他领域安全工作。

2. 防火报警自动化控制系统

搭建防火报警系统是现代楼宇建设中最重要的安全保障系统，对于智能化楼宇建筑而言，该系统的建设具有建大意义，由于智能化建筑中需要大功率的电子设备，来支撑楼宇各个系统的正常运转，在保障楼宇安全的前提下，消防系统的作用至关重要。当某一个系统中出现短路或电子设备发生异常时，就会出现跑电漏电等现象，若不能及时对其进行控制，很容易引发火灾防火报警系统能够及时地检测出排布在各个楼宇系统中的电力运行状态，并实施远程监控和操作。一旦发生火灾时，便可自动做出消防措施，同时发出报警信号。

3. 安全防护自控系统

现代楼宇建设中,设计了多项安全防护系统,其中包括:楼宇内外监控系统、室内外防盗监控系统、闭路电视监控。楼宇内外监控系统,是对进出楼宇的人员和车辆进行自动化辨别,确保楼宇内部安全的第一道防线,这一监测系统包括门禁卡辨别装置、红外遥控操作器、对讲电话设备等,进出人员刷门禁卡时,监控系统能够及时地辨别出人员的信息,并保存与计算机系统中,待计算机对其数据进行辨别后传出进出指令。室内外防盗监控系统主要通过红外检测系统劝其进行辨别,发现异常行为后能够自动发出警报并报警。闭路电视监控系统是现代智能化楼宇中常用的监测系统,通过室外监控进行人物呈像、并进行记录、保存。

4. 网络通信自控系统

网络通信自控系统,是采用PBX系统对建筑物中声音、图形等进行收集、加工、合成、传输的一种现代通信技术,它主要以语音收集为核心,同时也连接了计算机数据处理中心设备,是一种集电话、网络为一体的高智能网络通信系统,通过卫星通信、网络的连接和广域网的使用,将收集到的语音资料通过多媒体等信息技术传递给用户,实现更高效便捷的通信与交流。

在信息技术发展迅猛的今天,智能化技术必将广泛应用于楼宇的建筑中,这项将人工智能与建筑业的有机结合技术是现代建筑的产物,在这种建筑模式高速发展的背景下,传统的楼宇建筑技术必将被取代。这不仅是时代向前发展的决定,同时也是人们的未来住房功能和服务的要求,在未来的建筑业发展中,实现全面的智能化为建筑业提供发展的方向。此外,随着建筑业智能化水平的日渐提升,为各大院校的从业人员也提供了坚实的就业保障和就业方向。

六、建筑智能化系统的智慧化平台应用

在物联网、大数据技术的快速发展的大背景下,有效推动了建筑智能化系统的发展,通过打造智慧化平台,使得系统智能化功能更加丰富,极大提升了人们的居住体验,降低了建筑能耗,更加方便对建筑运行进行统一管理,对于推动智能建筑实现可持续发展具有重要的意义。

(一)建筑智能化系统概述

建筑智能化系统,最早兴起于西方,早在1984年,美国的一家联合科技UTBS公司通过将一座金融大厦进行改造并命名为"City Place",具体改造过程即是在大厦原有的结构基础之上,通过增添一些信息化设备,并应用一些信息技术,例如计算机设备、程序交换机、数据通信线路等,使得大厦整体功能发生了质的改变,住在其中的用户因此能够享受到文字处理、通信、电子信函等多种信息化服务,与此同时,大厦的空调、给排水、供电设备也可以由计算机进行控制,从而使得大厦整体实现了信息化、自动化,为住户提供

了更为舒适的服务与居住环境,自此以后,智能建筑走上了高速发展的道路)

如今随着物联网技术的飞速发展,使得建筑智能化系统中的功能更加丰富,并衍生了一种新的智慧化平台,该平台依托于物联网,不仅融入了常规的信息通信技术,还应用了云计算技术、GPS&IS、大数据技术等,使得建筑智能化系统的智能性得到更为显著的体现,在建筑节能、安防等方面发挥着非常质要的作用。

(二) 智慧平台的5大作用

通过传统的建筑智能化衍生为系统智能化,将局域的智能化通过通信技术进行了升级和加强,再通过平台集成将原行智能化各个系统统一为一个操作界面,使智能化管理更加便捷和智能。

以下有五大优点:

1. 实施对设施设备运维管理

针对建筑设施设备使用期限,实现自动化管理,建筑智能化系统设备一般开始使用后,在系统之中,会自动设定预计使用年限,在设备将要达到使用年限后,可以向用户发出更换提醒、设施设备维护自动提醒,以提前设置好的设备的维护周期内容为依据,并结合设备上次维护时间,系统能够自动生成下一次设备维护内容清单,并能够自动提醒。并针对系统维护、维修状况,能够实现自动关联,并根据相关设备,实现详细内容查询,一直到设备报废或者从建筑中撤除。能够对系统设备近期维护状况进行实时检查,能够提前了解基本情况,并来到现场对设备运行状态加以确认、了解详细情况,并将故障信息实施上传,更加方便管理层进行决策,及时制定对合理的应对方案。例如借助云平台,收集建筑运行信息,并能够对这些信息进行集中分析,例如通过统计设备故障率,获得不同设备使用寿命参照数据,并通过可视化技术以图表形式现实出来,更加有助于实现事前合理预测,提前做好预防措施,有效提升系统设备的管理质量水平。

2. 有效的降低能耗,提高日常管理

将建筑内涉及能源采集、计量、监测、分析、控制等的设备和子系统集中在一起,实现能源的全方位监控,通过各能源设备的数据交互和先进的计算机技术实现主动节能的同时,还可通过对能源的使用数据进行横向、纵向的对比分析,找到能源消耗与楼宇经营管理活动中不匹配的地方,抓住关键因素,在保证正常的生产经营活动不受影响及健康舒适工作环境的前提下,实现持续的降低能耗,同时该系统通过I/O、监听等专有服务,将建筑内的所有供能设备及耗能设备进行统一集成,然后利用数据采集器、串口服务器,实现各类智能水表、电表、燃气表、冷热能量表的能耗数据的获取,并通过数据采集器、串口服务器或者各种接口协议转换,对建筑各种能耗装置设备进行实时监控和设备管理。针对收集的能耗数据,通过利用大规模并行处理和列存储数据库等手段,将信息进行半结构化和非结构化重构,用于进行更高级别的数据分析,同时系统嵌入建筑的2D/3D电子地图导航,将各类能耗的监测点标注在实际位置上,使得布局明晰并方便查找。在2D/3D效

果图上选择建筑的任何用能区域,可以实时监测能耗设备的实时监测参数及能耗情况,让管理人员和使用者能够随时了解建筑的能耗情况,提高节能意识。在此基础上,还能够完成不同建筑能源的分时一分段计费、多角度能耗对比分析、用能终端控制等功能。

3. 应急指挥

将智能化的各个子系统通过软件对接的方式平台管理,通过智能分析及大数据分析,有效提高管理人员的管理水平。

其中网络设备系统、无线 WiFi 系统、高清视频监控系统、人脸识别系统、信息发布系统、智能广播系统、智能停车场系统等各个独立的智能化系统有机的结合实现:

(1) 危险预防能力

通过具有人脸识别、智能视频分析、热力分析等功能、在一些危险区域、事态进行提前预判,有针对性的管理。

全天时工作,自动分析视频并报警,误报率低,降低因为管理人员人为失误引起的高误差。将传统的"被动"视频监控化转变为"主动"监控,在报警发生的同时实时监视和记录事件过程。

热力图分析的本质 —— 点数据分析。一般来说,点模式分析可以用来描述任何类型的事件数据,我们通过分析,可以使点数据变为点信息,可以更好地理解空间点过程,可以准确地发现隐藏在空间点背后的规律,让管理人员得到有效的数据支持,及时规避和疏导。

(2) 应急指挥

应急指挥基于先进信息技术、网络技术、GIS 技术、通信技术和应急信息资源基础已实现紧急事件报警的统一接人与交换,根据突发公共事件突发性、区域性、持续性等特点,以及应急组织指挥机构及其职责、工作流程、应急响应、处置方案等应急业务的集成。

同过音视频系统、会议系统、通信系统、后期保障系统等实现应急指挥功能,

(3) 事后分析总结能力

通过事件的流程和发生的原因,进行数据分析,为事后总结分析提供数据支持,避免类此事件再次发生提供保障。

4. 用户的体验舒适

(1) 客户提醒

通过广播和 LED 通过数字化连接,通过平台统一发放,能做到分区播放,不同区域不同提示,让体验度提高。

让客户在陌生的环境下能在第一时间通过广播系统和显,示系统得到信息,摆脱困扰,

(2) 信用体系

在平台数据提取的帮助下,建立各类信用体系,也对管理者提供了改进和针对性投入,从而规范市场规则。

5. 营销广告作用

通过各类数据提供，能提取有效的资源供给建设方或管理方，有针对性的进行宣传和营销，提高推广渠道。

不断关注营销渠道反馈的信息，能改进营销手段，有方向投入，提高销售效率，在线上线下发挥重要作用。

（三）智慧平台行业广泛应用

依托互联网、无线网、物联网、GIS服务等信息技术，将城市间运行的各个核心系统整合起来，实现物事人及城市功能系统之间无缝连接与协同联动，为智慧城的"感"传"智"用"提供了基础支撑，从而对城市管理、公众服务等多种需求做出智能的响应，形成基于海量信息和智能过滤处理的新的社会管理模式，是早期数字城市平台的进一步发展，是信息技术应用的升级和深化。

在平台的帮助下，各个建设方和管理方能有依有据，能做到精准投入，高效回报，提高管理水平，提高服务水平。

综上所述，当下随着建筑智能化系统的智慧化平台的应用发展，有效提升了建筑智能化运行管理水平，为人们的日常生活带来了非常大的便利。因此需要科技工作者与行业人员进一步加强建筑智能化系统的智慧化平台的应用研究，从而打造出更实用、更强大的智慧化应用平台，充分利用现代信息科技推动建筑行业实现更加平稳顺利的发展。

七、建筑智能化技术与节能应用

近些年来，伴随着我国经济科技的快速发展，人民生活水平的不断提高，对建筑方面的要求也变得越来越高。它已经不仅仅是局限于外部设计和内部结构构造，更重要的是建筑质量方面的智能化和节能应用方面。在这样的情况之下，我国的建筑智能化技术得到了快速发展并且普遍应用于我们的生活之中，给我们的生活产生的很大的变化和影响，得到了社会相关专业人员的认可以及国家的高度重视。在本节之中，作者会详细对建筑智能化的技术与节能应用方面进行分析。

随着信息时代的到来，我国的生活各个方面基本上已经进入了信息化时代，就是我们俗称的新时代。建筑行业作为科学技术的代表之一，也基本上实现了智能化，建筑智能化技术得到了广泛的应用，并且随着我国环境压力的增大，可持续发展理论的深入，人们对建筑的节能要求也变得越来越高。建筑行业不仅要求智能化技术的应用，在建筑节能方面的应用也是一个巨大的挑战。但是有挑战就有发展空间，在接下来的时间里，建筑智能化技术和节能应用会得到快速发展并且达到一个新的高度

（一）智能建筑的内涵

相较于传统建筑而言，智能建筑所涉及的范围更加宽广和全面。传统建筑工作人员可

能只需要学习与建筑方面的相关专业知识并且能够把它应用到建筑物之中便可以了,而智能建筑工作人员仅仅是有丰富的理论素养是远远不够的。智能建筑是一个将建筑行业与信息技术融为一体的一个新型行业,因为这些年来的快速发展收到了国际上的高度重视。简单来说:智能建筑就是说它所有的性能能够满足客户的多样的要求。客户想要的是一个安全系数高、舒服、具有环保意识、结构系统完备的一个整体性功能齐全,能够满足目前信息化时代人民快生活需要的一个建筑物从我国智能建筑设计方面来定义智能建筑是说:建筑作为我们生活的一个必需品,是目前现代社会人民需要的必要环境,它的主要功能是为人民办公、通信等等提供一个具有服务态度高、管理能力强、自动化程度高、人民工作效率高心情舒服的一个智能的建筑场所。

由上面的相关分析可以得知,快速发展的智能建筑作为一项建筑工程来说,不仅仅是传统建筑的设计理念和构造了。它还需要信息科学技术的投入,主要的科学技术包括了计算机技术和网络计算,其中更重要的是符合智能建筑名称的自动化控制技术,通过设计人员的专业工作和严密的规划,对智能建筑的外部和内部结构设计、市场调查、客户对建筑物的需要、建筑物的服务水平、建筑物施工完成后的管理等等这几个主要的方面。这几个方面之间有着直接或者间接的关系作为系统的组合最终实现为客户供应一个安全指数高、服务能力强、环保意识高节能效果好、自动化程度高的环境。

(二)应用智能化技术实现建筑节能化

在目前供人工作和生活的建筑中,造成能源消耗的主要有冬天的供暖设备和夏天的供冷消耗,还有一年四季在黑夜中提供光明的光照设施,其中消耗比较大的大型的家用电器和办公设备。比如说,电视机、洗衣机、电脑、打印机等等,另外在大型的建筑物中,最消耗能量的主要是一年都不能停运的电梯、排污等等。如果这些设备停运或者不能够工作,那么就会给人民的生活和工作带来非常不利的影响,由此可见,要想实现节能目标,就必须有效的控制和管理好相关设备的应用。正好随着建筑的智能化的到来,能够有效的减少能源的消耗,不但能使得建筑物中一些消耗能源高的设备达到高效率的运营,而且能实现节能化。

1. 合理设置室内环境参数达到节能效果

在夏天或者冬天,当人民从室外进入建筑物内部的时候,温度会有很大的落差。人民为了尽快保暖或者降温就会大幅度的调高或者调低室内的温度,因而造成了大量能源的消耗。因此,根据人民的这个建筑智能化系统就要做出反应,要根据人民的需求及时做出反应,根据室内室外的温度湿度等等进行调整最终实现节能的效果。

由于我国一些地方的季节变化明显,导致温度相差也很大,就拿北方来说,冬季阳光照射少,并且随常伴有大风等等,导致温度过低,也就有了北方特有的暖气的存在。因为室外温度特别低,从外面走了一趟回来就特别暖和,这时候人民就会调高室内的温度,增大供暖,长时间的大量供暖不仅仅造成了环境污染并且消耗了大量的能源。根据相关数据可得,如果在室内有供暖的存在,温度能够减少一度,那么我们的能源消耗就能降低百分之十到百分之十五。这样推算下来,一家人减少百分之十到百分之十五的能源消耗,一百户人家能减少的能源消耗会是一个大大的数字,其中还不包括了大量的工作建筑物;夏天也是有相同的问题存在,室内温度调的过低造成能源消耗量过大,可能我们人体对于一度的温度没有太大的感受程度,可是如果温度能升高一度,那么能源消耗就能减少百分之八到百分之十中间。由此推算,全国的建筑物加在一起,只要室内温度都升高一度,那么我们就能降低一个很大数字的能源消耗,因此,需要建筑智能化需要能够合理的设置室内环境参数已达到节能的作用。

除了我们普遍的居民住楼建筑和工作场所建筑之外,还有一些特殊的建筑物的存在。比如说:剧院、图书馆等等。要根据人流和国家的规定对室内温度进行严密的控制和管理,不能够过高也不能够过低,从而导致能源消耗量过大,切实起到节能的作用。

2. 限制风机盘管温度面板的设定范

一些客户可能会因为自身对温度的感受能力原因在冬天过高的提高温度面板,在夏天里过低的降低温从而超出了标准限度,造成了能源的大量消耗,因此,为了达到节能,要对风机管的温度面板进行严格的限制,这时候就要运用到建筑的智能化应用了,采用自动化控制风机管温度面板,严格按照国家标准来执行。

3. 充分利用新风自然冷源

在信息快速发展的新时代里,要做到物用其尽,智能建筑要充分利用到自然资源来减少能源消耗,起到节能的目的。比如说可以充分利用新风自然冷源,不但可以降低我们的能源消耗,而且效率高,节能又环保。

在夏季的时候,早晨是比较凉快温度较低,并且新风量大,这个时候就可以关掉空调,打开室内的门窗,保持气流的换通,这样不但能够使室内保持新鲜的空气而且能减少空调的使用,给人民的生活带来舒适的同时义进行了节能,在傍晚的时分也可以进行相同的操作。另外在一些人流量比较大的建筑物内比如说商场、交通休息站等等地方,可能会因为人流过多,产生的的二氧化碳浓度较高,这时候为了减少能源消耗,可以打开排风机,利用风流进行空气交换,达到一举两得的效果,最后,在一些办公建筑中,人民为了得到更加舒适的室内环境,会提前打开空调让室友进行提前降温,在下班之后一段时间再关掉。据相关数据可得,因为这样的情况造成了全天 20% ~ 30% 的能源消耗。因此,为了节能减少能源消耗,一些办公建筑内的空调设备的打开和关闭时间要进行严格的管理和控制。

伴随着社会的发展,智能建筑不但融入了大量科学技术的应用。并且更加重视节能方面的应用,尽量的减少能源消耗,起到环境保护的作用,增加我国资源储备,智能建筑的发展要增加可持续发展理念实现为。打造一个安全性数高、舒服、自动化能力强的环境。

八、智能化城市发展中智能建筑的建设与应用

随着社会经济的发展和科学技术的进步,城市的建设已经不再局限于传统意义上的建筑,而是根据人们的需求塑造多功能性、高效性、便捷性、环保性的具有可持续发展的智能化城市。在智能化城市的建设与发展过程中,智能建筑是其根本基础。智能建筑充分将现代科学技术与传统建筑相结合,其发展前景十分广阔。该文从我国智能建筑的概念出发,介绍了智能建筑的智能化系统以及智能建筑的发展方向。

在当今的信息化时代,智能化是城市发展的典型特征,智能建筑这种新型的建筑理念随之产生并得到应用。它不仅将先进的科学技术在建筑物上淋漓尽致地发挥出来,使人们的生活和工作环境更加安全舒适,生活和工作方式更加高效,也在一定程度上满足了现代建筑的发展理念,实现智能建筑的绿色环保以及可持续的发展理念。

智能建筑最早起源于美国,其次是日本,随之许多国家对智能建筑产生兴趣并进行高度关注。我国对智能建筑的应用最早是北京发展大厦,随后的天津今晚大厦,是国内智能建筑的典型,被称为中国化的准智能建筑。虽然我国对智能建筑的研究相对较晚,但也已经形成一套适应我国国情发展的智能建筑建设理论体系。

智能建筑是传统建筑与当代信息化技术相结合的产物。它是以建筑物为实体平台,采用系统集成的方法,对建筑的环境结构、应用系统、服务需求以及物业管理等多方面进行优化设计,使整个建筑的建设安全经济合理,更重要的是它可以为人们提供一个安全舒适、高效、快捷的工作与生活环境。

(一) 智能建筑的智能化系统

智能建筑的智能化系统总体上被称为5A系统,主要包括设备自动化系统(BAS)、通信自动化系统(CAS)、办公自动化系统(OAS)、消防自动化系统(FAS)和安防自动化系统(SAS),这些系统又通过计算机技术、通信技术、控制技术以及4c技术进行一体化的系统集成,利用综合布线系统将以上的自动化管理系统相连接汇总到一个综合的管理平台上,形成智能建筑的综合管理系统。

1.BAS系统

BAS系统实际上是一套综合监控系统,具有集中操作管理和分散控制的特点。建筑物内监控现场总会分布不同形式的设备设施,像空调、照明、电梯、给排水、变配电以及消防等,BAS系统就是利用计算机系统的网络将各个子系统连接起来,实现对建筑设备的全面监控和管理,保证建筑物内的设备能够高效化的在最佳状态运行。像用电负荷不同、其供电设备的工作方式也不相同,一级负荷采用双电源供电,二级负荷采用双回路供电,三级负荷采用单回路供电,BAS系统根据建筑内部用电情况进行综合分析。

2.FAS消防系统

FAS系统主要由火灾探测器、报警器、灭火设施和通信装置组成:当有火灾发生的时

候,通过检测现场的烟雾、气体和温度等特征量,并将其转化为电信号传递给火灾报警器发出声光报警,自动启动灭火系统,同时联动其他相关设备,进行紧急广播、事故照明、电梯、消防给水以及排烟系统等,实现了监测、报警、灭火的自动化。智能化建筑大部分为高层建筑,一旦发生火灾,其人员的疏散以及救灾工作十分困堆,而且建筑内部的电气设备相对较多,大大增加了火灾发生的概率,这就要求对于智能建筑的火灾自动报警系统和消防系统的设计和功能需要十分严格和完善。在我国,根据相关部门规定,火灾报警与消防联动控制系统是独立运行的,以保证火灾救援工作的高效运行。

3.SAS 安防系统

SAS 系统主要由入侵报警系统、电视监控系统、出入口控制系统、巡更系统和停车库管理系统组成,其根本目的是为了维护公共安全。SAS 系统的典型特点是必须 24 小时连续工作,以保证安防工作的时效性。一旦建筑物内发生危险,则立即报警采取相应的措施进行防范,以保障建筑物内的人身财产安全。

4.CAS 通信系统

CAS 系统是用来传递和运载各种信息,它既需要保证建筑物内部语音、数据和图像等信息的传输也需要与外部公共通信网络相连以便为建筑物内部提供实时有效的外部信息。其主要包括电话通信系统、计算机网络系统、卫星通信系统、公共广播系统等。

5.OAS 办公系统

OAS 办公系统是以计算机网络和数据库为技术支撑,提供形式多样的办公手段,形成人机信息系统,实现信息库资源共享与高效的业务处理,OAS 办公系统的强型应用就是物业管理系统。

(二)智能建筑的发展方向

1. 以人为本

智能建筑的本质就是为了给人们提供一个舒适、安全、高效、便捷的生活和工作环境,因此,智能建筑的建设要以人为本。以人为本的建筑理念,从一定程度上是为了明确智能建筑的设计意义,明确其对象是以人为核心的。无论智能建筑的形式如何,也不管智能建筑的开发商是哪家,都需要遵循以人为本的建没理念,才会将智能建筑的本质意义最大程度地发挥出来。

日本东京的麻布地区有一座新型的现代化房屋,该建筑根据大自然对房屋进行人性设计,充分体现了以人为本的特性。建筑物内有一个半露天的庭院,庭院内的感应装置能够实时监测外界天气的温度、湿度、风力等情况,并将这些数据实时传送至综合管理系统进行分析,并发出指令控制房间门窗的开关以及空调的运行,使房间总是处于让人觉得舒服的状态。同时,如果住户在看电视的时候有电话打进来,电视的音量会自动被调小以方便人们先通电话且不受外界影响,计算机综合管理系统智慧房屋内各种意义互相配合,协调运转,为住户提供了一个非常舒适与安全的生活环境。

2. 绿色节能

智能建筑利用智能技术能够为人类提供更好的生活方式和工作环境,但人类的生存必然与建筑紧密相关,其建筑行业是整个社会产生能耗的重要原因。因此,我国提倡可持续发展的战略思想,而绿色节能的建筑理念正好与可持续发展理念相契合。智能建筑作为建筑行业新兴产业的领头军,更应该与低碳、节能、环保紧密结合,以促进行业的可持续发展。智能建筑在利用智能技术为人类创造安全舒适的建筑空间的同时,更重要的是要实现人、自然与建筑的和谐统一,利用智能技术来最大程度地实现建筑的节能减排,促使建筑的可持续发展,这样才能长久地服务于人类,实现真正意义上的绿色与节能。

北京奥运会馆水立方的建设,充分利用了独特的膜结构技术,利用自然光在封闭的场馆中进行照明,其时间可以达到9.9个小时,将自然光的利用发挥到极致,这样大大节省了电力资源。同时,水立方的屋顶达能够将雨水进行100%的收集,其收集的雨水量相当于100户居民一年的用水量,非常适用北京这种雨水量较少的北方城市。水立方的建设,充分体现了节能环保的绿色建筑理念,在满足人们工作需求的同时,也满足了人们对于绿色生活和节能的全新要求。

智能化城市的发展离不开智能建筑的建设。智能建筑的建设应该充分利用现代化高科技技术来丰富完善建筑物的结构功能,将建筑、设备与信息技术完美结合,形成具有强大使用功能的综合性的建筑体,最大程度地满足人们的生活需求和工作需求。但智能建筑可持续发展的前提是要满足时代发展的要求,这就要求智能建筑在保证建筑功能完善的同时也要响应绿色节能环保的社会要求,以实现建筑、人、自然长期协调的发展。

第八章　现代绿色建筑施工技术

第一节　绿色建筑施工质量监督要点

近年来，随着我国建筑行业标准体系的完善，政策法规的出台，绿色建筑开始进入规模化的发展阶段。绿色建筑强调从设计、施工、运营三个方面着手，落实设计要求，保障施工质量。文章首先分析了绿色建筑概述，然后分析了绿色建筑施工管理的意义，最后探讨了绿色建筑施工质量的监督要点。

在我国的经济发展中，建筑行业一直占据重要地位，随着施工技术的发展和创新，我国建筑行业的管理方法、施工方法都实现了改进。为响应国家保护环境、节能减排的号召，绿色施工材料和技术涌现，绿色建筑项目增加，规模扩大，使得我国的建筑行业越来越趋向于绿色化、工业化。从实际来看，相较于发达国家，我国绿色建筑的管理水平低，施工技术不先进，质量管控机制不健全。因此、积极探讨相关的质量监督要点成为必然，现从以下几点进行简要的分析。

所谓的绿色建筑，多指在建筑行业以保护环境、节约资源为理念，以实现大自然、建筑统一为宗旨，为人们提供健康舒适的生活环境，为大自然提供低影响、低污染共存的建筑方式。绿色建筑作为现代工业发展的重要表现，和工业建筑同样具备施工便捷、节约资源的特点。在工程施工中，通过规范、有效管理机制的使用，提高施工管理效率，减少施工过程的不良影响，削减施工成本、材料的消耗量，同时，绿色建筑还能通过节约材料、保护室外环境、节约水资源等途径，实现环保、低碳的目标。另一方面，绿色建筑还强调施工过程的精细化管理，通过对施工材料、成本、设计、技术等要素的分析，实现成本、质量间的均衡，确保周围环境、建筑工程的和谐相处。施工期间各种施工手段和技术的使用，项目资源、工作人员的合理安排，能保证工程在规定时间内竣工，提高施工质量，确保整体结构的安全性。

一、绿色建筑施工管理的意义

随着城市化建设进程的加快,建筑市场规模扩大,建筑耗材增加,在提高经济发展水平的同时,加剧着环境的污染、资源的浪费。近几年,传统的管理模式已无法满足发展要求,对此我国开始倡导绿色建筑,节约着施工资源,保障着施工质量,提高着工程的安全性。从绿色建筑的管理上来看,利用各措施加强施工管理,能促进社会发展,实现节能减排的目标。从建筑企业来看,加大对施工过程的监管力度,紧跟时代的发展步伐,不但能减少施工成本,提高经济效益,还能推动自身发展。

二、绿色建筑施工质量监督要点

树立绿色施工理念。要想保障绿色建筑的施工质量,首先要借助合理有效的培训手段,引导全体员工树立绿色施工的理念。待全体员工树立该理念后,能自主承担工程施工的责任,并为自身行为感到自豪,为施质量监督工作的进行提供保障。现阶段,我国建筑人员学历低,绿色环保意识缺乏。因此,在开展管理工作时,必须积极宣讲和绿色施工相关的知识,具体操作包括:

(1)绿色建筑施工前期,统一组织施工人员参加讲座,向全体员工宣讲绿色施工的重要性。工程正式施工后,以班组为单位开展培训。

(2)借助宣传栏、海报等形式,讲解绿色施工知识和技术,进一步提高施工人员的绿色施工意识。

(3)将绿色施工理念引入员工的考核中,及时通报和处罚浪费施工材料、污染环境的行为。对于工作中表现积极的班组和个人,给予精神或物质上的奖励。

质量监督计划的编制和交底。在质量监督工作开展之前,监督人员需要详细地阅读经审查结构审核通过的文件,并详细查阅相关内容,结合绿色建筑工程的设计特征,工程的靠要程序、关键部分及建设单位的管理能力,制定与之相匹配的监督计划。在对工程参建方进行质疑交底时,需要明确地告知各方质量监督方式、监督内容、监督重点等。同时,还要重点检查绿色建筑所涉及的施工技术、质量监管资料,具体包括:

(1)建筑工程的设计资料,如设计资料的核查意见、合格证书,经审核机构加盖公章后的图纸;

(2)施工合同、中标通知书等;

(3)设计交底记录、图纸会审记录等相关资料,并检查其是否盖有公章;

(4)和绿色建筑施工相关的内容、施工方案、审批情况;

(5)和工程质量监督相关的内容和审批情况。

主体分部的质量监督,监督人员应依据审查通过的设计文件,对工程参建各方的行为进行重点监督。如实体质量、原材料质量、构配件等,具体包括:

（1）参照审核通过的设计文件，抽查工程实体，重点核查是否随意变更设计要求；

（2）对工程所使用的原材料、构配件质量证明文件进行抽查，比如高强钢筋、预拌砂浆、砌筑砂浆、预拌混凝土等，审核是否符合标准和设计要求；

（3）经由预制保温板，抽检现浇混凝土、墙体材料文件和工程质量的证明文件，确保施工质量满足要求。

围护系统施工质量监督。对于绿色建筑而言，所谓的围护系统包括墙体、地面、幕墙、门窗、屋面多个部分。具体施工中，监督人员需要随时抽查施工过程，具体包括：建设单位是否严格按要求施工，监督工作是否符合要求；抽查工程的关键材料，核查配件的检验证明、复检材料；控制保温材料厚度和各层次间的关系，监督防火隔离带的设置、建设方法等重要程序的质量。

样板施工质量监督。在绿色建筑施工中，加强对样板施工质量的监督，能保证工程按图纸要求和规范进行，满足设计方要求。在施工现场，监督人员向参建方提出样板墙要求，巡查过程中重点审核地面、门窗样板施工是否符合相关要求。若样板间的施工质量符合规范和要求，可让施工单位继续施工。为保证施工样本的详细性，样板施工过程中需要认真检查这样几部分：（1）样板墙墙体、地面施工构件、材料的质量检验文件，见证取样送检，检查进入施工现场的材料是否具备检验报告，内容是否健全，复检结果是否符合要求；（2）检验样板墙墙体、地面作品的拉伸强度和黏度，检验锚固件的抗拔力，并对相关内容的完整性、结果的真实性进行检测；（3）检验地面、门窗、墙体工程实体质量，检查样板施工作品规格、种类等方面是否符合要求，检查是否出现随意更改设计方案和内容的现象。

设备安装质量监督。绿色建筑中的设备包括电气、给排水、空调、供暖系统等内容，质量监督人员在巡检工程时，必须对设备的生产证明、安装材料的检验资料等进行抽查。对于体现出国家、相关行业的标准，和对绿色建筑设备系统安装时的强制性文件，检验其完整性及落实情况。同时，还要重点监督设备关键的使用功能、质量。对于监督过程中影响设备使用性能、工程安全质量的问题，或是违反设计要求的问题，应立即整改。

分部工程的监督验收。绿色建筑的分部工程验收，需要在分项工程、各检验批验收合格的情况下，对建筑外墙的节能构造、窗户的气密性、设备性能进行测评，待工程质量满足验收要求后再开展后续工作。监督人员在对分部工程进行监督和验收时，需要监督和检查涉及绿色建筑的验收资料、质量控制、检验资料等，具体包括：（1）绿色建筑分部工程的设计文件、洽商文件、图纸会审记录等。（2）建筑工程材料、设备质量证明资料，进场检验报告和复检报告，施工现场的检验报告。其中，绿色建筑外墙外保温系统抗风压及耐候性的检测、外窗保温性能的检测、建筑构件隔音性能的检测、楼板撞击声隔离性能的检测、室内温湿度的检测、室内通风效果的检测、可再生设备的检测以及主要针对施工质量控制、验收要求，监督人员参照设备性能要求监督参建方的工作行为。（3）绿色建筑的能效测评报告，能耗检测系统报告。（4）隐蔽工程的验收报告和图像资料。（5）包含原有记录的验收报告，分项工程施工过程及质量的检验报告。

建筑工程的竣工验收和问题处理。申报绿色建筑的竣工验收后，监督人员需要重点审核工程内容的验收条件，包括：(1)行政主管部门、质量监督机构对工程所提出的整改问题，是否完全整改，并出具整改文件；(2)分部工程的验收结果，出具验收合格的证明文件，对于验收不合格的工程，不能进行验收；(3)建设单位是否出具了评估报告，评估建议是否符合相关要求。对于工程巡检、监督验收过程中发现的问题，签发《工程质量监督整改通知书》，责令整改。对于存在不良行为记录、违反法律制度的单位，及时进行行政处罚。

综上所述，绿色建筑作为推动建筑行业发展的重要组成，在提高资源利用率，减少环境污染上具有重要作用。为充分发挥绿色建筑的意义，除要明确绿色建筑施工管理的重要性，树立绿色施工理念外，还要合理使用低能耗的材料和设备，加强对设备安装、围护系统、样板施工等工序的质量监督，确保整个工程的施工质量，推动绿色建筑可持续发展。

第二节　绿色建筑施工技术探讨

绿色施工是实现环境保护、工程价值、资源节约目标一体化的建筑项目施工理念，现阶段绿色建筑施工技术取得了重大发展，被广泛地运用到建筑工程中。为此，本节结合某建筑办公楼的实际案例，首先介绍了工程的基本情况，紧接着具体地阐述了绿色建筑施工技术的标准与要求，并基于此提出了绿色建筑施工技术的实施要点。

建筑施工难免会对周围环境产生消极影响，因此，施工单位要根据绿色施工要求尽量降低影响。《绿色施工导则》中对绿色施工做出了如下定义：在工程建设过程中，在保证施工安全与施工质量等基础上，通过运用先进的施工技术与科学的管理办法，最大限度的减少资源浪费，减轻周围环境受到施工活动的负面影响，实现"四节一保"目标。本节结合实际开展的施工项目，分析绿色施工技术应如何使用，希望对于同类施工项目能够产生一定的参考意义。

一、建筑施工中绿色施工技术的应用分析

(一)节约建筑材料

绿色施工技术本身属于一项创新，它对施工技术性和科学性提出了更高的要求。在坚持绿色施工理念的基础上，对施工建材进行进一步的改造，再将新技术和原有技术有效结合在一起，达到节约材料的最终目的。例如，在高层建筑深基坑设计时，可以将新型技术与材料改造有效结合在一起，对地下的建筑空间进行混凝土浇筑，这样的做法，不仅能够有效降低工程施工对周围环境的破坏，而且能够节约大量的建筑材料。应用绿色施工技术，不仅能够达到保护环境的目的，同时还能够节约企业的建筑施工成本，为企业带来更大的经济效益。

（二）水循环利用技术的应用

建筑工程建设施工规模较大，工程建设周期长，在建设过程中对水资源需求量很大。在整个工程建设环节中很容易造成对水资源浪费和污染，这对建筑行业的可持续发展具有不利影响。对此，我们必须要提高节能技术和环境保护的结合，切实加强对水资源利用过程中的管理，实现水资源的循环利用。这样才能有效缓解水资源紧张局面。针对房屋深基坑降水，需要采用先进的设备进行抽水，将抽取的水存储在固定容器中，从而在后续的施工中得到有效利用。雨水回收利用也是房屋建筑施工建设的有效节能措施。

（三）环保技术的应用

在建筑现场施工过程中，会涉及大量建筑材料的使用，环保施工技术在建筑施工过程中的大力推广将会使现场材料做到物尽其用，在最大程度上避免施工材料的浪费。在现场具体施工时，要科学合理的处理土方，现场出入口处设置轮胎清洗器，避免道路被轮胎上泥土污染，减少土方的外运量，在现场设置土方堆放处，基础施工完成后使用堆放处的土方进行回填。在施工过程中，会产生一定量的建筑垃圾，如塑料、木方、混凝土块和废弃管线等，针对不同垃圾选用不同的处理方式，混凝土块由于强度较高，可作为道路基层垫块使用，对于类似塑料、废木方的不可回收垃圾需在现场设置专门的垃圾场进行分类对方，统一运至填埋场处理。

（四）扬尘与噪声控制技术的应用

在该高层建筑绿色施工中，施工企业要巧用施工扬尘控制技术，借助自动化喷淋除尘系统、雾炮降尘系统、施工现场车辆自动化冲洗系统等，全方位动态监测施工现场扬尘的基础上，对其进行合理化处理。同时，施工企业要借助噪声控制技术，作用到施工中的机械设备要具有较小噪声等，采取针对性技术手段，有效控制施工现场噪音，确保工程项目施工符合当下节能环保标准。

（五）空气方面的污染防治

在进行建筑施工污染工作管理刚刚开始的关键阶段，应因地制宜的进行编制粉尘空气污染携带问题的防治规划，遵循一套科学化的污染工作管理原则。以此例如：在初始开发一块土方之前，应首先开展周围工地区域的车辆洒水管理工作，以此有效预防因为要对土方进行开挖时而出现车辆扬尘的携带问题，预防污染大气环境的车辆粉尘空气污染携带问题。同时我还应根据阶段性的重点开展工地道路车辆清扫管理工作与车辆洒水管理工作，预防工地车辆或是其他人们日常活动时所诱发的车辆粉尘空气污染携带问题，可在建筑工地以及大门周围区域合理的规划设计车辆防尘管理设备。由此可见，空气方面的污染防治对于整个建筑工程的发展有着极大的阻碍作用，相关技术人员应该以此为研究重点，制定合理的预防对策，才能有效的促进我国建筑行业的发展。

(六) 对于资源与能源的节约

增强建筑资源和节水能源的节约使用管理效率,这是当前我国绿色工程施工管理技术产业发展的一个核心战略目标。对于所有建筑工程项目来说,施工管理过程中往往都可能需要大量使用绿色施工管理物料,施工管理设备,能源和节水资源。现如今在我国建筑工程绿色施工进行过程中,切实的充分利用现代绿色工程施工管理技术,能够有效的大大提升建筑资源的节约利用效率,并且从而可以真正实现有效节约能源,减少建筑工程施工使用成本的伟大目标。这种节水感应节电型工程生产管理模式,其实质上就是通过借助工程信息化监测系统针对建筑工程施工各个环节及时实施工程动态节能检测,从而更加全面的对工程施工过程及其中的各种水电感应使用管理情况进行加以实时掌握,为工程水电感应能源的节约使用管理计划的正确制定实施提供重要参考。总而言之,过于浪费资源对于自然环境的伤害极大,不管在哪个地方,都应该寻求发展与自然环境的平衡点。

(七) 强化节能设计

基于绿色节能建筑设计的实际需要,推进建筑绿色节能建筑工程技术的有效综合应用,对于当前正在我国大力实施推进建筑可持续发展的战略理念下,我国更加注重绿色建筑工程的综合节能设计效果,可以更好地综合利用节约能源,实现二次节能应用、可持续回收经济利用以及节能循环经济利用等,为此,在绿色建筑工程设计施工中,可以通过建筑计算机智能模拟对于我国整体的绿色建筑工程耗能情况做客观上的了解和综合统计,然后综合做好建筑规划设计方案,让可再生利用能源能够得到有效重复利用,比如为了有效强化应该利用太阳能等水资源,可以在绿色建筑设计工程施工中综合应用诸如太阳能燃气热水器、太阳能动力电池等,为了有效强化建筑水资源的综合利用率,可以建筑设计应用雨水资源收集处理系统,将节能建筑技术和绿色建筑施工的更加深入性相结合,从更加细致的设计角度上来强化建筑节能设计效果,实现绿色生态建筑物的建设,进而可以保证整个建筑物的最高节能性和环保性。

二、加强建筑工程绿色施工技术有效措施分析

(一) 节约材料

传统的建筑往往消耗大量的材料,如钢筋、木材、水泥以及沙子。这些材料是不可再生资源。因此,在施工中应加强宣传教育,提高施工人员的物质节约和环境保护意识。建筑施工中应不断尝试使用环保建筑材料,使环保建筑材料能充分发挥现代建筑的作用,使建筑施工过程中充分利用这些材料,减少材料损失。在施工过程中,各种木制品和半成品需要减少现场生产,科学合理的材料应用规划,旧材料的二次回收,废料的详细清理。

（二）土地资源保护

建筑工程施工中绿色施工应充分考虑施工对周边地表环境所造成的影响，施工中务必有效防止出现土壤侵蚀及流失等问题。绿色施工中所出现的裸土情况务必及时利用砾石覆盖，或是种植极易生长的草覆盖在裸土上，确保土壤不会被侵蚀以及风化。若是建筑工程绿色施工中存在非常严重的水土流失问题，则应构建良好的地表排水系统，加固土壤斜坡，尽量避免土壤流失现象的出现。

（三）固体废物控制

土方开挖以后，应在施工场地内相对空置，以减少运输过程中对周围环境的污染。地下工程施工完毕后，对原土进行回填。对建设项目产生的砖、塑料、装饰碎片、垃圾包装箱和管道进行了科学分类。例如，在混凝土基础垫层中可以使用一些高坍塌的混凝土砌块，多余的浆料可以送入填埋场，有毒有害废物应由专业部门回收，尽量避免土壤污染。达到高效节能减排和环境保护的效果。

（四）废弃物排放控制

建筑工程施工中经常产生扬尘和废弃物。此时，有必要采取有针对性的防尘措施。施工现场使用的水泥、石灰、细砂等材料在运输和放置时容易产生扬尘，不仅造成施工材料的浪费，而且污染环境。施工中应及时清理洒水。如果施工现场有锅炉，则应使用节能材料完全控制废弃物排放。施工车辆及各种机械废弃物排放必须符合有关规定，如使用清洁能源燃料、安装尾气净化器等。为保证其正常运行，施工期间必须对现场车辆及各种机械进行定期检查和保养。

（五）节省场地占用

建筑工程施工前期应对施工场地展开科学合理的规划及布局，各类机械设备装置装设位置务必适应于实际要求。将极易泄露的装置设备，或者是具备污染性的各类材料安排于某些交通较为便利的地方或是道路边沿位置，便于施工材料运送顺畅。暂时性的建筑应充分考虑其合理性，应避免出现大规模拆迁。

第三节　绿色建筑施工的四项工艺创新

随着社会以及时代的不断发展，相比于从前而言我国的科学技术也开始变得越来越高，在城市化进程以及我国经济水平不断提高的今天，我国生产力相比于从前而言也正在飞速提高，不难发现，生产力的发展为社会整体发展带来了很多的优势，但是同时也存在着一定的劣势，例如我们如今需要面临的卜分严峻的挑战，也就是环境污染以及生态被破坏。因此，在这种情况下，为了保证人们能够正常健康并且绿色的生活，我国应该越来越提高对于可持续发展道路的重视程度，将改善环境以及保护环境作为首要任务。而建筑作为保证人们正常生存的一部分，更是受到了越来越多的关注，因此，我们也应该加强对于绿色建筑的重视程度，为可持续发展提供保障。

在社会以及经济不断发展的今天，走可持续道路已经成为我国发展的重要战略，建筑作为保证人们日常生活重要的一部分，一宜以来都受到人们的广泛关注，而在可持续发展的这一背景下，如何将建筑工程与环境保护两者更好地结合到一起已经成为我们需要思考的问题，进行绿色建筑工程施工也已经成为我们的一项重要任务。因此，对新技术、新材料以及新设备进行使用已经变得十分重要。本节将简单对绿色建筑施工的四项工艺创新进行分析，希望能够对我国进行绿色建筑施工起到一定的促进作用。

简单来说，我们所以提到的绿色建筑所指的就是一种环境，这种环境能够让人们在其中感觉到健康、舒心，这样能够更好地再这一环境当中进行学习以及工作。这种环境可以通过节约能源或者是有效的对能源进行利用来提高能源的利用率、可以在最大限度上减少施工现场可能产生的影响,保证能够在低环境负荷的情况下让人们的居住能够更加高效，使人与自然之间达到一个共生共荣的状态。我们进行绿色建筑工程的终极目标就是将"绿色建筑"作为整个城市的基础，然后偶不断地对其进行扩张以及规划，将"绿色建筑"变得不仅仅是"绿色建筑"，而是变为"绿色社区"或者是"绿色城市"，以此来将人与自然更加和谐的结合到一起。由此，我们可以看出，如果我们想要进行绿色建筑，只依靠想象或者是仅仅纸上谈兵是难以实现的，想要更好地将绿色建筑发展起来离不开的是各种各样不同的创新。而我们所要进行的绿色建筑也并不是可有可无的，是与今后的形式所结合的，更是社会发展的必经之路。因此，想要做好绿色建筑，我们可以从以下几点入手，第一，对建筑的发展观进行相应的创新。第二，将可以利用到能源进行创新。第三，对建筑应用得技术进行创新。第四，对建筑开发的相关运行方式进行创新。第五、对绿色建筑的管理方式进行创新。

一、外幕墙选用超薄型石材蜂窝、防水铝板组合的应用技术

一般来说，在进行建筑工程建设的过程当中，同类攻坚面积最大的外幕墙应用超薄型石材蜂窝铝板的工程，整个外围幕墙就使用到了十多种的材料，这也就可以看出，使用这种材料不仅仅使用更加便利，同时还能够将建筑的美观以及程度全面的展现出来，同时能够促进企业的科技水平以及生产水平，还能够为其他的同类工程建设提供一定的指导。因为复合材料自身所具备的独特的优势，所以在进行工程建设的过程当中开始有越来越多的人使用复合材料进行建设，而在这些复合材料当中石材蜂窝铝板因为其特有的轻便、承载力较大、容易安装等等特点更是受到了人们的喜爱。铝蜂窝板是夹层结构的坚硬轻型板复合材料，薄铝板与较厚的轻体铝蜂窝芯材相结合，这样不仅能够保证可靠性，同时还能

更好地提高美观程度。虽然说铝蜂窝板自身的质量以及性能都有着很强的优势。但是如果将其使用在北方地区，因为北方地区的温度变化较大，所以会受到温度的影响出现变形的情况，为了避免这种问题的出现，所以需要使用超薄型石材蜂窝板的施工工艺来进行施工。

二、阳光追逐镜系统的施工技术

我们所提到的阳光追逐系统简单来说就是通过发射、散射等等物理方面的原理，对自然光进行使用，这种自动化的控制系统可以有效的节约需要用到的成本，对太阳光进行自动探测，同时还会捕捉太阳光，根据太阳的角度自动调整转向，让太阳光能够到指定的位置。一般情况下来说，阳光追逐镜系统是由追光镜、反光镜、控制箱以及散光片四个方面所组成的，在使用的时候我们应该首先对追光镜以及反光镜进行安装，并且使用电缆将空纸箱与追光镜连接到一起，然后使用控制箱进行调节，这样能够将自然光最大的程度利用上，建筑内部的采光会变得更好。

三、单晶体太阳能光伏发电幕墙施工技术

光电幕墙是一种较为新型的环保型材料，我们在进行建设的过程当中使用这一技术主要有三个优点，以下我们将简单对这三方面的优点进行分析。第一、光电幕墙是一种新型的环保型材料，主要用在建筑外壳当中，用这种材料进行建设建筑的外形较为美观，同时对于抵御恶劣天气也有着很好的作用，除此之外，使用这种材料可以有效地对建筑进行消音。第二、光电幕墙能够对自然资源进行一定的保护，因为使用这种施工技术进行施工不会产生噪声或者环境方面的污染，所以适用范围十分广泛。第三、第三点也就是光电幕墙最为重要的一个优点，就是不需要使用燃料来进行建设，同时也不会产生污染环境的工业垃圾，除此之外，还可以用来进行发电，是一种可以产生经济效益并且绿色环保的新型产品。

四、真空管式太阳能热水系统的施工技术

就现阶段能源实际情况来看，不管是我国还是世界的能源都处在一种紧缺的情况下，各国人民都开始投入大量的人力、物力以及财力对新能源进行相应的开发，而在这些能源当中，太阳能作为一种清洁能源，人们对其重视程度相比于其他能源而言又高得多，所以各国人民都开始广泛的开发以及利用太阳能。真空管式太阳能热水系统则是使用了真空夹层，这种真空夹层能够消除气体对流与传导热损，利用选择性吸收涂层，降低了真空集热管的辐射热损其核心的原件就是玻璃的真空太阳集热管，这样可以时太阳能更加充分地进行利用，住户在建筑当中可以直接使用到热水。我们用一套真空管式太阳能热水系统作为例子来进行分析可以发现，如果我们将其使用年限定为 20 年，每天使用十个

小时，那么就可以计算出每个小时可以制造出 30KW 的热水，那么我们就可以节约大概一百七十五万的电费，由此可见，真空管式太阳能热水系统的使用对于我们有效的节约资金是有着十分重要的作用的。我们应该加强对于这一系统的重视力度并且将其更多的应用到建筑施工当中，这样一来不仅能够有效的减少工程可能带来的环境污染，同时还能够更好地节省所需要消耗的经济，不管是对于个人还是社会而言都有着很大的好处。

在我国城市化进程不断加快的今天，人们的生活水平相比于从前而言提高速度开始变得越来越快，而在这种背景之下，城市建筑的"绿色"就成为了我们在进行工程建设的过程当中需要重视的事情。因此、人们对于新型的环保产品关注程度开始变得越来越高，人们也开始越来越认识到环保的重要性。想要保证建筑工程的环保性，离不开的就是一些可再生能源以及新型能源的使用，这样可以有效地节约一些不可再生能源，并且减少不可再生能源使用所产生的污染。由此可见，在新形势下，使用可再生能源进行绿色建筑施工已经成为一种趋势，这一趋势更加符合我国发展的实际情况，发展前景也是十分可观的。

参考文献

[1] 艾学明. 建筑材料与构造 [M]. 南京东南大学出版社, 2022.01.

[2] 刘泽俊, 蒋洋. 工程估价 建筑工程概预算 第 2 版 [M]. 北京理工大学出版社有限责任公司, 2022.01.

[3] 丁灼伟, 徐明刚. 建筑工程技术专业高职高专土建类立体化系列教材 建筑结构 [M]. 北京: 机械工业出版社, 2022.06.

[4] 王光炎, 吴迪. 建筑工程概论 第 2 版 [M]. 北京: 北京理工大学出版社, 2021.01.

[5] 杨世金, 常我素, 黄辉. 建筑工程概论 [M]. 哈尔滨: 哈尔滨工程大学出版社, 2021.09.

[6] 伊庆刚, 范继涛, 邓蕾. 智能建筑工程及应用研究 [M]. 北京: 现代出版社, 2019.01.

[7] 李玲, 李文琴主编. 工程造价概论 第 2 版 [M]. 西安: 西安电子科技大学出版社, 2020.05.

[8] 李小冬, 李玉龙, 曹新颖. 建设工程管理概论 [M]. 北京: 机械工业出版社, 2021.04.

[9] 张怡, 隋良. 建筑产业现代化概论 [M]. 天津: 天津大学出版社, 2019.09.

[10] 刘晓丽, 齐亚丽编. 高等职业教育土木建筑类专业新形态教材 建设工程监理概论 第 3 版 [M]. 北京: 北京理工大学出版社, 2020.10.

[10] 赵伟, 孙建军. BIM 技术在建筑施工项目管理中的应用 [M]. 成都: 电子科技大学出版社, 2019.03.

[11] 袁志广, 袁国清主编. 建筑工程项目管理. 成都: 电子科学技术大学出版社, 2020.08.

[12] 项勇, 卢立宇, 徐姣姣. 现代工程项目管理 [M]. 北京: 机械工业出版社, 2020.08.

[13] 潘智敏, 曹雅娴, 白香鸽. 建筑工程设计与项目管理 [M]. 长春: 吉林科学技术出

版社,2019.05.

[14 章峰,卢浩亮.基于绿色视角的建筑施工与成本管理 [M].北京:北京工业大学出版社,2019.10.

[15] 夏书强.建筑施工与工程管理技术 [M].长春:北方妇女儿童出版社,2020.05.

[16] 毛同雷,孟庆华,郭宏杰.建筑工程绿色施工技术与安全管理 [M].长春:吉林科学技术出版社,2019.12.

[17] 刘玉.建筑工程施工技术与项目管理研究 [M].咸阳:西北农林科技大学出版社,2019.07.

[18] 刘臣光.建筑施工安全技术与管理研究 [M].北京:新华出版社,2021.03.

[19] 杜涛.绿色建筑技术与施工管理研究 [M].西安:西北工业大学出版社,2021.04.

[20] 王晓玲,高喜玲,张刚.安装工程施工组织与管理 [M].镇江:江苏大学出版社,2021.05.

[21] 姚亚锋,张蓓.建筑工程项目管理 [M].北京:北京理工大学出版社,2020.12.

[22] 钟汉华,董伟.建筑工程施工工艺 [M].重庆:重庆大学出版社,2020.07.

[23] 陈思杰,易书林.建筑施工技术与建筑设计研究 [M].青岛:中国海洋大学出版社,2020.05.

[24] 袁志广,袁国清.建筑工程项目管理 [M].成都:电子科学技术大学出版社,2020.08.

[25] 刘智敏.建筑信息模型(BIM)技术与应用 [M].北京:北京交通大学出版社,2020.04.

[26] 张英杰.建筑装饰施工技术 [M].北京:中国轻工业出版社,2018.06.

[27] 李志兴.建筑工程施工项目风险管理 [M].北京:北京工业大学出版社,2018.06.

[28] 王建玉.建筑智能化工程 施工组织与管理 [M].北京:机械工业出版社,2018.06.

[29] 刘先春.建筑工程项目管理 [M].武汉:华中科技大学出版社,2018.02.

[30] 沈艳忱,梅宇靖.绿色建筑施工管理与应用 [M].长春:吉林科学技术出版社,2018.12.

[31] 姜杰.智能建筑节能技术研究 [M].北京:北京工业大学出版社,2020.09.

[32] 韩文.建筑陶瓷智能制造与绿色制造 [M].北京:中国建材工业出版社,2020.01.